U0187560

▲ 图 1.1　韦拉斯卡大厦（BBPR），米兰，1958 年

▲ 图 1.2　帕多瓦的法理宫（始建于 1218 年）

▲ 图 1.3　阿米亚塔山住宅之加拉拉泰塞（阿尔多·罗西），米兰，约 1972 年建成

▲ 图 1.4　苏黎世大学中庭

▲ 图 2.1　克虏伯煤矿（Ruhrpottler/Fotocommunity），德国埃森的沙赫特–阿马莉（Schacht-Amalie）

▲ 图 2.2　舒岑大街 8 号（Julie G. Woodhouse/Alamy）

▲ 图 2.3　科齐宫大街建筑群（阿尔多·罗西），克伦卡诺桥区，维罗纳，1996 年

◀ 图 2.4　科齐宫建筑群，柱廊

▲ 图 2.5　高塔中心商场（阿尔多·罗西），帕尔马，1985 年

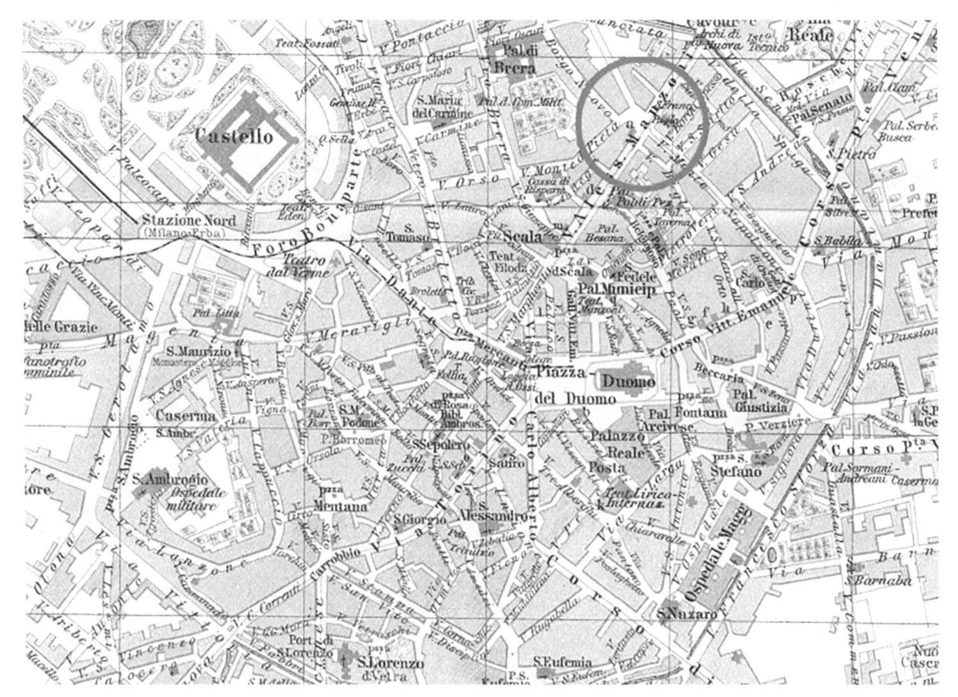

▲ 图 3.1　克罗切罗萨大街地区地图，米兰（TCI 米兰导游图），1904 年

▲ 图 3.2　桑德罗・佩尔蒂尼纪念碑（阿尔多・罗西），1990 年

▲ 图 3.3　将士纪念碑（Sacrario Militare，乔瓦尼·格雷皮），雷迪普利亚，戈里齐亚，1938 年

▲ 图 3.4　罗伯托·萨尔法蒂纪念碑（朱塞佩·泰拉尼），阿夏戈，1935 年

▲ 图 3.5　圣克拉拉教堂（圣地亚哥-德孔波斯特拉），立面由西蒙·罗德里格斯（Simon Rodriguez）设计，西班牙，17 世纪

▲ 图 3.6　圣卡洛内像，乔瓦尼·巴蒂斯塔·克雷斯皮（Giovanni Battista Crespi，设计师）、西罗·扎内拉（Siro Zanella，雕刻家）和贝尔纳多·法尔科尼（Bernardo Falconi，雕刻家），阿罗纳，1614—1698

▲ 图 3.7　圣卡洛内，阿罗纳，20 世纪 50 年代明信片

▲ 图 3.8　圣杰尔姆·埃米利亚尼圣殿，索马斯卡镇，圣阶

▲ 图 3.9　柏林旧博物馆门廊（卡尔·弗里德里希·申克尔），平版印刷
（出自 Sammlung Architektonischer Entwurfe, 1831 年第 17 期，图版 103）

▲ 图 3.10　佩尔蒂尼纪念碑（阿尔多·罗西），向开口看

阿尔多·罗西与建筑的精神

Aldo Rossi and the Spirit of Architecture

[美]黛安·吉拉尔多(Diane Y.F. Ghirardo)……著
尚晋……译

清華大學出版社
北京

北京市版权局著作权合同登记号 图字：01-2022-0476

图书在版编目 (CIP) 数据

阿尔多・罗西与建筑的精神 / (美) 黛安・吉拉尔多 (Diane Y. F. Ghirardo) 著 ; 尚晋译. -- 北京 : 清华大学出版社, 2024. 7. -- ISBN 978-7-302-66531-1

Ⅰ. TU2

中国国家版本馆CIP数据核字第20241T0Y09号

责任编辑：孙元元
封面设计：谢晓翠
责任校对：薄军霞
责任印制：杨 艳

出版发行：清华大学出版社
网 址：https://www.tup.com.cn，https://www.wqxuetang.com
地 址：北京清华大学学研大厦 A 座 邮 编：100084
社 总 机：010-83470000 邮 购：010-62786544
投稿与读者服务：010-62776969，c-service@tup.tsinghua.edu.cn
质量反馈：010-62772015，zhiliang@tup.tsinghua.edu.cn
印 装 者：三河市春园印刷有限公司
经 销：全国新华书店
开 本：165mm × 230mm **印 张**：15.75 **插 页**：10 **字 数**：276 千字
版 次：2024 年 7 月第 1 版 **印 次**：2024 年 7 月第 1 次印刷
定 价：128.00 元

产品编号：092428-01

序

20 世纪 70 年代初，阿尔多·罗西在苏黎世联邦理工学院主持一个工作坊。首节课上，他用一张灰黄色砂岩立面的幻灯片来开场，其局部被一段弧形的暗色阴影遮住。第二张幻灯片显示出同一个立面几分钟后的状况，影子已经略微褪去。罗西的课件继续展示了一系列在不同时间间隔拍下的照片，直到阴影完全消失，一段沐浴在明亮阳光中的小线脚浮现出来，随即也消失了。罗西没有展示立面装饰本身，而是它在不同光线条件下的形象。当时，课上的一位学生马克·亚容贝克（Mark Jarzombek）对眼前的画面惊叹不已。直到那一刻之前，他在各种以现代运动为坚定纲领的建筑课上学到的关于太阳的唯一知识就是：阳光是有害的，而且需要用百叶窗等遮阳设施来干预。罗西的课开启了一种与那几十年的标准截然不同的建筑思维方式，与当时大行其道的现代运动教条大相径庭。短暂的一堂课，揭示出罗西建筑之路的关键特征：他对空间、时间、阴影、细节的关注，对思考和质疑的关注，以及避免让自己的思维被同时代的风尚支配的意识。罗西经常告诫自己的学生，无论他们做什么都要内涵深刻。他没有要求或是暗示他们去效仿自己的设计，而是鼓励他们走上个人的发现之路，并像他那样不懈努力。罗西希望他们会在这样的旅途中反复推敲各种核心理念，而不仅仅是关于建筑学的。他敦促学生走上的崎岖之路既不涉及风格，也与时尚无关，而是一场可能前路永远无法清晰的史诗之旅。

作为一个人、一个建筑师，罗西的一生是极其多元的。这样一场意义深刻的旅行在生命中的每个节点都留下了印记，并从他的图纸、论述、设计和建筑中体现出来。无数的斗争、挫折与成功成为这样一个人一生中的标记——生活中毫不动摇的乐观态度，和欣悦、羞赧而脆弱的性格糅合在一起。这位慷慨又真心谦逊的人，以他的魅力吸引着身边的人。凭借灵光不断的柔性智慧，他以同样的活力与好奇心遨游于神学、哲学、文学、诗歌与科学之间。他博览群书，却不以明确的目标为终点，而是将它作为领略不同于自身的思想和认识的机会。在这样的阅读过程中，他赞颂了思想与表达、内容与形式之美，这与他在建筑上的手法如出一辙——二者丰富了他的认识和建筑，并使之愈加深入。在罗西初级阶段的 20 世纪 70 年代中期，他所选的读物有许多关于建筑的著作。而随着时间的推移，这些被经典著作、哲学、文学和诗歌取代，他常常反复阅读。罗西经常自称为朝圣者——既是实际行动上的，也是比喻上的。他定期到不同的城市和国家去旅行，阅读不同文化和学科的书籍，并坚持将过去研读的各种思想与当下的邂逅一起思考。事实上，他放弃了与世同流的安逸，而选择了朝圣者的生活——既是生活中的，也是建筑学上的——带着一颗好奇心和对这个世界中一切令人惊叹的活力不断前行。在罗西 1997 年逝世后，关于他和他的建筑的著作层出不穷，却往往在引导人们理解他的产品设计、图画、论述和建筑上言之甚少。本书按照罗西的朝圣之旅对其展开探讨——尤其是他的建筑，但不限于此。这项研究以他一生中卷帙浩繁的论述为支撑——有些已公开出版，有些则是他的私人笔记。

罗西逝世后 20 年，人们重新燃起了对他的兴趣。这意味着他的建筑、设计和理论再度成为全球学生思想的焦点。无数摄影师依然在拍摄他的建筑杰作，各大机构在组织展览，出版社仍在出版他论著的新版本。这些建筑并不总会让人一见钟情，但尝试理解他想达到的效果有助于支撑对他作品的评价——在这一点上，他的论述是至关重要的。

笔者有幸翻译过罗西的若干著作，也是他在米兰的常客，还在洛杉矶接待过他，并将他视为至交。在那些最了解他的人眼中，他是一个从未停止对世界、对我们的世间、对每一处圣迹发出惊叹的人。但在他们眼中，他也是一个尽享诸般乐趣的人，一个全身散发着愉悦气息的、活泼风趣而又目光敏锐的人。他用 1983 年的电影《克里斯汀》（*Christine*）来称呼我那庞大的 1977 年别克世纪轿车（Buick Century Limited），并问：“我坐在这车里不会有事吧？”他还反复播放自己最喜欢的多部电影供朋友娱乐。这种认为生活充满乐趣的态度也被他转化到自己的建筑上。罗西对建筑中的个人因素深信不疑。笔者在本书中的思路以罗西的话，关于他的著作和言论，以及对其建筑的深入解读为出发点和依据。为了理解给他启迪的因素，笔者需要去读他看过的书和文章，走访他在论述中反复提及的地方和建筑，思考他在其中发现的兴趣点，以及这些是如何体现在他的建筑上的。因此，大部分情况下，笔者都避免了其他人的评论和批评，并相信罗西本人是剖析其作品的最佳向导。比如，虽然埃米尔·考夫曼（Emil Kaufmann）认为部雷（Boullee）曾希望建筑师钻研“为了形式的形式”，罗西却在部雷身上发现了截然不同的见解，并由此激发他自己对建筑的思考；而为了形式的形式却不在其中（见 Seixas Lopes，*Melancholy and Architecture*，182）。

他喜欢路易吉·吉里（Luigi Ghirri）和加布里埃莱·巴西利科（Gabriele Basilico）的动人照片，在一定程度上是因为它们表达出了在他想象中自己建筑所处的环境的生活感——生活的千姿百态与变幻莫测。因此，笔者尽可能选择了包含着人与繁忙的日常生活的照片，以及笔者在许多项目刚刚建成时拍下的照片——因为它们展现出了建筑的新生状态。尽管罗西总会预想自己的建筑随着生活与岁月的变迁将如何改变，笔者也还是想记住它们在问世之初的样貌。对于罗西著作中没有英文版的引文，笔者在尾注中附上了意大利原文。

罗西领普利兹克奖前在旅馆房间的一瞬

目录

要忘记建筑：生活本身应取代并超越建筑。

（阿尔多·罗西）

1 罗西生平

> 愿你懂得我对天才和心灵的一切看法。
>
> ——济慈（John Keats）[①]

在阿尔多·罗西出生的1931年，大萧条（Great Depression）已吞噬了大部分工业化世界。而墨索里尼的法西斯政府在次年举办了一场鼓吹其前十年成就的华丽展览，使其臭名昭著的政治宣传走向极致——尽管此时欧洲各国仍未从第一次世界大战（后称“一战”）的破坏中恢复过来。[②] 1929年，教皇庇护十一世（1922—1939）与意大利政府签订合约，史称《拉特兰条约》(*Lateran Accord*)，结束了1870年意大利统一以来因大规模没收教会财产引起的近50年的激烈争端。在意大利经济繁荣的背景下，以资产阶级对工业化的热情拥护为动力，米兰—都灵—热那亚三角区蓬勃发展。当时的文化属于上层阶级或资产阶级，以及遍布在各所大学、艺术和音乐院校的贵族。大多数意大利人则勉强以土地为生，通常只能作佃农或日工。1924年，专门针对意大利人、希腊人和东欧人的《约翰逊-里德法案》(*Johnson-Reed Act*）把越来越多的贫困人群移民美国的大门彻底关死。移民大潮继而转向拉美，那里虽不一定有同样让人乐观的机会，至少大门是敞开的。在罗西出生的几天前，米兰人口达到一百万；而在他出生后的第三天，城市通过了新的总体规划。

---

① 引言：John Keats, letter to Benjamin Bailey, 22 November 1817, 载于 *The Complete Poetical Works and Letters of John Keats* (Boston: Houghton Mifflin, 1910), 274.
译注：英国浪漫主义诗人（1795—1821），与雪莱、拜伦齐名。代表作有《夜莺颂》《伊莎贝拉》《希腊古瓮颂》等。

② Ghirardo, *Italy: Modern Architectures.*

在这个经济充满不确定性、民族主义高涨的时代，罗西的家族享有相对富足的条件。爷爷和父亲在俯瞰科莫湖（Lake Como）的莱科省（Lecco）索马斯卡镇（Somasca）经营着一家生产自行车配件的小工厂。罗西和哥哥在米兰长大，直到战火迫使家里把孩子们送到寄宿中学去。由该镇的神父们经营的这家亚历山德罗-沃尔塔教会学院（Alessandro Volta College）距离他们家的工厂不远。[①]

罗西在高中开始学习绘画，这在他后来讲述自己从小就爱画咖啡壶和厨房用品的习惯时提到过——那时他经常坐在奶奶的乡村厨房里，周围都是咖啡壶、杯子、瓶子等日常生活用品。这些物品以及他的部分建筑设计是他一生中不变的主题。更重要的是，这些画表明了他一生坚持仔细观察的习惯，恰恰是从小就有的。成年后，他将实践与来自各方面的观点和视觉参考融入设计的过程，增强了他坚持以独到的方式思考建筑的能力。他经常画温馨的家居场景，而且坐在厨房里聊天时会随意画画草图———生如此。他也会用自己钟爱的宝丽莱（Polariod）相机这一身边长久的伴侣来拍摄这种接地气的家庭环境照片。他以自家厨房的壁炉和鲁加贝拉大街（Via Rugabella）公寓窗外的韦拉斯卡大厦（Torre Velasca，图 1.1）为对象，多次拍出闻名遐迩的照片。对他而言，其中的共同线索是所表现场景的固定性（fixity），某些物体永恒的存在，以及一生中相似画面的不断回归。[②]

罗西还把目光从舒适的家居空间转到城市整体上，并很早就将注意力集中在米兰的外围工业区上。那是一幅由工厂和仓库与穿梭于其间的火车、公共汽车或小轿车构成的风景。正是这些交通工具带着罗西和家人去拜访爷爷奶奶，或是带罗西到寄宿学校去上学。晚年他曾回忆到马里奥·西罗尼（Mario Sironi）对米兰同一地区的绘画的影响，以及西罗尼对城市的建筑和古迹之外的生活的赞赏。那些对西罗尼和罗西来说是围绕社区生活展开的背景和建成环境。[③]罗西对许多艺术家的作品都有兴趣，但西罗尼的阴森之美和密集的工业化环境却表现出一种尤为强大的吸引力。

---

① 私人通信，1983 年秋。

② 他拍摄了许多宝丽莱照片，但总会把有朋友在其中的那些送出去。而抽屉里留下的都是没有日期的韦拉斯卡大厦和厨房壁炉照片。

③ 私人通信，1984 年春。

罗西1950年考入米兰理工大学（Politecnico di Milano）建筑学院。他的第一位（也是最重要）的老师，埃内斯托·纳坦·罗杰斯（Ernesto Nathan Rogers）很快就发现了他不同寻常的天赋，并让他给当时意大利最著名的建筑刊物《美家—传承》（*Casabella-continuità*）投稿，继而又引来了其他刊物的约稿。同其他人一道，罗西在《美家—传承》中探讨了都灵安东内利亚纳大楼（Mole Antonelliana）的建筑师亚历山德罗·安东内利（Alessandro Antonelli）的建筑、传统的概念、米兰的建筑、新艺术运动、当代德国建筑等许多问题。[①] 安东内利曾给罗杰斯和建筑师卢多维科·夸罗尼（Ludovico Quaroni）当助教。后者是第二次世界大战（后称“二战”）前后意大利建筑的重要倡导者之一。后来，罗西又为卡洛·艾莫尼诺（Carlo Aymonino）做同样的工作。在校外进行研究和写作使他延期到1959年3月毕业，比通常的五年学制晚了4年。但这些工作为他开辟了后续几十年研究的领域，并让他接触到一些将在20世纪下半叶成为意大利建筑领军人物的青年建筑师，如加埃·奥伦蒂（Gae Aulenti）、圭多·卡内拉（Guido Canella）、贾恩卡洛·德卡洛（Giancarlo de Carlo）、曼弗雷多·塔富里（Manfredo Tafuri）和维托里奥·格雷戈蒂（Vittorio Gregotti）。那些年的《美家—传承》成了关于现状持续不断而充满火药味的各种争论的阵地，并且几乎到20世纪90年代初仍势头不减。

埃内斯托·纳坦·罗杰斯是极具天赋、极负盛名的小组BBPR（Banfi Belgioioso Peresutti and Rogers，译注——四人的姓：班菲、贝尔焦约索、佩雷苏蒂和罗杰斯）成员，凭借自己作为建筑师和教师的二战前作品赢得了广泛声誉。而他从二战后的1954年到1965年的《美家—传承》编辑工作使他的影响远远超出大学的围墙之外。罗杰斯支持现代建筑，却走出了不同寻常的一步：强调建筑师需要在他们的设计思维中关注文脉、历史和传统。在这一点上，他与厌恶历史

① Aldo Rossi and Vittorio Gregotti, “L’influenza del romanticism europeo nell’architettura de Alessandro Antonelli, ” *Casabella-continuita* 214 (February-March 1957): 68-70；今见 Rossi, *Scritti scelti*, 25-44; Rossi, “Il concetto di tradizione nell’architettura neoclassica Milanese,” *Societa* 12, no. 3 (1956): 474-93; Rossi, “A proposito di un recent studio sull’Art Nouveau,” *Casabella-continuita* 215 (April-May 1957): 45-46; Rossi, “Aspetti dell’architettura tedesa contemporanea,” *Casabella-continuita* 235 (January 1960): 27-32.

的哈佛大学建筑系主任瓦尔特·格罗皮乌斯（Walter Gropius）这样的国际主义风格领袖针锋相对。罗西力劝他们不要在建筑或教学中被形式主义的教条束缚。罗杰斯在1957年写道："不能认为建筑现象是孤立的，因为它是受诸多其他领域影响和制约的，而且还经历了岁月的变迁。"[①]罗杰斯的影响体现在罗西的首部著作《城市建筑学》（*The Architecture of the City*）之中。他在书中提出了关于类型学和历史学的论断，并认为建筑师需要理解社区和时间在城市运转中的基础性作用。他开篇就提出了这些观点，并写道："我所谓的建筑不只是城市可见的形象及其建筑物的总和，还有作为建造过程的建筑、城市随时间变化的建设。"[②]罗西关注时间，并将历史作为建筑师要处理的关键因素。对于罗杰斯和罗西来说，唯有兼具杰出的形式和内容的建筑才是值得考虑的。

他们是什么意思？受困于理性主义运动遗风及其与法西斯政权的紧密关系，二战后意大利的建筑状况给青年建筑师带来了一系列困境。[③]当BBPR的韦拉斯卡大厦（图1.1）于1954年在米兰建成时，它旋即成为招来非议的避雷针。[④]

BBPR没有像路德维希·密斯·凡德罗（Ludwig Mies van der Rohe）那样设计一座简洁的玻璃摩天楼，而是一座中世纪模样的大厦。顶部的几层在一系列斜撑的支撑下，突出于建筑主体。与主流的现代主义针锋相对，大厦很快就引来了意大利内外建筑媒体中固守教条的现代主义者的怒火。反对韦拉斯卡大厦这种建筑的人站在道德的高地上，鼓吹现代主义建筑的"道德"，并以此抨击任何背离其信条的做法都是不道德的，而最为邪恶的就是向历史的倒退。后来，罗西称自己对现代主义的反感在一定程度上是厌恶"对建筑的道德化，这种疯狂的做法在任何其他艺术领域中都没有……这个幻想中的民主欧洲将一种建筑风格奉为民主的，仅仅是因为它用了玻璃和……平屋顶（而这是更丑恶的地方）"。相反，他表

① Ernesto Nathan Rogers, "Continuity or Crisis?" *Royal Architectural Institute of Canada*, 393rd series, 35.5 (1958): 188-189; 最初发表为 "Continuita o crisi?" *Casabella-continuita* 215 (April-May 1957): 3-4.

② Rossi, *Architecture of the City*, 21.

③ Ghirardo, *Italy: Modern Architectures*, 255-257.

④ Reyner Banham, "Neo-Liberty: The Italian Retreat from Modern Architecture," *Architectural Review* (April 1959): 231-235. 罗杰斯很快做出了尖刻的回应："L'evoluzione dell'architettura: Risposta al custode dei frigidaires," *Casabella-continuita* 228 (June 1959): 2-4.

示“自己将会利用在任何地方发现的好东西”①。简言之，关于韦拉斯卡大厦的争论体现出意大利建筑圈里正在发生的斗争，而大西洋对岸也加入其中。②意大利现代主义的风格和原则与法西斯主义交缠在一起，对于二战后的一代来说无法成为非法西斯建筑的范本；然而，此时也没有现成的替代选择。

包括罗西在内的许多青年建筑师看到了苏联建筑，甚至是共产主义理想和原则的火花。正如他的前雇员阿尔杜伊诺·坎塔福拉（Arduino Cantafora）所说：“与同时代的许多青年一样，培养他的是生母，是他担任祭坛侍者时所在的教区教堂，以及罗马天主教教育。几乎他这一代的每个人都经历过天主教被推向极致的那段历史，然后（他们）随着命运的大潮加入了共产党。”③在1954年罗西首次离开意大利的一次旅行中，他和一个团组抵达苏联。他和朋友们对共产主义建筑师在住宅和纪念建筑上取得的成就敬仰有加。作为永远的梦想家和乐观主义者，青年罗西相信他在苏联接触到的建筑和城市特性——在他看来是“与构建新世界的愿望交织在一起的情感”④的产物，帮助他驱除了小资产阶级现代建筑的一切残余。反对法西斯主义的罗西和朋友们不仅摒弃了阿尔卑斯山以北的现代主义——尤其是“形式服从功能”的理念，他们还质疑纯粹的历史主义建筑（historicist architecture）的可能性。就像他的许多朋友一样，罗西认为共产主义关于构建平等和公正的无阶级社会的理想与天主教教义是相当吻合的——至少在短短的几年中是这样。但他也因意大利共产主义者对平等和公正原则的淡漠感到失望——

① Bernard Huet, “Interview with Aldo Rossi, 1992,” in *Aldo Rossi, Architect* (London: Academy, 1994), 26-27.

② 在谴责这座大厦的人中，雷纳·班纳姆（Reyner Banham）和彼得·史密森（Peter Smithson）尤为突出：Banham, “Neo-Liberty: The Italian Retreat from Modern Architecture,” *Architectural Review* 125 (April 1959): 230-235; Banham, “NeoLiberty: The Debate,” *Architectural Review* 133 (December 1959): 343.

③ “Come molti ragazzi della sua generazione, era state allevato tra la mamma, la parrocchia dove faceva da chierichetto, l’educazione cattolica. Quasi tutti quelli della sua generazione hanno avuto questa storia di cattolicesimo spinto alle estreme conseguenze e poi fatalmente l’ingresso nel partito comunista.” 阿尔杜伊诺·坎塔福拉接受尼科洛·奥尔纳吉（Nicolo Ornaghi）和弗朗切斯科·佐尔齐（Francesco Zorzi）访谈，载于“Milano 1979—1997: La progettazione negli anni della merce,” *PhD diss.*, Milan Polytechnic, 2015, 237.

④ Rossi, *Scientific Autobiography*, 40.

这些人通常被称为“古驰共产主义者”(Gucci Communist)[①]。到了20世纪70年代，他已无法给任何意大利党派投票，于是经常投空票。[②]

二战后建筑师面临的诸多问题并没有简单的解决办法，因此用在研究和写作上的时间让罗西可以思考和吸收多方面的营养，就像所有的青年学者一样进行钻研，探索不同的思想和方法，抛弃无关的因素，并形成自己的道路。他最远大的目标是发现艺术和建筑在一个千疮百孔的战后世界中所能发挥的美学和社会作用。他探讨了建筑与现实的相互作用——一种在他的理解中，将各个历史时期典型的表现形式和工艺品结合在一起的现实。在最好的情况下，建筑师会感受它、吸收它，然后转变到工艺品或建筑上。[③]这要如何实现，建筑师怎样才能消除技术成就、体验和想象性表达之间的距离，这一系列问题是贯穿罗西一生的关注重点。在早期笔记中，他深入思考了将稍纵即逝的体验转变为清晰、可感知的现实的难题，同时又承认它永远无法解决。因为这种诗意的想象总是有一种神秘的色彩，并激发着人的好奇心，却绝不是偶然发生的，而只是与某些同样由语言唤起的东西有着微弱的联系。或许更为重要的是，他还认为当建筑师沉醉于模糊不清的自我表达时，反而将辨别人群的共同信仰和思想体现在建筑项目上作为关键，那才是建筑师的失败。

罗西的第一部重要著作《城市建筑学》，最初是打算与同事保罗·切卡雷利(Paolo Ceccarelli)合著的。他希望提出的第一步不是风格，而是一种对城市里建筑的分析方法。[④]他认为，城市是在时间的过程中设计出来的复杂物体，但是城市的艺术品——街道、街区、建筑物，也在持续发展的过程中共同概括出一段历史。他首先描述了各种类型的建筑并将其分类，然后从城市的形态开始，建立了一种类型学。在科学严谨的开篇之后，他随即转向对个体建筑物的特征与独特性的考虑。罗西将目光投向宫殿、市政厅和教堂等建筑丰富多元的历史，以及将它

---

① 参见詹努戈·波莱塞罗(Gianugo Polesello)的文章“*Ab initio, indagatio initiorum*: Ricordi e confessioni,”载于 Posocco et al., *“Care Architetture”: Scritti su Aldo Rossi*, 17-41。他在文中讨论了他们共同的天主教背景，以及他们早期对共产主义理想的共同信仰。

② 私人通信，1983年冬。

③ 米兰阿尔多·罗西基金会的罗西文章中有许多没有编号和日期的单页。其中大部分都与特定的出版物或研究无关。该部分的评论就出自这些笔记。

④ Vasumi Roveri, *Aldo Rossi e “L'architettura della citta.”*

们理解为艺术品的方式。比如帕多瓦（Padua）的法理宫（Palazzo della Ragione，图 1.2），这种建筑的功能发生了与形式无关的重大变化——但我们今天还能体会到并使用它的形式；我们只是在以不同的方式使用它们。像法理宫这样的建筑也构成了一种建筑类型的实例，而他所谓的类型是指“建筑本身的概念，即最接近其本质的东西”。罗西概括道：建筑的类型包含了无法进一步分解的要素，比如集中式布局的建筑；任何类型也不能与单一的形式联系在一起，但每一个类型都与技术、功能和风格有着辩证的相互作用。[①] 在罗西看来，对类型进行分析不是一种机械式的工作，而是一种把握复杂实体本质、有思想深度的努力。在这一过程中，感受和理性同时作用在个体和集体的层面上。

像尼姆（Nimes）和卢卡（Lucca）的古罗马圆形剧场这样的建筑，承载着一系列表达独特性的记忆和设计特征，而这或许只有身临其境的人才能体会得到。为了表明自己的观点，罗西强调了对建筑、街道和城市的个体体验，并将其作为构建理论框架的基础——这在他看来也是与城市的集体体验紧密联系在一起的。对于罗西而言，作为社会生活的证据，建筑作品或城市艺术品是从集体和个体的无意识生活中出现的，是法国理论家莫里斯·哈布瓦赫（Maurice Halbwachs）“（作为）城市艺术品典型特征的想象与集体记忆”的理想结合体。[②]

构成城市的建筑物——从街道网络到教堂和街区——也可以作为永存物（permanence）和纪念物来评价。罗西从马塞尔·珀特（Marcel Poete）和皮埃尔·拉夫当（Pierre Lavedan）的著作中借鉴了永存物或长存物（persistence）的理论。他们将纪念物与城市的街道和布局作为抵御岁月侵蚀的要素，并成为每座城市的基本特征。罗西将这些永存物分为病态的和推动性的（propelling）。后者包含了像法理宫那样依然充满活力的要素，而病态的因素使建筑孤立起来，并丧失了重要的功能，比如西班牙格兰纳达的阿尔罕布拉宫（Alhambra）。这种定性让罗西去思考要如何界定研究的领域，并专门用一章论述住宅，另一章思考纪念物的作用，其他章则讨论建筑和文脉的问题。最后一章聚焦于时间在城市历史中的作用，以及城市及其建筑演变的方式上。

---

① Rossi, *Architecture of the City*, 41.

② 同上, 33.

无论探讨建筑学与城市建筑的哪个方面，罗西都不断回归到个体和集体，并总不忘它们在建筑的建造之初和随时间变化中的作用。他明确地想建立一种“科学的”研究，他的视角却从未远离对人类活动、对价值观、对集体和对个体的思考——这种关注点往往被历史研究者忽视，而他在后来关于建筑诗学更明晰的论著中有所阐述。[①] 显然，他在大量图画中加入人物的做法——站在窗前，向里望去或是被人看到；从建筑里走出来，登上他的建筑或站在它前面——这一切提醒着观众和这位建筑师：要从每一段分析、每一个构建出来的要素找到含义和关联，都不是从一种绝对理性主义的抽象理论中，而是从一切狂乱、复杂的形式表现出来的人类活动中。

多方面的影响与最初的建筑项目

三位建筑师的作品和论著让罗西尤为感兴趣：艾蒂安-路易·部雷（Étienne-Louis Boullée）、阿道夫·路斯（Adolf Loos）和卡尔·弗里德里希·申克尔（Karl Friedrich Schinkel）。申克尔将在本书的后续章节中详细讨论，他的建筑要比论述的吸引力更大。[②] 部雷和路斯则两者兼长。罗西翻译并组织出版了部雷 1788 年的专著《建筑艺术论》（*Architecture: Essai sur l'art*），意大利文译本为 *Architettura: Saggio sull'arte*。1967 年罗西为其作序，此时第一版意大利文《城市建筑学》刚刚问世 1 年。[③] 罗西从阅读部雷的书中获得了灵感，因为这位法国建筑师为他打开了思考建筑的新方式，特别是让他摆脱了自己作品中空洞的形式主义。部雷的论著直到 1953 年才有英语版，十多年之后才有法语版。该书开篇即问：“何为建筑？”部雷直截抛弃了维特鲁威给出的答案——“建造的艺术”（art of building）——这种观点将因果混为一谈。“建筑的诗学在过去竟无人问津！”

---

① 见 Giuseppe Di Benedetto, “L'idea di architettura: Da Boullee e Ledoux ad Aldo Rossi,” Branzi, 载于 Rosa Bellanca and Emanuele Palazzotto, *Percorsi didattici di progettazione architettonica* (Palermo: L'Epos Societa, 1999), 117-124.

② 见 Barry Bergdoll, *Karl Friedrich Schinkel: An Architecture for Prussia* (New York: Rizzoli, 1994).

③ Rossi, “lntroduzione a Boullee”.

部雷哀叹道。[①] 在思考了这些发人深省的见解后，罗西结合自己在《城市建筑学》中探讨过的观点，开始建立一种“高尚的理性主义”（exalted rationalism）的概念。他指的是一种将建筑学中的“科学理性”独立出来的理念，并以此提出某种更为严谨、更难以捉摸的东西。因为他意识到科学理性无法兼顾理性与情感的因素，换言之，无法塑造一个满足逻辑和思维以外的需求的世界。他认为，这种高尚的理性主义发轫于理性主义的核心，并在同一时间投向未曾预见的和自发的事物。[②] 简言之，罗西在部雷那里遇到了思考建筑与诗学的开口——建筑的想象内容——而不削弱结构的严谨性、材料和技术等这一领域所有关键手段的重要性。如此一来，也让罗西能在更丰富、更深刻的理论框架中超越平凡的功能因素。

另一方面，除了路斯建筑设计的吸引力以及他关于装饰与罪恶的檄文，罗西对奥地利的道德伦理情有独钟，对古典主义建筑则更加痴迷——尽管现代主义建筑和理论对此有许多负面评价。[③] 罗西写道，路斯痛恨道德说教，但他在书中占据着道德伦理的位置，特别是在对劳动异化（alienation of labor）问题的认识，以及关于未来世界的社会民主幻想上。[④] 罗西和路斯反对的道德说教是所谓的现代主义建筑师的道德——他们通过自己的建筑来教育人们怎样生活。[⑤] 在罗西看来，路斯对工人阶级的分析与弗里德里希·恩格斯（Friedrich Engels）在《英国工人阶级状况》（*The Condition of the Working Class in England in 1844*，1845）中的内容遥相呼应，而与两次世界大战间隔期间理性主义建筑师的道德化主张相去甚远。[⑥]

路斯还特意选择了时间的视角作为他研究的出发点——一种个人的、历史性的时间，且与部雷的阴影建筑（architecture of shadows）无关——但路斯还有一

---

① Etienne-Louis Boullee, Helen Rosenau, ed., *Boullee's Trearise on Architecture: A Complete Presentation of the Architecture,* Essai sur l'art, which Forms Part of the Boullee Papers (MS 9153) in the Bibliotheque Nationale, Paris (London: Alec Tiranti, 1953).

② Rossi, "Introduzione a Boullee," 11-12.

③ Rossi, "Preface," in Gravagnuolo.

④ Rossi, *QA*, Book 18, 26 May 1975.

⑤ 例如，见 Rossi, "Preface," in Gravagnuolo, 12.

⑥ 同上。

个特别之处，罗西称之为观察事物的折中方式。[①] 那些以建筑展现出“形式主义的恐怖”［如特里斯坦·查拉（Tristan Tzara）住宅，1925—1926］的建筑师既可以津津乐道地评述纽约的巴黎美术学院风格摩天楼，又能兴致盎然地表达对路易斯·沙利文（Louis Sullivan）的芝加哥设计的热情。这成了罗西思考的关注点，因为他与奥地利现代主义者一样，对各类建筑都有广博的兴趣和开放的心态。罗西也认同路斯对分离派运动（Secession movement）的怀疑，以及他认为建筑深深植根于古代的观点。罗西对“文字中的”（literary）路斯赞赏有加，他丰富的思想体现在诸多论述中。因为，罗西写道：“表达或交流的意义是让内容达到完美的媒介。”[②] 罗西的首个建成作品、复式住宅龙基别墅（Villa ai Ronchi），见证了路斯对青年罗西的影响。这座住宅坐落在韦尔西利亚（Versilia）茂密的松树林中，就在地中海沿岸小镇拉斯佩齐亚（La Spezia）南边。白墙、立方体造型和屋顶平台无疑在一定程度上借鉴了当地海滨白色住宅的传统，而更为重要的是，它们与高处的窄窗一同呼应着路斯的布拉格米勒别墅（Villa Muller，1930）——这座别墅罗西是去过的——以及他关于空间体量设计（Raumplan）的概念，即通过空间策划来设计，而不用平立剖。罗西在龙基别墅的方案中采用了路斯的手法，用室内外的楼梯将各层偏移交错的一组立方体联系起来。在某个阶段，罗西认为自己已经完全吸收了路斯的精髓，以至于二人不分彼此，“犹如一场已臻圆满的爱情”[③]。

当罗西在建筑诗学的秘境里穿梭时，他设计了早期的建筑项目——从库内奥（Cuneo）的纪念碑到斯坎迪奇（Scandicci）和穆焦（Muggio）的市政厅，从帕尔马（Parma）的剧院到米兰和都灵的城市规划——但大部分都未能建成。部雷提出的问题并没有出现在《城市建筑学》中，但有许多其他问题。20世纪60年代初，罗西对共产主义的幻想渐渐破灭，与此同时，对大部分二战后乏味的现代主义建筑也有越来越清醒的认识。因此，从诸多方面来看，《城市建筑学》是破除20世纪上半叶现实主义教条、令人振聋发聩的号角，植根于罗西与罗杰斯多年合作执教的诉求。

---

① 最近关于时间在建筑史中所发挥作用的杰出研究是 Marvin Trachtenberg, *Building in Time: From Giotto to Alberti and Modern Oblivion* (New Haven: Yale University Press, 2010).

② Rossi, *QA*, Book 30, 14 March 1981.

③ Rossi, *QA*, Book 18, 27 May 1975.

罗杰斯为那些“以形式主义的方式理解‘现代运动’，并误入固守其‘风格’歧途的”建筑师的失败感到遗憾却又鼓励他们不要将维护传统和延续性视为保守的做法，而是“把握这种对过去的研究更为深刻的意义，并看到其基本的逻辑统一性和文化丰富性”。[①] 罗西的著作和项目坚决反对被罗杰斯定义为空洞、短浅的现代运动法则。正如摩德纳（Modena）的圣卡塔尔多（San Cataldo）墓地（图 6.1）等主要的建筑探索表明的那样，罗西深入挖掘了这种风格化的程式（formula）——不只是现代运动的窠臼——并开辟了与之截然不同的内部空间。对于罗西，程式的概念本身就是最大的问题：他倡导的是对风尚的反思而非附和。尽管还未建立起可以探讨部雷诗学追求的理论框架，罗西在他富有诗意的图画和建筑中，从貌似贫乏的形式里提炼出一种具有表现力的丰富性，远离当时实践中现代运动沉闷的教条。

当卡洛·艾莫尼诺给了罗西一份在米兰西郊设计阿米亚塔山（Monte Amiata）公共住宅区公寓楼的工作时，罗西利用这个机会来实现自己公寓建筑形式的设想，而最有利的一点是：可以在很大的规模上实现它。虽然罗西只负责建筑群的五个单元中被戏称为加拉拉泰塞（Gallaratese，1969—1970 设计）的一座（图 1.3），但他的方案很快就赢得了国际关注，并让艾莫尼诺设计的其他四座相形见绌。它的魅力直到半个世纪后仍长盛不衰，其优雅简洁的形式令人惊叹，而这与以艾莫尼诺的设计为代表的拥挤不堪的楼群有着天壤之别。加拉拉泰塞坐落在坡地之上，通过一个简洁的楼梯和直径近 1.8 米的四根硕大混凝土柱来适应各层的变化。柱子两侧有纤细的面板或壁柱（大部分在结构上都是不必要的，但在美学上具有冲击力）。它们高度不一，以富有韵律的 1.8 米间距排开。罗西采用了一种传统的伦巴第（Lombard）住宅类型，即让单侧廊的房间朝走廊开门，每间公寓都有一两个阳台。作为意大利的低造价项目，其不同寻常之处在于，罗西让阳台凹进来，使它们无法从外部被看到，打破了这种建筑类型的常规形式以及同政府补助住宅有关的很多污名。对他来说，这些初期的选择推动了项目的成功，很大程度上要归功于其清晰性。罗西建筑令人难忘的形象引起了世人的关注，不仅是

---

① Ernesto Nathan Rogers, “The Phenomenology of European Architecture,” *Daedalus* 93, no. 1, *A New Europe?* (Winter 1964): 358-372.

由于那与枯燥的现代运动设计迥异其趣，有一种令人舒缓的超然之气，也因为与过去的建筑群相去甚远：过去往往是过度设计、过于繁复、尺度不协调，并且对不得不在其中生活的人粗暴蛮横、漠不关心。马里奥·菲奥伦蒂诺（Mario Fiorentino）的罗马科维亚莱（Corviale）住宅（1972—1982）就是一例。当时以及后来的参观者对加拉拉泰塞引人入胜的古典主义特色大加评论。在没有柱头或檐部（entablature）等典型要素的情况下，其古典主义则是从富有韵律的序列、高大的柱子与雄伟的壁柱中体现出来的。

事实上，罗西为厌倦了乏味的现代主义建筑的建筑师打开了一个无限可能的世界，并在随后的项目中拓宽了这条道路：法尼亚诺·奥洛纳（Fagnano Olona）和布罗尼（Broni）的学校、摩德纳的墓地，以及基耶蒂（Chieti）的学生宿舍。

趋势派

当罗西继续为当代世界的建筑进行理论构建时，一群青年建筑师聚集到他的身边，形成了一种松散的联合体，后被称为"趋势派"（Tendenza）。学派大致活跃于 1972 年到 1985 年，面对一支独大的 20 世纪现代主义建筑，发起了又一个具有广泛性和开放性的挑战，并以罗西的《城市建筑学》作为这场斗争伊始的战鼓。学派的起源是 1946 年罗杰斯的一篇文章，他在其中提出了新建筑学计划的三个要素：连贯（coherence）、趋势（tendency）和风格（style）。这位艺术家认为要追求的是同符合道德的世界保持连贯；趋势是实现这种行为的智力途径；而风格是前两个行动的结果。[①] 在 20 世纪 70 年代，达妮埃莱·维塔莱（Daniele Vitale）、马西莫·斯科拉里（Massimo Scolari）、罗萨尔多·博尼卡尔齐（Rosaldo Bonicalzi）等人簇拥在罗西周围，其中有很多人参加了 1973 年由罗西主持的第十五届米兰建筑三年展。展览由两次世界大战间隔期间的意大利现代主义而得名"理性建筑"（Architettura razionale）。展品提出应在路斯、朱塞佩·泰拉尼（Giuseppe Terragni）和勒·柯布西耶等经典现代主义者，和从那不勒斯、博洛尼亚、的里亚斯特（Trieste）及欧洲其他地方的城市项目中体现出来的更新颖、更具表现力，

① Rogers, "Elogio della tendenza/ln Praise of Tendencies," *Domus* 216 (December 1946): 2.

并以历史为基础的趋势之间建立一种连续性。[1] 而不久前，罗杰斯（1969）、汉斯·施密特（Hans Schmidt，1972）和皮耶罗·博托尼（Piero Bottoni，1973）相继离世。罗西因此特意为他们的杰出贡献做了一部分展览。在另一部分中，他将苏联建筑与马蒂亚斯·翁格尔斯（Matthias Ungers）、罗布·克里尔（Rob Krier）、约翰·海杜克（John Hejduk）、迈克尔·格雷夫斯（Michael Graves）和彼得·艾森曼（Peter Eisenman）的项目进行了对比[2]。这种大异其趣的组合显然无法长久，而事实也是如此。

每位参展的意大利建筑师对于如何定义理性建筑及趋势派的组成都持不同的观点，尽管每个人都在认真寻找能够弥合这些差异的见解和建议。例如，斯科拉里严厉抨击各种倒退的潮流，以及布鲁诺·泽维（Bruno Zevi）倡导的有机建筑运动。布鲁诺表示：唯一避免陷入“波普建筑（Pop architecture）带来的自我毁灭”的道路，就是恪守现代运动的教义。[3] 泽维等人提出的这些选择看起来已足够惨淡：不是深度参与政治就是先锋的逃避主义，无论哪条路都是建筑学的死亡旋涡。与此不同的是，斯科拉里提倡在“（建筑师）所沉迷的晦涩”中建立起“一种先锋、前进和建筑的感觉”。当时在意大利风靡一时的先锋派——阿基祖姆（Archizoom）、超级工作室（Superstudio）、999——在毫无理论基础的情况下，最终不过以“漫画的尖叫”收场，在反对当代“晦涩性”的澄清之路上毫无贡献。这些流派首要的问题并不在于他们是有害的，而是他们毫无用处。斯科拉里反对让建筑师放弃社会考量的观点，而提出应当放弃寻找奇思妙想、伟大的“新创意”或“新真理”，以便让趋势派的建筑师去进行对历史和形式的分析，并呼应着罗西的观点，将城市作为人的产物、而不是“一系列形式预设”去研究。这一过程的核心要素是将建筑学作为一个自主的学科，不是将建筑项目从其社会、经济或政治环境中提炼出来，而是识别出这一学科的独特手段、传统和技术，以便能更

---

① 展览图录 *Architettura razionale: XV Triennale di Milano* 由罗西和埃齐奥·邦凡蒂（Ezio Bonfanti）编纂。关于趋势学派及建筑自主性的讨论，见 Marco De Michelis, “Aldo Rossi and Autonomous Architecture,” 载于 Terence Riley, ed., *The Changing of the Avant-Garde: Visionary Architectural Drawings from the Howard Gilman Collection* (New York: Museum of Modern Art, 2002), 89-98.

② 这组人的项目以及肯尼思·弗兰普顿和科林·罗（Colin Rowe）的评述见于 Rossi and Bonfanti, *Architettura razionale*, 92-111.

③ Massimo Scolari, “Avanguardia e nuova architettura,” 同上 , 153-187.

合理地对城市建设进行干预，例如，打破现代运动对这一领域的掌控。[①] 在《城市建筑学》中对幼稚的功能主义的定义里，罗西已经对现代主义设计中的主流教条发起了挑战。在那种设计中，形式可以在客观需求的基础上单纯通过逻辑推衍出来。面对如此混乱的思想，怎么能识别出一种统一的趋势？

若干年后的 1979 年，罗西给出了关于趋势派更为直白的解释：最初它表达的是他们的建筑与国际主义风格建筑以及标准职业实践之间的差异。跟随趋势派意味着置身于社会政治争论之中，与国家的现实联系在一起，打破米兰理工大学的主流学术和商业路线。通过第十五届米兰三年展上的理性主义或新理性主义展览，他期望将这些思想表达出来。但他也不无挖苦地说，外国出版物完全曲解了它们。[②] 毋庸置疑，他们没有领会到罗西心中建筑设计不可或缺的诗意层次。

融合于这个多样化的群体中，游离于形形色色的理论和建筑线索的强烈愿望之外，罗西渴望在展出的作品中找到一种既符合逻辑又富有诗意的共通建筑，却在一片堆砌着难以计数的悖论的沙滩上搁浅了。只消一例即可说明：1973 年的罗布・克里尔与萨伏伊别墅的勒・柯布西耶能共打一把伞吗？（特别是在恶劣的天气下，人在后者的别墅里真的是需要打伞的。）尽管如此，为了开辟新道路依然出现了在现代主义建筑中辨别具有积极意义的元素的大胆尝试，而这在一定程度上源自在不忽略各种社会问题的同时，对类型学和形态学进行探索。正因为勾勒形式和风格发展轨迹的尝试已被证明是行不通的，罗西本人成为第一个与趋势派划清界限的人。面对没有建立"学派"的各种批评，他首先指明这种探索是不可能的。[③] 虽然在展览上，他将自己设计过程中的诗意成分降到了最低程度，并支持这群人同意称为"现实主义"的东西，但真实的罗西是将诗意置于核心的——那是一个私密的、极具个人色彩的探索的产物，无法作为一种风格去复制或转移。在面对解释的压力时，罗西明确表示他渴望的是一种方法论而非一套答案，是一种他希望足以激发建筑师踏上各自的探索之路的方法和教学实践。

---

① De Michelis, "Aldo Rossi," 93ff.

② Rossi, *QA*, Book 25, 18 June 1979, 对埃齐奥・博尼卡尔齐（Ezio Bonicalzi）的访谈。

③ 对三年展批评声最高的有泽维、格劳科・格雷斯莱里（Glauco Gresleri）和安德烈亚・布兰齐（Andrea Branzi）。在当时的意大利，政治上的忠诚意味着在不同群体之间划清界限，这就不可能出现毫无偏见的对话和批评。这种界限与建筑的特性毫无关系，而完全是政治立场的问题。

尽管还是一名学生，24 岁的罗西已经在 1955 年与圭多·卡内拉起草却未发表的文章《建筑与现实主义》（*Architettura e realismo*）中提出了对建筑现实主义的初步评价。[①] 他们认为，二战后意大利的文化是僵硬的，被死死地封在一堆拒绝变化的教条中。他们很遗憾地提到了一个事实：建筑创作和批评的权力仍在一群法西斯主义的粗暴奴仆手中。他们为了不暴露自己的建筑死气沉沉，对探索新的语言毫无兴趣。不过，在新现实主义电影上，罗西和卡内拉找到了例外。法西斯主义、战争和战后岁月的无数悲剧在其中得到了充分表达。除此之外，他们还在新现实主义导演的作品中察觉到了一种灾难性的形式主义的倒退，就像他们在加尔代拉（Gardella）、佛朗哥·阿尔比尼、BBPR、夸罗尼和皮奇纳托（Piccinato）等人的建筑上看到的那样。这种新的形式主义污染了所有的艺术。

在他们当时评判的建筑世界里，现实主义提供了一种通过更深入地探究具体文脉来摆脱形式主义的可能性。他们倡导将注意力从形式转向直接源于集体性（collectivity）的各种因素——文化、政治、经济和社会的因素。他们认为这提供了形成建筑学批判视角的唯一途径。它所需的是超越简单的形式重复的对传统和历史的挖掘。值得注意的是，在这篇学生时代写成的早期文章中，罗西提出了对建筑学院内权力结构入木三分的批判，并在他后来的《蓝色笔记本》（*Quaderni Azzurri*）中有深入的阐释。1989 年，在向米兰市提交建议时，他指出“建筑文化的愚蠢掺上‘现代’的糟粕所造成的灾难，甚至超过了投机商的贪婪”。[②]

罗西还特别将现实主义与二战后意大利的许多关键电影联系起来，比如他最喜欢的卢基诺·维斯孔蒂（Luchino Visconti）的《沉沦》（*Ossessione*，1943）和《战国妖姬》（*Senso*，1954）、费代里科·费利尼（Federico Fellini）的《罗马风情画》（*Roma*，1972）和《八部半》（$8\frac{1}{2}$，1963），以及毛罗·博洛尼尼（Mauro Bolognini）的《衰老》（*Senilita*，1962）。他为三年展组织拍摄了两部短片《装饰与罪恶》（*Ornamento e delitto*）和《新住宅》（*La nuova abitazione*），其中包含了许多电影的选段。所有这些都可以笼统地称为“新现实主义”（neo-realist）影片，其中的许多方面最后都弱化了“现实”与“诗意”之间的距离。罗西挑选了每部

① Guido Canella and Aldo Rossi, “Architettura e realismo” (Winter 1955), ARP, Box 9, folder 151.

② Rossi, *QA*, Book 38, 20 October 1989.

电影的片段，是因为它们都以不同的方式展示了现实与诗意之间关联的一个方面。他指出了《八部半》中主角在幻想与现实之间的摇摆，以及《罗马风情画》中罗马城市的支配性地位和反复呈现。另外，《沉沦》讲述了两个人的生活——一位意大利妇女和一位奥地利官员，深陷于 19 世纪 60 年代末为终结奥地利在意大利北部的统治的宏大历史斗争场景之中。在这里，电影被证明与罗西对历史的持续关注是异曲同工的——特定的历史文脉是他建筑学的理性基础。在《八部半》中，制片过程被记录成现实主义与幻想之间不稳定、离经叛道，却具有非凡神秘性的结合。这一过程与罗西根据雷蒙德·鲁塞尔（Raymond Roussel）的思想反复尝试用他的建筑来表达的东西不无相似之处。[①] 二十多年后，罗西在回顾自己的“现实主义教育”时认为其特征是对生活的强烈激情，并带有一种诗意的、生动的、奇妙的现实主义。它通过突入个人与集体的现实世界，摆脱陈腐的学术味现代主义。[②]

就在这些年间，罗西和他在米兰理工大学校委员会的同事们，由于在政治和文化上公开反对当时的行政制度，并迫切地推行课程改革，在 1971 年 11 月突然被当时的教育部部长（Minister of Public Instruction）里卡尔多·米萨西（Riccardo Misasi）停职。[③] 这群人以集体投票和推动社会主义城市研究的方式对标准实践发起挑战，违反诸多制度规则。除此之外，停职文件揭示出了部长很可能是这一决定背后的真实原因——文件含糊其辞地提到了教师委员会接受“外来人员”进入学院大楼的决定。

当年早些时候，即 1971 年 6 月 6 日，四千名警察以暴力驱赶了在米兰蒂巴尔迪大街（Via Tibaldi）公共住房里的非法居住者，并导致一名七个月大的婴儿死亡。一些躲避暴力行为的家庭藏匿在米兰理工大学建筑学院里，并受到了学生们的欢迎。系主任保罗·波尔托盖西（Paolo Portoghesi）与包括罗西在内的很多教

---

① 见第 4 章剧院部分关于鲁塞尔著述的讨论。

② Rossi, “Une education realiste,” *Archithese* 19 (1977): 25-28，后以意大利文发表为 “Una educazione realista,” 载于 Alberto Ferlenga, ed., *Aldo Rossi: Architetture 1959—1987* (Milan: Electa, 1989), 71.

③ 关于这次停职以及罗西和其他人提起的上诉见 MAXXI 罗西档案。档案目录已经过两次重大修订，并将马上进行第三次修订。因此建议各位学者避免引用其中具体的出处，除非有合适的著作来源。

师委员会成员也表示支持。斯科拉里后来回忆道，不少教授对这种问题视而不见，但罗西一直是支持的，并在政治斗争中坚决与学生们站在一起。[①] 这批无家可归者住在学院里，直到警察于 6 月 29 日再次将他们强制驱逐出去。大学的教师委员会中止了除其教学以外的一切集会和活动，并勒令他们听候通知。此类事件拉开了“铅灰之年”（anni di piombo）的大幕，无数的游行、武装冲突和对抗议者的残酷镇压在随后 10 年中席卷各所大学和街头巷尾。到 1974 年教育部最终撤销停职时，罗西已在苏黎世联邦理工学院（ETH Zurich）执教，同法比奥·赖因哈特（Fabio Reinhart）等人结成了坚固的友谊，并启动了关于瑞士传统住宅的多项研究。[②]

今天，把握 20 世纪七八十年代的脉络并非易事，因为那时四分五裂、自相矛盾的形势难以用粗浅的描述来表达。那时意大利街头政治斗争肆虐，且往往是由腐败的政客、偏离正轨的秘密机关、外国情报机构、新法西斯团体和“红色旅”（Red Brigades）引起的。在这些风雨之中，建筑师度过了一段活力十足却又混乱不堪、危机四伏的时光。[③]

建筑学出版物（包括期刊）在欧洲大陆和美国的涌现，激发了为这一学科注入活力的热情。许多意大利出版商制作了华丽的建筑学图书。老一些的出版商有拉泰尔扎（Laterza，1901 年成立）、里佐利（Rizzoli，1909）、埃诺迪（Einaudi，1933），较年轻的有佛朗哥·安杰利（Franco Angeli，1955）、马尔西利奥（Marsilio，1961）和甘杰米（Gangemi，1962）。此外还有很多大学和文化组织出版的书籍和刊物，杂志业甚至比二战前还要繁荣：在《居所》（*Domus*）和《美家》（*Casabella*，1928）以及《复兴》（*Rinascita*，1941）之外，意大利人开办了许多批判性，而且通常是有争议的建筑期刊，比如《黄道》（*Zodiac*，1957）、《芙蓉》（*Lotus*，1964）以及《芙蓉国际》（*Lotus International*，1970）、《反空间》（*Controspazio*，1966）、《评论》（*Rassegna*，1966）、《工作台》（*Contropiano*，1968）、《参数》（*Parametro*，1970）、《方式》（*Modo*，1977）和《迷宫》（*Dedalo*，1986）。虽然其中不少很快就走上呆板的套路，但是在 1970 年到 1990 年的二十

---

① Lea-Catherine Szacka and Thomas Weaver, “Massimo Scolari in Conversation,” *AA Files*, 65 (2012): 36.

② 苏黎世 Eidgenossische Technische Hochschule，今称苏黎世 ETH。

③ Giovanni Fasanella, *Il puzzle Moro* (Rome: Chiarelettere, 2018) 记载了许多这样的事。

年里，随着建筑师努力接受各种新技术和爆炸式发展的城市，并协调建筑与城市体的结合，业界的争论呈现出欣欣向荣的面貌。特别是在意大利，人们不断离开乡村，历史城市中心区在竭尽全力地解决汽车、人和老房子的问题。什么才能构成建筑设计的当代理论？罗西问道，为何提出一个框架如此艰难？[①] 他想知道的是，应该对那些寄托着人们好感的建筑物做什么呢？比如公共洗衣房、奶酪店、乡村公社法庭。首要的是，它们见证了一整群人过去的不幸。那它们是否就应当成为“这种痛苦的博物馆”？[②] 这并没有简单的答案，但这种问题在建筑师每一次面对城市建筑项目时几乎都是必须要问的。罗西是这种论战中的主力，20 世纪 50 年代末以来一直如此。可是在 1973 年第十五届米兰三年展之后，他把更多的精力用在了建筑而不是出版上，实际上他的选择是让建筑去自我表达。[③]

类比城市

关于 1973 年第十五届米兰三年展的成功——或者失败——及其意义的争论持续不断，某些集中体现了个中问题的时刻特别引人瞩目。展览关于城市的部分在结尾包含了堪称此次展览最具代表性的形象，一幅阿尔杜伊诺·坎塔福拉 7 米长、2 米高的画《类比城市》（*La citta analoga*）。[④] 这种建筑拼贴也出现在罗西的塞格拉泰（Segrate）游击队纪念碑（Monument to Partisans）和加拉拉泰塞住宅区同样优美的城市景观中，就像贝伦斯（Behrens）的 AEG 大楼之于柏林、路斯的圣米歇尔广场（Michaelerplatz）大楼之于维也纳，以及万神庙和切斯提亚（Cestia）金字塔之于罗马。这幅画以一种 20 世纪的调子呼应着卡纳莱托（Canaletto）的名作《狂想：带维琴察建筑的帕拉迪奥式里亚托桥设计》（*Capriccio: A Palladian*

---

① Rossi, “Architettura per i musei,” 载于 Canella et al., eds., *Teoria della progettazione architettonica* (Bari: Dedalo Libri, 1968), 122-137, 今载于 Rossi, *Scritti scelti*, 299-313.

② Rossi, “Che fare delle vecchie citta?” *Il Confronto* 4, no. 2 (February 1968): 41-43, 今载于 Rossi, *Scritti scelti*, 139-143.

③ 他在米兰的一位助手乔瓦尼·达波佐（Giovanni da Pozzo）也注意到罗西在后来若干年中逐渐退出了理论的论战，而把精力集中在建筑上。Da Pozzo, “A Happy City,” 载于 Portoghesi et al., *Aldo Rossi: The Sketchbooks 1990—1997*, 179.

④ 坎塔福拉从 1973 年到 1977 年在罗西的事务所工作。

Design for the Rialto Bridge with Buildings at Vicenza，1740）。画中以威尼斯大运河畔真实的和想象中的帕拉迪奥式设计突破了地理和逻辑上的条件。[①] 坎塔福拉的画概括了展出的这些城市的特征，以及罗西关于城市是一种复杂的综合体，城市艺术品是人的意志和城市自身历史的表达等观点。画中以宏大的全景释放出来的集体记忆既多元又有序。

3 年后，在 1976 年的威尼斯三年展上，为了一个探讨如何解决中心城市和郊区问题的欧洲—美国展，罗西呈现了一幅大相径庭却同样引发争议的画——题目也是“类比城市”。这是同埃拉尔多・孔索拉肖（Eraldo Consolascio）、布鲁诺・赖希林（Bruno Reichlin）和法比奥・赖因哈特一起创作的。作为苏黎世 ETH 的一个联合创作项目，这幅画表达了罗西的理念——历史城市是由想象力和个体共同塑造出来的；城市是集体记忆、想象力和活动的场所（locus）。[②] 画中包含了罗西喜爱的建筑物、平面图和画——那些他多年来论述过和画过草图的：克诺索斯宫（Palace of Knossos）、布拉曼特（Bramante）的坦比哀多（Tempietto）、普罗密尼（Borromini）的四泉圣卡洛教堂（San Carlo alle Quattro Fontane）、皮拉内西（Piranesi）的《监狱组画》（*Carceri*）、泰拉尼的但丁纪念堂方案（*Danteum*）；还有罗西自己建筑项目的片段：摩德纳墓地、厄尔巴（Elba）小屋、都灵圣罗科（San Rocco）居住区的城市规划。最重要的、高居画面顶部的是坦齐奥・达瓦拉洛（Tanzio da Varallo）《大卫与巨人》（*David and Goliath*，约 1625）中的大卫像。坦齐奥的名声在一定程度上出自他设计的精美礼拜堂。在瓦拉洛圣山（Sacro Monte of Varallo）他用绘画或雕塑表现了“耶稣受难”（Passion）的场景（参图 5.4）。这幅新的“类比城市”画提出了一种并非僵化不变的建筑和城市历史，而是一种首先要面对挑战、冲突、相互作用和改变的实体——并且不能将它作为一块白板，而要保留发现时的状态，并带着所有的记忆——真实的与想象的、完好的、重叠的、并置的——正如记忆本身那样明显混乱。在仅仅 3 年的时间中，类比城市就从一种结构清晰、视觉上多元化的形象，演变成更接近罗西建筑概念的样态——

---

① 卡纳莱托（全名 Giovanni Antonio Canaletto）的这幅油画保存在帕尔马国家美术馆。

② 最近，达里奥・罗迪吉耶罗（Dario Rodighiero）制作了这幅拼贴画的全比例复制品，并在背面印上了所表现建筑的说明——《类比城市：地图》（*The Analogous City: The Map*, Lausanne: Ecole Poli technique Federate de Lausanne, 2015）。

建筑是一种看上去用平立剖随意表达，并叠加各种图画的多样化元素杂糅而成的混合体。在画中，罗西孤独的身影立在窗前的灯下。对大卫及其与巨人的神话之战的表现则成为一种影射：建筑师为了发展建筑学，突破阻挡其道路的投机行为，同腐败势力进行着艰巨的斗争。

罗西的“类比城市”是什么？在展览闭幕后不久发表的一篇论文中，他写道：“我认为有必要说明从想象到现实之间的各种联系，以及从这两者通往自由的道路。不存在无法用理性或至少是具体事物的辩证关系去理解的虚构物、复杂性和非理性。我相信想象就是一种具体的可能性的力量。”①

从成为建筑系学生的最初几年开始，罗西就发现自己喜欢琢磨创造力的源泉——不仅是他自己的创造力，还有其他建筑师的。部雷的论著则推动了在他的论述和早期设计中初露端倪的思想，因此“类比城市”不过是从视觉上有力地印证了这些观点。这一概念是在他重读《城市建筑学》时浮现在脑海中的，那时他迫切地相信，在探索了研究城市的各种方法论之后，描述和知识就应让位给对“源于具体事物的想象之力”的研究。但他并没有让这些内容针锋相对，而是认为应当转移焦点。他将自己的画与卡纳莱托的《狂想》进行类比——后者描绘的想象中的威尼斯比真实的更加重要。罗西将他的画描述为一种“源于设计、源于真实和想象元素的创作，这些元素被引用之后组合在一起形成了现实的替代物”。这种替代物继而应当成为想象性建筑设计的跳板。其所蕴含的各种记忆、转瞬即逝与捉摸不定之物、建成与未建成之作，会在独一无二而又植根于特定地点的某物中形成。荣格（Jung）将类比思维描述为“一种对过去主题的冥想、一种内在的独白……一个被感觉到却又不真实的、一个想象出来却又无声的世界”，这正好反映出罗西通过图画、设计和论述表达的内容。②

罗西理论的第三次、也是最后一次在大型展览上的呈现，发生在两年后的1978年。时任罗马市长的艺术史学家朱利奥·卡洛·阿尔甘（Giulio Carlo Argan）

① Aldo Rossi, “La citta analoga: Tavola/The Analogous City: Panel,” in *Lotus* 13 (December 1976): 5.

② Aldo Rossi, “An Analogical Architecture,” trans. David Stewart, 载于 Kate Nesbitt, ed., *Theorizing a New Agenda for Architecture: An Anthology of Architectural Theory 1965—1995* (New York: Princeton Architectural Press, 1996), 345-352；原载于 *Architecture and Urbanism 56* (May 1976): 74-76.

邀请他参加由彼得罗·萨尔托戈（Pietro Sartogo）组织的集体项目。[1]他们请12位建筑师每人提出一个“打破”罗马城市肌理的方案，而整体框架和出发点就是乔瓦尼·巴蒂斯塔·诺利（Giovanni Battista Nolli）1748年城市地图的12个部分。诺利的平面图展示了由诸多部分和古迹组成的城市化地区，包括广袤的乡村地区和城墙内宽敞的私家花园。这一切都融为一个相对协调的整体，其中还有罗马古代的遗迹。萨尔托戈用新方案“打破”罗马的意图，在于将意大利统一前1869年的城市与统一后投机（和腐败）开始泛滥的城市和郊区噩梦进行对比。以激发建筑想象为公开的目标，组织方分配给每位建筑师12个部分之一；罗西收到的是第10部分，卡拉卡拉（Caracalla）浴场遗迹周围的地区。他称自己的方案是“对安东尼浴场和古代输水道的复原，并为新的洗浴场而配备现代的供暖和制冷设施，供人们休闲娱乐、谈情说爱和锻炼身体，附近还有场馆供集会和市场使用”。在下边缘处，罗西插入了高层建筑和他自己建筑的片段——从塞格拉泰纪念碑到加拉拉泰塞，背后耸立着阿罗纳（Arona）的圣卡洛内像（图3.6）。他的科学小剧院（Little Scientific Theater）的一个缩小版（图5.1）——带三角形山花，后墙上有城市场景画——被放在一个舞台上，还有不成比例的眼镜、瓶子和咖啡。这一主题对罗西颇有吸引力，因为要求是按照自己的选择来设计，并严格遵照诺利的地图所表现的城市形态——这种实体是以由多个部分组成的建筑，它们又拼合成一种多元、复杂却奇异地营造出和谐的景观。他还隐隐地提到了多位在罗马设计建筑的伦巴第建筑师，包括诺利本人。[2]罗西的启发性“打破”方案将自以为把控着生活和城市的现代运动建筑“大师”和城市主义者之作悉数抛开，以用心设计的建筑和场所取而代之。其目的是吸引未来的使用者，并对各种改动和变化做出预测，形成由部分组成的城市的片段，而非造成令人压抑、一成不变的态势。随着时间的推移，他对片段作为当代建筑基础的关注逐渐增加，并日益突出。

---

① 这一构想源自建筑师萨尔托戈，他也同受邀的其他十一人参加了展览：詹姆斯·斯特林（James Stirling）、保罗·波尔托盖西、罗马尔多·朱尔戈拉（Romaldo Giurgola）、罗伯特·文丘里（Robert Venturi）、科斯坦蒂诺·达尔迪（Costantino Dardi）、安托万·格伦巴赫（Antoine Grumbach）、莱昂·克里尔（Leon Krier）、罗伯特·克里尔（Robert Krier）、阿尔多·罗西、迈克尔·格雷夫斯和科林·罗。展览于1978年在图拉真市场举行；118幅原创图画和板上画保留在MAXXI, Rossi, Attivita professionale。

② Rossi, *QA*, Book 22, 28 September 1977.

罗西认为用“从汤勺到大教堂”[1]的观点设计一切的理念是荒谬的，因为这预设了某种秩序。相反，他认为现代生活带来了一整套多元的体验，并最突出地体现在一个观点上：由片段构成的城市并非表达了毁灭，而是希望。在他看来，现代运动建筑师宏大的总体规划和“救赎世界”的愿望到最后都是“反人类的”（anti-human），并与城市拥有丰富的替代要素这一观点背道而驰。而建筑师恰恰需要在他们的设计中，从城市的片段或各个部分中辨别出积极因素，对这些替代要素予以认可和表现。[2]

1975年，罗西的一套文集问世——《建筑与城市论文选》（*Scritti scelti sull'architettura e la citta*，1956—1972）。其中包括不少曾载于往往难觅踪迹的边缘化出版物中的文章。凭借此书，罗西向世人证明了他对历史的深刻认知、对甚至是意大利以外建筑的认识的广度和深度，以及用他的沉着和原创性驾驭一切含混和不确定性的能力。对于这位历史学者，这部文选也印证了他早期论述中某些关注点的持续性。回溯来看，显而易见的是，几乎从罗西事业伊始，历史就赋予了他一种作为建筑师去思考自身使命的视角，并由此认识到它远远超出了形式、材料和其他功能特征，甚至“在建筑设计结束时浮现出来的意义才是这一研究真实的、未曾料到的、原初的意义。它是一个项目”。[3]正如《城市建筑学》中的阐释，罗西仅仅把形式和技术作为第一步，而项目的内容（无论怎样都难以言表）是一切建筑作品的主导和完备因素。罗西直言不讳：单纯以理性的基调、以技术和功能主义为基础获得的结果，只能以不足和平庸收场；相反，这种理性的构建方法必须在持续性的矛盾过程中从内部分开，而意义和表达将使这些原则得到升华，并变成实质性、内涵深刻的东西。[4]在下面的章节中我们将看到，罗西正是在自己的作品中努力实现这一点的。

---

① 译注：埃内斯托·罗杰斯在1952年提出的口号是“从汤勺到城镇”（dal cucchiaio alla città），意为表达从器物到城市的设计原理是同一的。

② Rossi, “Frammenti: Un'architettura per frammenti ovvero un'architettura del possibile,” July 1988. MAXXI, Rossi, Didattica e scritti.

③ “Il significato che scaturisce al termine dell'operazione e il senso autentico, imprevisto, originale della ricerca. Esso e un progetto.” Rossi, “lntroduzione all'edizione portoghese de *L'architettura della citta*,” 今载于 Rossi, *Scritti scelti*, 419.

④ 如参见其 Introduzione a Boullee，今载于 Rossi, *Scritti scelti*, 321-337.

1979 年迎来了对罗西建筑师地位第一次重要的官方认可，他通过选举进入意大利声名显赫的圣卢卡学院（Accademia di San Luca）。这所学院起源于 15 世纪末的绘画艺术大学（Universita della Arti della Pittura）。该学院历经多个发展阶段后，1577 年，教皇格列高利十三世颁布教令，正式成立一所综合绘画、雕塑和设计的学院，其形式持续至今。直到 1634 年，学院才正式接收建筑师。尽管新的意大利王国在 1874 年中止了学院的教学活动，学院却一直在通过各种活动、事件和奖项推广艺术和建筑学。选入学院肯定了罗西在意大利建筑师圈子里的名望，并使他与彼得罗·阿斯基耶里（Pietro Aschieri）、马里奥·里多尔菲（Mario Ridolfi）和乌戈·卢奇肯蒂（Ugo Luccichenti）等 20 世纪的大家，以及詹洛伦佐·贝尔尼尼（Gianlorenzo Bernini）、彼得罗·达科尔托纳（Pietro da Cortona）和卡洛·丰塔纳（Carlo Fontana）等更早的建筑师齐名。[①]

从 1979 年年底到 1980 年的大部分时间，罗西设计的世界剧场（Teatro del Mondo）都漂浮在威尼斯的水面上，靠近威尼斯海关大楼（Punto della Dogana）和安康圣母教堂（Santa Maria della Salute），以庆祝威尼斯戏剧双年展（Theater Biennale），以及后来的建筑双年展。世界剧场旋即成为一个标志性形象，并且由于和方兴未艾的后现代建筑争论处于同一时期，也成了建筑学领域日益活跃的争论的象征。20 世纪 50 年代争论的主题是反对一切背离现代运动教义的做法，比如韦拉斯卡大厦（图 1.1）。此后，后现代的挑战成了新的前线。60 年代的三部巨著——罗西的《城市建筑学》、罗伯特·文丘里的《建筑的复杂性与矛盾性》（*Complexity and Contradiction in Architecture*）和简·雅各布斯（Jane Jacobs）的《美国大城市的死与生》（*The Death and Life of Great American Cities*）——向现代运动的霸主地位发起了日益严峻且多元化的挑战，特别是其在办公楼、住宅建筑和城市规划上的共同表现，但并不仅限于此。[②] 这一争论在 20 世纪 70 年代迅猛发展，其最为公开的形式是美国的“白色派”（the Whites，教条化的现代主义者）

---

① Peter M. Lukehart, ed., *The Accademia Seminars: The Accademia di San Luca in Rome, c. 1590—1635* (Washington, D.C.: National Gallery of Art, 2010).

② 关于这三部著作的论述汗牛充栋；见笔者 *Architecture after Modernism* (London: Thames and Hudson, 1996) 13-23 的概述。

和“灰色派”(the Grays，对借鉴建筑的历史和传统持开放态度)。[①] 这两个自封的先锋派都坚信自己道路的优势。前者忠实地遵从柯布西耶和密斯纯粹主义的形式主义原则，而后者通过争辩鼓吹色彩和历史借鉴在建筑中的重要性。迈克尔·格雷夫斯 1979 年曾赢得俄勒冈波特兰市组织的一个市政厅项目竞赛。它完美地体现出初生的后现代主义运动的各种特征：色调明亮，乃至艳丽的办公楼上是比例夸张的拱顶石、观景台、壁柱和拱廊。[②] 关于格雷夫斯设计的出版物问世，恰逢世界剧场在威尼斯潟湖启用。它的金属穹顶和支架上简洁明快的黄色和蓝色木构物，宣示着它与标准现代运动经典之作间的鸿沟。

毫无意外的是，后现代主义者往往称罗西是他们中的一员。毋庸置疑，白色派和灰色派都反对二战后现代主义共同的单调性，并且都鼓励建筑师个人的创造力。然而，当听到自己被归为后现代主义者时，罗西旗帜鲜明(并且反复)地否认这种归类。因为正如他所说，他从未成为一位现代主义者。相反，他常常嘲笑说，一个更合适的分类应该是“后古代主义者”(post-antique)。[③] “现代运动乡野气(provincial)太重”，他在 1996 年写道，并且使从法兰克福厨房(Frankfurt Kitchen[④])到“居住的机器”(machine for living)的一切都有种道德意味。在现代运动中，“前进徒然是悲伤，而道德跨过悲伤，为投机(的利益)服务”[⑤]。罗西也避免使用白色，而支持色彩，并运用对称甚至是集中式设计——尽管那不过是与格雷夫斯等后现代主义者在形式上粗略的相似性，只消仔细观察便能看破。夸张、

---

① 白色派，也叫纽约五人组(New York Five)，于 1969 年在纽约现代美术馆(MoMA)举办了一次他们作品的展览。随后，在 1972 年，《建筑论坛》(*Architectural Forum*)杂志刊登了一篇名为“五对五”(*Five on Five*)的文章，对这一组人进行了批判。

② 格雷夫斯在竞赛评委中有一位盟友：菲利普·约翰逊。这位极具影响力的 MoMA 策展人是这位普林斯顿大学青年教师的坚定支持者。见 Meredith Clausen, “Michael Graves's Portland Building. Power, Politics, and Postmodernism,” *Journal of the Society of Architectural Historians* 73, no. 2 (June 2014): 248-269.

③ “Non sono post-moderno; piuttosto sono post-antico.” Aldo Rossi, lecture at the University of Southern California, Spring 1985.

④ 译注：1926 年奥地利建筑师玛格丽特为法兰克福社会保障住宅设计的厨房，是历史上首个以造价低、效率高的一体化概念建造的厨房，被作为现代装配式厨房的先驱。

⑤ Rossi, “Premessa: Un'educazione palladiana,” *Quaderno*, August 1996-May 1997, 3. MAXXI, Rossi, Quaderni.

肤浅的模仿，以及因像波特兰市政厅（Portland Building）那样做作而戏谑与讽刺的嗜好，的确是20世纪80年代大部分后现代主义建筑的典型特征。格雷夫斯、罗伯特·斯特恩（Robert A. M. Stern）、查尔斯·穆尔（Charles Moore）、托马斯·戈登·史密斯（Thomas Gordon Smith）、理查德·罗杰斯（Richard Rogers）和伦佐·皮亚诺（Renzo Piano）等人追求的恰恰就是这条道路。波特兰市政厅在这一方面颇具代表性，如同蓬皮杜中心（Centre Pompidou）等大部分后现代主义建筑一样，被简化成一个带装饰的盒子。不幸的是，以后现代主义之名创作出来的建筑往往禁不起时间的考验，一如更近期的解构主义和参数化设计的探索。波特兰市政厅在竣工仅6年后就需要大修；皮亚诺和罗杰斯的蓬皮杜中心在不到30年的时间里就经历了两次昂贵的全面修缮；而扎哈·哈迪德的罗马MAXXI美术馆在开馆后不久就需要维修。

在二战后的数十年里，协调意大利工业化城市的新需求与历史中心区最有意义的一个方案就是引导中心（Centri direzionali）。这些新的城市中心将建在城市边缘，并以此将交通、治理和行政的各种需求从历史敏感地区转移出来。罗西为佩鲁贾（Perugia）丰蒂韦格（Fontivegge）地区设计的区域总部方案中就有这样的引导中心（1982）。

大部分城市都为它们做了规划，但鲜克有终。而建成的那些也极少实现了最初期待的成功，只不过满足了基本的需求——丰蒂韦格就是其中一例。假以时日，即使这是远离佩鲁贾历史核心的中心，最终也会成为城市中充满活力的一部分。

前行

罗西在20世纪七八十年代声名鹊起，以至于在他游历全球、不断造访伊比利亚半岛，并与西班牙和葡萄牙建筑师保持密切关系的过程中，生活开始发生巨大的变化。塞维利亚（Seville）和圣地亚哥-德孔波斯特拉（Santiago de Compostela）对他颇具吸引力。塞维利亚有传统的安达卢西亚（Andalusian）庭院“科拉尔”（corral），有些至少可以追溯到15世纪。圣地亚哥有非比寻常的中世纪大教堂和庄严的修道院、修道庵。尽管没有反复考察，罗西在论述中也会经常提到这些西班牙修道庵和教堂。那里有装饰精美的祭坛饰（retablos）和非凡的巴洛克建筑。《城市建筑学》的西班牙文译本是他西班牙朋友们努力的成果，这也是罗西大量西班牙文出版物中的第一部。幸运的是，他有着语言的天赋和以学求进的意愿。在生命的最后岁月里，他在学习日语，希望能在他做过许多项目的国家里至少进行一次对话。众人皆知，他精通法语、西班牙语和英语，他还会讲德语和拉丁语，并能阅读。

罗西第一次去美国旅行是 1976 年，拜访了康奈尔大学（Cornell University）、库珀联盟（Cooper Union）和洛杉矶的加利福尼亚大学（University of California）。[①] 1977 年春，他又来到美国，受约翰·海杜克之邀在库珀联盟教课，并在康奈尔大学授课。不久他又开始了同彼得·艾森曼以及纽约建筑与城市研究所（Institute for Architecture and Urban Studies，IAUS）短暂的合作。在随后的几年里，他在耶鲁大学和哈佛大学任客座教授，并继续在美国各地大学巡讲。他对美国建筑院校的评价有种令人熟悉的声音：他厌恶每个学年末旷日持久的公开评图——那是评图人竞相对方案发起赞美或责难，或是他们自诩博学的名利场——对于罗西而言，导师至高无上的责任是指导学生，这是不能动摇的；评图人应当只针对设计中的一个或几个要点来表扬，然后继续。他精准扼要的评语让习惯了拖沓冗长、旷日持久的评图的教师大为不解，而他们的做法在罗西看来也收效甚微。[②]

20 世纪 70 年代，罗西的图画开始出版和展示。IAUS 在 1976 年举办了他图画的首个美国展，并在 1979 年举办了第二个。[③] IAUS 还决定同 MIT 出版社在“反对派”（*Opposition*）丛书中出版《城市建筑学》，之后是当时尚未完稿的《一部科学的自传》（*A Scientific Autobiography*，后简称自传），尽管最终是后者先得付梓。[④]

① Rossi, *QA*, Book 19, 28 October 1976.

② 笔者旁听了罗西在美国和意大利多次令人拊掌的评图。耐人寻味之处在于罗西是直截了当的，而那些建筑学教师的反应则颇为困惑。

③ Aldo Rossi et al., *Aldo Rossi in America*.

④ 罗西对这两种书的设计和版式大失所望，尤其是《一部科学的自传》。他称之为“令人恐惧的”。Rossi, *QA*, Book 34, 10 July 1988.

罗西在自传上花费了数年心血，这是他撰写自传的几个尝试之一。[①] 意料之中的是，他最早的一次尝试在 1971 年 12 月——就在他提交完摩德纳墓地的竞赛方案后不久，那时他在米兰理工大学已被停止授课。在那篇初稿中，同自传一样，罗西没有按照时间的顺序，而是选择了回顾、围绕他的项目、建筑和图画徐徐展开的一系列思考，同时剖析自己总体的建筑观，以及更宏观的生命之谜与喜悦。他的首部著作意在对城市中的设计进行严谨的学术分析，以此作为研究和建设城市的一种方法论的一部分；而自传则明确地强调了这些现实状况的诗意境界。耐人寻味的是，第二部著作是先以英文（1981）和西班牙文（1984）出版的，而意大利文版（1990）在近十年后才问世。

该书以但丁·阿利吉耶里（Dante Alighieri）的《神曲》（*Commedia*）创作开篇。那时这位诗人大约 30 岁，正是罗西认为应当能有所成就的年纪。马克斯·普朗克（Max Planck）的同名自传《科学的自传》（*Scientific Autobiography*）给了他启发，因为普朗克对物理学中关于能量守恒的发现进行了思考。与但丁一样，普朗克追求的是“幸福与长眠”。随着章节的展开，罗西思考了他对修改、污染、反复和片段的钟爱，以及他对建筑室内外之间关系的痴迷。某些形象、地点和建筑是经常出现的，比如意大利北部伦巴第和皮埃蒙特（Piedmont）的圣山（Sacri Monti）；阿罗纳的圣卡洛内巨像；圣地亚哥-德孔波斯特拉的拉斯佩拉亚斯（Las Pelayas）修道庵和圣克拉拉（Santa Clara）教堂（图 3.5，图 7.1）；苏黎世大学的中庭（Lichthof，图 1.4）；圣十字若望（St. John of the Cross）的迦密山（Mt. Carmel）；威尼斯的菲拉雷特（Filarete）柱；波河平原（Po Valley）内堤（golena，一种在更高护堤之下的护堤）里的废弃房屋等。每个地点或物体都触发着思考与回忆，并催生出设计和图画。其中，他相信回忆和想象具有创造力的恢复过程能让他实现超越语言的表达。他回想起早先对记忆和怀旧的轻视，那时他遵照大部分导师的教导，在建筑实践中颇不情愿地抛弃历史，尽管他承认在心底藏着对历史的喜爱。到 20 世纪 50 年代末，他已经开始远离现代运动对历史的抛弃和僵化的教条，以及对共产主义思想的青涩向往。当罗西提到一本书、一个地点、一件

---

① 如一份题为“关于培养等问题的自传式笔记 1971”（Note autobiografiche sulla formazione, ecc., 1971）的 13 页手稿就是撰写自传的一次尝试。原本藏于 ARP，翻印于 Ferlenga, *Aldo Rossi: Tutte le opere* (1999), 8-25.

艺术品，甚至在南斯拉夫遭遇一场可怕的交通事故、在一家医院里康复时，他的思考都会重新回到他的建筑上——这种建筑刚刚融入了新的素材，并在一个非常真实的意义上被他的个人经历沾染了。罗西视觉记忆的宝库总是与他对广义上的生命及其意义更深入的思考交织在一起。

晚期职业生涯

伴随着声名鹊起而来的，是意大利内外的委托项目和方案。国际项目从20世纪80年代的IBA柏林住宅和巴黎的拉维莱特（La Villette）开始，然后是日本、美国、加拿大、荷兰、法国、英国、苏联和土耳其的项目。尽管许多仍停留在方案的层次上（建筑实践中习以为常之事），建筑图纸却广为流传，吸引了越来越多的崇拜者，并最终带来了更多的委托项目。到20世纪80年代末，业务暴涨，以至于罗西在马达莱纳街（Via Maddalena）长久以来的总部（最初是家庭工作室）再也无法应付如潮水般涌来的新工作。为了满足事务所的发展，罗西搬到了城门圣母教堂大街（Via Santa Maria alla Porta）的新址。这让他能够应对不断增多的国际项目。

罗西在他的生涯中与许多其他建筑师建立了合作关系，首先是1962年与卢卡·梅达（Luca Meda）和詹努戈·波莱塞罗（Gianugo Polesello）成立的建筑工作室（Studio di Architettura）。他的第一个独立事务所是与之前的学生詹尼·布拉吉耶里（Gianni Braghieri）建立的，并从20世纪70年代初起，在每个项目上与不同的建筑师合作。由于与布拉吉耶里在处理商务、寻找客户及充分参与设计等方面从未形成真正的合作，20世纪80年代初他们便分道扬镳，并在1986年由罗西正式解散事务所。[①]罗西还有两段持续至今的合作，分别是在荷兰同翁贝托·巴尔别里（Umberto Barbieri）的和在日本同堀口丰太。建筑工作室唯一成功的正式合作是同纽约的莫里斯·阿杰米（Morris Adjmi）进行的。他们负责了亚洲大部分工作，以及美国的和欧洲的部分项目。在建筑设计之外，罗西制作了印刷品和其他作品，尤其是美国的纺织品和珠宝。米兰事务所主要设计的是意大利和欧洲的

① 罗西在1983年和1987年向笔者解释了他对历次合作的看法。

项目，还有他的一些印刷品和所有的家具、瓷器、咖啡壶、钟表、腕表，以及为布鲁诺·隆戈尼（Bruno Longoni）和阿莱西（Alessi）、乌尼福尔（Unifor）、罗森塔尔（Rosenthal）、莫尔泰尼（Molteni）等公司设计的其他器物。从最初的项目开始，罗西便与许多建筑师进行了合作，包括乔治·格拉西（Giorgio Grassi）、卢卡·梅达、詹努戈·波莱塞罗，以及在拉费尼切（La Fenice）剧院项目上同弗朗切斯科·达莫斯托（Count Francesco da Mosto）伯爵的合作。[①] 在所有这些项目中，罗西都是首席设计师，这在作品本身的深化过程上是非常明显的。

在这些年间，从 1968 年起，罗西坚持在一套小蓝本里做笔记，即《蓝色笔记本》。[②] 他在笔记中记录了自己方方面面的思考，内容涉及建筑学、教学、项目、在读的书和诗、从书籍或电影中引用的内容，以及对旅行的简要记述。笔记偶尔也会出现长达 5 年的中断，某些情况下他附上了信函的草稿、他所翻译的书籍的序言，以及他对生命的宏观思考。尽管在 1987 年后，第一批 32 本笔记被售给盖蒂研究所——他一直心知肚明：它们会成为自己遗产的一部分——这些笔记还是显示出他的思想是如何随着时间推移成熟和发展的，以及某些建筑和书籍是如何对他的思想产生独特影响的。[③] 耐人寻味的是，其中关于勒·柯布西耶和密斯·凡德罗等建筑师的作品几乎只字未提。这些大师他是颇为欣赏的，却没有从中汲取什么灵感。相反，他把大量精力用在了巴洛克和新古典主义建筑——尤其是申克尔的设计——以及宗教建筑和天主教上。他不时会在《蓝色笔记本》中画上细节极为丰富的彩图，而其中只有一部分是他有意分析的。简言之，它们向世界展示出一位文化功底深厚的人，一位内在生命异常丰富的人，一位拥有虔诚信仰的人，一位永远在奋力将自己的思想转化为建筑和文字形式的人。

一本名为《蓝色图集》（*Il libro azzurro*）的专著于 1983 年由一家苏黎世画廊以意大利文、法文、德文和英文出版。这本令人惊叹不已的复制版收录的全是罗

---

① 达莫斯托与罗西合作了部分设计，而罗西希望请他作合伙人。达莫斯托婉拒了他，因为他认为是罗西负责竞赛方案的。罗西的私人通信，1997 年 4 月。

② 大部分笔记都于 2000 年在弗朗切斯科·达尔科的指导下以《蓝色笔记本》出版。显然他在事业更早期做过笔记，但在某一刻销毁了它们。他尚未完成的其他笔记保留在 MAXXI, Rossi 以及米兰的阿尔多·罗西基金会里。

③ 最后一本笔记为 1996 至 1997 年，没有同其他的一起出版，而是保存在 MAXXI, Rossi 中。

西项目优美水彩画的笔记，并附有他的评注；如今早已停印。书中还表达了他关于图纸和绘画的思考。这两部分在当时已各成一体，是与他的建筑本身齐名的成果。回想当初，在被一年级老师批评图画得不好之后，罗西对继续学习建筑灰心丧气。而他的这些图纸后来赢得了全世界的赞誉，美名甚至超出了建筑领域，不得不说是一种讽刺。

世界剧场在1979至1980年威尼斯双年展大获成功之后，双年展主席保罗·波尔托盖西请罗西接任1985年威尼斯建筑双年展总监一职。罗西于是以“威尼斯计划”（Progetto Venezia）为名提出了一场国际竞赛，目的是让世人关注威尼斯城市与威尼斯内地（terraferma）之间的历史联系。[①] 罗西对这一地区的关注在一定程度上源于他在博尔戈里科（Borgoricco）内地社区新市政厅上工作的经历，那是未来几十年设计和建设的新镇的第一步。在更早以前，他和同事们对威尼托（Veneto）地区的某些部分进行了深入的研究，这也成了双年展项目的一个基础。[②] 双年展的竞赛要求对威尼斯的三个地段——学院桥（Accademia Bridge）、里亚托市场（Rialto Market）和韦尼耶-迪莱昂尼府（Ca’Venier di Leoni）和内地的七个地段提出方案：巴多尔（Badoere）、埃斯特（Este）和帕尔马诺瓦（Palmanova）镇的广场；圣马里亚-迪萨拉（Santa Maria di Sala）的法尔塞蒂别墅（Villa Farsetti）；河谷草地广场（Prato della Valle）；蒙特基奥-马焦雷（Montecchio Maggiore）的罗密欧与朱丽叶城堡；以及诺阿莱（Noale）的古代要塞。在罗西看来，提出这些地段就是要鼓励建筑师着手于特定的历史环境，思考如何在像威尼斯那样繁杂的历史环境中进行设计，并处理被长久忽视、退化严重的建筑和场地。每位参赛者都会得到一本说明特定地段历史和现状的小册子，包括照片和平面图。对每段历史的详尽展示请人们从现实环境出发展开想象——这一挑战并未被所有参赛者接受。罗西双年展计划显而易见的颠覆性意图出现在一个特殊时刻——关于不同的设计方

---

① 该届双年展于1985年7月20日开幕，9月29日闭幕。

② Rossi, “I caratteri urbani delle citta venete,” 载于 Carlo Aymonino, Manlio Brusantin, Gianni Fabbri, Mauro Lena, Pasquale Lovero, Sergio Lucianetti 及 Aldo Rossi, *La citta di Padova: Saggio di analisi urbana* (Rome: Officina, 1970), 419-490；另见 Rossi, *Scritti scelti*, 353-401.

法仍有激烈的争论，而此时所谓的解构主义运动已初露端倪。[①]它后来被称为解构（Decon），特点是反对历史、对称与和谐，而支持扰断、碎片与荒谬的形式。威尼斯计划对这种新的风潮表达了含蓄的反对——它在当时和后来都没有理论支撑，也未触及建成环境中的实际问题，遑论传统和历史。

参赛方案如潮水般涌来，一群名不见经传的学生与圭多·卡内拉和罗伯特·文丘里等声名显赫的设计师同场竞技。评委在4月从近1500个方案中选出了500个，在双年展上展出，并以图录形式出版，然后从中选出10个获奖作品。在一个被很多人认为具有政治动机而不是以优劣评判的结果中，以克劳迪奥·达马托（Claudio d'Amato）为组长的评委（其中不包括罗西和波尔托盖西）将十枚金狮奖牌（由罗西设计）颁给了雷蒙德·亚伯拉罕（Raymond Abraham）、艾森曼、文丘里和丹尼尔·李布斯金（Daniel Libeskind）等著名外国建筑师，以及波尔托盖西的朋友和同事。[②]尽管这个结果令人遗憾，在享有盛名的第三届建筑双年展上展示作品的机会却激发着全球建筑师和学生的想象。被选出的500个方案出现在展览的两卷图录中。除了编辑图录的工作，罗西还设计了双年展花园入口的奇妙拱门，以及通往中央馆的小路。他将竞赛方案绘成的海报贴满了拱门，以表彰全球建筑师和学生围绕十大主题提交的无数方案。

作为双年展建筑部分的总负责人，罗西为1986年的活动选择了亨德里克·彼得鲁斯·贝尔拉赫（Hendrik Petrus Berlage，1865—1934）的图纸展出。这印证了他对基于历史和现实地段的建筑的不懈追求。他收集了这位荷兰建筑师的大量

① 解构主义建筑是在次年得名的。那时菲利普·约翰逊和马克·威格利（Mark Wigley）开始策划1988年在MoMA举办的“解构主义建筑”展览。它的实践者声名显赫，包括艾森曼、李布斯金、弗兰克·盖里（Frank Gehry）、雷姆·库哈斯（Rem Koolhaas）、扎哈·哈迪德（Zaha Hadid）等。或许这种风格最突出的地方在于维护的问题，因为以这种方式设计的大部分建筑在启用后不久都开始大量漏水，并暴露出其他缺陷。

② 罗西和波尔托盖西均未担任评委，而且拉斐尔·莫内奥（Rafael Moneo）也没有出席终审会。笔者作为评委对评奖结果表示反对，因为笔者认为其中有政治动机，而且实际上忽视了当时尚未出名的建筑师和学生提交的有价值的方案。只有吉诺·瓦莱（Gino Valle）公开支持，但评奖照旧。评委中的其他国际人士包括罗伯特·克里尔、莫内奥、贝尔纳·于埃（Bernard Huet）、维尔纳·奥克斯林（Werner Oechslin）以及意大利人桑德罗·贝内代蒂（Sandro Benedetti）、詹弗兰科·卡尼贾（Gianfranco Caniggia）和古列尔莫·德安杰利斯·多萨特（Guglielmo De Angelis D'Ossat）。

图纸，但没有在威尼斯举办展览，而是在内地的法尔塞蒂别墅（圣马里亚-迪萨拉）——上届双年展的十个地段之一。贝尔拉赫从历史关系上对建筑的关注反映出罗西和双年展主席波尔托盖西的观点，如同往届建筑双年展一样，与解构主义等大行其道的浮夸潮流针锋相对。

几年后的1990年，罗西收获了建筑界的最高荣誉——普利兹克奖，并成为有史以来第13位获奖者，以及第一位获此殊荣的意大利建筑师。在宣布评选结果时，评委的评语认为，《城市建筑学》中概括的理论框架支撑着“总会融入城市肌理、而非侵扰它的设计”[①]。评委称他的作品“让人即刻感到既大胆又平凡”，并认为罗西“摒弃风潮和流行的东西，创造出一种唯他独有的建筑”。在威尼斯17世纪的格拉西宫（Palazzo Grassi）举行的颁奖典礼上，罗西讲述了自己对建筑的热爱、在建筑创作中对真挚的追求，以及这给他带来的愉悦。罗西没有诋毁由其他地方融入的文化传统，而是称赞不同文化在建筑中恰到好处的混合——他相信帕拉迪奥的时代也是这样。值得纪念的是，公告中包括一幅摩德纳墓地的图画和他为阿莱西设计的咖啡壶的画。此外还有一些他建筑的图片，特别是10年前还漂浮在威尼斯潟湖中的世界剧场。次年，美国的另一个奖项对他的成就表示了认可——托马斯·杰斐逊奖章（Thomas Jefferson Medal），使他成为与密斯·凡德罗、阿尔瓦·阿尔托（Alvar Aalto）和弗赖·奥托（Frei Otto）齐名的大师。

从20世纪80年代开始，罗西出于兴趣对吉法（Ghiffa）小镇马焦雷湖（Lago Maggiore）西岸的一座小屋进行了改造。这是他作为自己的周末度假屋买下的，最初是一个磨坊，但很早就被改造为住宅。在这座上层有宽大阳台的度假屋里，罗西将墙面刷上了他喜爱的蓝色——“圣母之天”（il celeste della Madonna）是他给这种天蓝色的昵称——然后在房间里摆满又旧又舒适的家具。其中还有他设计的家具，比如起居室里的两把安乐椅、地垫和壁炉。这个住宅中央是图书室和旁边的放映室，那是他保存自己收藏的电影并为来客放映的地方，也是他的私人世界。他一直在韦尔巴尼亚（Verbania）和吉法西南的小湖梅尔戈佐（Mergozzo）

① 卡特·布朗（J. Carter Brown）在颁奖典礼上的发言，以及在典礼上分发的日程序言。评委包括卡特·布朗、乔瓦尼·阿涅利（Giovanni Agnelli）、埃达·路易丝·赫克斯特布尔（Ada Louise Huxtable）、里卡尔多·莱戈雷塔（Ricardo Legorreta）、凯文·罗奇（Kevin Roche）、雅各布·罗思柴尔德（Jacob Rothschild）和比尔·莱西（Bill Lacy）。

岸边的一座别墅里度过夏天和假日，或是夏日的一段时光。在离那不远的丰多托切（Fondotoce）小镇，他后来设计过一座科技园。当他把这座别墅买下后，他对《一部科学的自传》中寥寥几句题外话里描述的过去产生了一种眷恋。那时他享受着家庭假日与周末的时光，又能安静地写作、阅读和画画。

这些年间，罗西还在美国驾车旅行——先是穿越西南地区、得州和加州南部，然后前往北部各州，到了南北达科他州（Dakotas）和蒙大拿州（Montana）。远离大城市地区，摆脱了飞机的束缚，罗西享受着令人陶醉的自然风景。那是他永远向往的东西，包括小城镇——仿佛数十年前的时光在那里便已停下了脚步。在所有这些驾车旅行期间，他很少在《蓝色笔记本》中动笔，因此只有给他印象最深的一些轶事留下：他对高大的美国旧车的喜爱，他对在西南地区的当铺和古玩店里发现的老腕表的爱好，令他流连忘返的各地美景——从一望无际的沙漠到麦浪起伏的田野，再到高耸入云的大山和蒙大拿州的苍穹。他尝试新的食物——旅行中永远不可或缺的伴侣——并游历了像蒙大拿州东部的小比格霍恩河（Little Big Horn）、得州的阿拉莫（Alamo）和南达科他州的拉什莫尔山（Mount Rushmore）等富有传奇色彩的地方。而他对加利福尼亚南部的路易·康（Louis Kahn）索尔克中心（Salk Center）和理查德·诺伊特拉（Richard Neutra）住宅，以及得州的沃思堡（Fort Worth）的金贝尔美术馆（Kimbell Art Museum）等现代建筑杰作的参观则屈指可数，而且间隔很远。对于在美国的旅行，他偏爱沉浸在小镇的肌理与乡村生活之中，或是在他眼中仍像谜一样的美国大城市的喧嚣里。

亦建筑师亦友

阿尔多·罗西是一个极为内向的人，尽管如此也不乏至交——那些眼光足够敏锐的人，看得出他有多么与众不同。曾绘制 1973 年版《类比城市》的阿尔杜伊诺·坎塔福拉的话代表了很多人的观点。他称罗西在讲故事方面是一位具有非凡魅力的人，那独一无二的叙事方式会让桌边的每一个人听得如痴如醉。而在他与其他著名建筑师之间，坎塔福拉哀叹，那是一道无底深渊。[①] 这位妙语连珠的

① 坎塔福拉访谈，载于 Nicolio Ornaghi and Francesco Zorzi, “Milano, 1979—1997: La progettazione negli anni della merce,” PhD diss., Milan Polytechnic, 2015, 239.

大师能以令人称奇的方式愉快地讲故事，或是展开讨论，并让整个叙事有声有色、生动活泼。一天晚上，罗西被弗兰克·盖里介绍给电影演员丹尼斯·霍珀（Dennis Hopper）以及他当时的同伴——一位被霍珀说是电影演员的南美女士。罗西问她出演了哪些影片。在她列举的过程中，罗西说他看过其中一两部。她的喜悦之情顿时溢于言表，继而细细谈论这些影片。后来，在回答关于这次意外巧合的问题时，罗西说这些电影一部也没看过，但是让她以为他看过而喜出望外，何尝不是一件美事？[①] 在这一点上，他继承了他最喜欢的一位古代文人昆体良（Quintilian）的做法。昆体良曾写道，夸张法（hyperbole）是一种十分常见的做法，因为每个人似乎都想夸大或缩小事实——没有人会满足于真相。[②] 的确，在这种情况下昆体良认为夸张法是一个可以宽恕的谎言。

或许更重要的是，坎塔福拉等人注意到罗西在诸多方面对世界以及其中一些人的认知是很天真的。坎塔福拉说他如“水晶般纯洁”，但缺乏辨别诸如利用或操纵他人、恶意散播流言之人、怀揣嫉妒的逢迎者以及各路骗子的眼力。这些龌龊之徒有的窃取他的成果，有的不知廉耻地利用和操纵他，但真相总会大白于天下。而这时他会选择回避，甚至极少怒形于色。[③] 相反，他的反应是沮丧与失望。尽管再碰到他们时，罗西仍是热情满满，但他会有意远离那些将真相藏匿于黑暗中的人。他与艾莫尼诺、海杜克、卢卡·梅达、卡内拉、波尔托盖西和维托里奥·萨维（Vittorio Savi）等人保持着密切的关系。这些人（比如萨维）即使在被罗西怀疑是否真的理解他的建筑时，仍没有从他的圈子离开。尽管他的真挚一成不变，也很快就与在美国最初往来的几个人分道扬镳，比如艾森曼、亚伯拉罕和

① 那次活动是 1985 年 2 月在加州威尼斯街区进行的；当时笔者与罗西在一起。

② Rossi, *QA*, Book 29, 25 December 1980。他曾在圣诞节送给儿子福斯托一本昆体良的书，欣喜地发现了昆体良关于夸张法的引述，并希望以此作为《一部科学的自传》的序或跋。

③ 笔者回想到的一次例外是 20 世纪 80 年代末，他对丹尼尔·李布斯金大发雷霆。

李布斯金。[①] 在1985年同卡洛·艾莫尼诺讲授的一次罗马夏期课上，学生问罗西除了他自己的建筑以外还喜欢哪些。他直接说，"我喜欢朋友们的建筑"[②]。

这种天真远不止于建筑领域。当美国签证申请表需要他填写是否加入过共产党或其他相关组织时，他如实写了"是"。这让他在美国政府潜在恐怖主义者的名单上待了几十年，并使他不得不在每次申请新签证时费尽周折。他最终采取了法律行动，并化解了这个问题。然而，他的意大利同行大部分都加入过共产党或相关组织，并且时间要比他长得多，却在填表时轻松地写了"否"，也从未遇到任何难题——比如艾莫尼诺和塔富里等人。[③] 而这种事让罗西回味无穷。同样地，当威尼斯拉费尼切剧院重建的竞赛启动时，几乎意大利的每个人都很快知道将获奖的是加埃·奥伦蒂，尽管是谁选的她、为何选她一直无从得知。同她联合参赛的是因普雷吉洛（Impregilo）公司。这家公司是阿涅利（Agnelli）家族在意大利诸多产业中的建设分支。当时的家族领袖詹尼·阿涅利（Gianni Agnelli）对威尼斯情有独钟。在那里，他曾请奥伦蒂对格拉西宫进行室内改造——正是这座精美的宫殿让罗西在1990年从普利兹克家族和评委那里赢得了普利兹克奖，而阿涅利正是评委之一。据说早在拉费尼切评委见面之前，奥伦蒂就已经在威尼托安排工匠给建筑制作细节和装饰。尽管如此，罗西暗暗相信如果他能够做出技惊四座的设计，并为令人惊艳的水彩画、模型和细致入微的表现图注入无与伦比的创造力，就可以出奇制胜。他或许是意大利唯一相信可能出现这种结果的人——但他是真的相信。

这种常在的乐观精神渗透在罗西做的每件事上，即使他面对的是意大利腐败

① 艾森曼和李布斯金都宣称与罗西是心腹之交，但这最多也是昙花一现。例如，李布斯金说他花了整整一下午同罗西讨论建筑学，称他为"知音"。在初期克兰布鲁克（Cranbrook）见面时或许如此，但罗西极力回避讨论建筑学是众人皆知的。他更喜欢讨论其他话题，甚至是天南海北的闲谈。关于李布斯金的建筑图纸，罗西在1984年写道："我认为，在他优美的图画之下，是他对形式上的灾难背道而驰的追求。"（Credo che a dispetto delle sue belle immagini persegua per vie diverse un disastro formale.）Aldo Rossi, "La stagione perduta," 载于 *Arduino Cantafora* (Milan: Mondadori Electa, 1984), 7.

② 1986年7月在罗西和艾莫尼诺进行工作室评图及学生讨论时与南加州大学学生的对话。笔者当时在罗马现场。

③ 据罗西所说，这个名单还包括乔治·丘奇（Giorgio Ciucci）、弗朗切斯科·达尔科等人，尽管在今天已经无法考证。

成灾、伪善成性的学术机构和政府部门。就像许多作家和艺术家一样，罗西被气息相近的人深深吸引——无论古人还是今人。1959 年在评述阿道夫·路斯时，罗西注意到这位奥地利人对准确预见到的一场新的、更具毁灭性的世界大战深深的恐惧。然而，尽管忧心忡忡，“他在为创造一个新世界而努力，并坚信最终真理会战胜一切”。[①] 天道酬诚，罗西的设计最终在拉费尼切竞赛中胜出，也证明了他执着的乐观精神并非总是徒劳的。

在对世界的惊叹之外，罗西也形成了一种对世界强烈的好奇心，乐于到新地方旅行，去探索和研究，而这是从早期赴苏联组团考察时开始的。同样地，他喜欢故地重游，去重新探索，并且总是能找到一些意料之外或早先未能理解的东西——正如他特别喜欢反反复复地看那些最喜欢的电影。因为他相信，一旦知道了结局，他就能欣赏电影中的所有细节和微妙之处，而没有结局悬念的负担。他的丰富经验和热情都注入了由图画、记忆和感受组成的巨大宝藏，并滋养着他无穷的创造力。在生命的最后岁月中，旅行确实让他力不从心，不能停留足够的时间，脚步也愈发沉重。他开始回忆在荷兰、日本、纽约日益远去的时光，又不时怀疑自己究竟是在哪里生活过。尽管如此，他从未放弃发现新地方的快乐，也依然乐于重游喜爱和熟悉的地方。一方面，他在做米兰调味饭（risotto alla Milanese）的晚餐时称自己为“最后一个真正的米兰人”；另一方面他又认为自己是世界公民。他频繁地从日本飞往米兰，中途在纽约、新奥尔良、阿姆斯特丹等城市停留。这让他有时感到些许迷失。1991 年，他写道：“我经常往来于各地之间，以至于再也无法将纽约和米兰这两个我生活的地方区分开。我住在哪里？现在想到的是吉法和那儿的湖，但也因为这些地方如今已是抽象的符号。或者所有的地方都是抽象的符号。”[②] 人们不禁会想到极具洞察力的圣维克多的休格（Hugh of St. Victor）对罗西这样的朝圣者的评述：“认为家乡温馨的仍是柔弱的起步者；四海为家之人已是

---

① Rossi, “Adolf Loos, 1870-1933,” *Casabel continuita* 233 (November 1959): 9.

② “Sono tali i frequenti cambiamenti che spesso non distinguo NY da Milano, cioe dai due quartieri dove vivo. Dove vivo? Penso a Ghiffa e al Lago ma anche perche questi luoghi sono oramai un’astrazione. O forse tutti i luoghi sono astrazioni.” 另有 “L’affermazione che ho sentito ieri notte mi sembra bella, come una legge ‘Capisci che hai bisogno di una cosa, quando non ne hai piu bisogno.’” Rossi, *QA*, Book 44, 20 January 1991.

坚强的；但在完美之人眼中整个世界都是异国他乡……从少年时代起，我便旅居别国。”[①] 朝圣者——罗西经常这样自称——永远在路上，永远在异国的土地上。那既是现实中的旅行，也是心中永不停歇的朝圣。驱使着罗西不断前行的强烈好奇心让整个世界都成为异国，成为新大陆，最终成为他无限创造力的阶石。对他而言，这代表着他独特的能力——发现被他人忽视的美，找到出人意料的类比，再以超乎想象的方式联想起它们，并组合在一起。

在罗西生命的最后10年里，他的许多重要作品得以建成：柏林的舒岑大街（Schutzenstrasse）商业居住建筑群、日本福冈的皇宫酒店（Palazzo Hotel）、博尔戈里科市政厅、米兰的佩尔蒂尼（Pertini）纪念碑、马斯特里赫特（Maastricht）的博纳凡滕博物馆（Bonnefanten Museum），以及为华特迪士尼公司设计的许多项目。然而，从20世纪80年代起，罗西的产品设计或许让他更出名：为阿莱西公司设计的咖啡壶、腕表、钟表和厨房用品；为莫尔泰尼、布鲁诺·隆戈尼、乌尼福尔等设计的纺织品，沙发、灯具、书柜、梳妆台等家具；还有手工制作的撒丁地毯。他还为罗森塔尔设计了三种不同的瓷餐具，为ACME设计了男女首饰——全部直接取材于他的建筑设计。例如，他20世纪70年代以来的厄尔巴岛上海滨小屋的图画不仅是许多家具的灵感来源，也启发了他对胸针、耳环和罗森塔尔盘子的设计。他所关注的德国和美国灯塔也被转化为耳环、别针和罗森塔尔瓷器。为阿莱西设计的拉科尼卡（La Conica）咖啡壶（1980—1983）广受赞誉，而这是他儿时的咖啡壶与最喜欢的建筑元素——尤其是圆柱体和倒锥形——结合在一起的产物。在关于这个咖啡壶的一篇短文中，他提到了由一个直角三角形旋转而成的圆锥体简洁而坚固的几何造型。他喜欢这种形式和它的名字“拉科尼卡”（Laconica）。这也是一个文字游戏，它源自古希腊语描述斯巴达人说话方式的词：直截、扼要、紧凑、精准——一如咖啡壶的形式。[②] 设计这种器物仿佛是建筑工作中的假期，他写道，但家用器物本身也吸引着他：咖啡壶、水壶、厨具、腕表、

---

① Hugh of Saint Victor, *The Didascalicon of Hugh of Saint Victor: A Medieval Guide to the Arts*, trans. Jerome Taylor (New York: Columbia University Press, 1991 [1171]), 101. 笔者要感谢朱塞佩·马佐塔（Giuseppe Mazzotta）提供了关于这位中世纪伟大的导师和这段话的信息（2016年6月）。

② Rossi, “La conica,” July 1984. MAXXI, Rossi.

灯具，在某种意义上是属于废弃的儿时或老年房屋的。[1]像茶壶（Il Bollitore）这样的产品令他感到愉快，一定程度上是因为它们直接走进了更多人温馨的家居生活，而这是他的建筑难以企及的。[2]它们大获成功令罗西也始料未及。设计新器物的请求接连不断，让他惊讶不已，并总会激起他的兴趣——因为这些挑战与设计建筑是截然不同的。

在某些批评家看来，这种产品代表着罗西的作品已跌入空洞的消费主义——这无疑是一种误解。[3]将腕表或咖啡壶这样的日常用品设计得不落窠臼，并仍保持绝好的功能，所需的才华丝毫不亚于设计建筑。例如，拉科尼卡需要推敲3年的设计才能为它打磨出完美的功能。同样别出心裁而又功能良好的莫门托腕表（1987）体现出计时器具备让罗西难以抵御的诱惑。他提出了一种面板（bezel）超大的设计，让表盘和机芯能在拆除之后放到另一个里面去。这样它既可以用在腕表上，也能放在怀表里。阿莱西从未生产过腕表，但在罗西的建议下，这家公司接受了这一挑战，并在后来生产了许多由其他设计师设计的腕表和钟表。这些新的咖啡壶和腕表大受欢迎，而这两种器物很早便吸引着这位建筑师——就像厄尔巴的海滨小屋和色彩鲜艳的灯塔。这从他少年时代的一些图画中可见一斑。既然画这些器物有丰富的经历，似乎接下来自己着手制作便是水到渠成的。毋庸置疑，无论是这两种产品，还是他设计的许多其他产品，都与他喜爱的那些在一生中反复出现的孩童时代的器物相去不远。为何它们会被某些批评家贬为空洞的消费主义，我们仍是不得而知。除非仅仅是因为它大受欢迎，使其他设计的精英地位相形见绌。[4]但罗西不这么认为。他看到了自己产品的成功中，许多人的家庭生活里出现了对其简洁性的反馈——甚至可以说是对它们的平凡性的反馈。但是，它们将美带进了很多人的家庭生活。这一结果令他心满意足。它们大受欢迎，意味着他的理想与大众是相符的，这让他无比快乐。“我迫不及待地要看到它制成，”他在关于咖啡壶的文中写道，“而最想看到它们出现在家里或是屋子里和商铺的橱窗里。事实上我并没有感到失望，在我眼中这是一件凝结着我的经历和日常生

① Rossi, “Quando Alberto Alessi...,” 28 September 1989. MAXXI, Rossi.

② Rossi, *QA*, Book 31, 16-18 January 1985.

③ Seixas Lopes, *Melancholy and Architecture*, 207-218.

④ 同上，209页。

活的东西……这些东西出现在许多人的家中，并在一个普遍的层面上（相对于建筑）让迥异其趣的人感到愉悦”。[①]

将他的作品斥为忧郁的，或是在摩德纳墓地声名鹊起之后从中指出一种消极转变的看法，对罗西作为建筑师所取得的非凡多样的成就，以及他对生命和建筑的深刻思考都是有失公允的。恰恰因为罗西在努力解释自己的思想，并将他的道路和思考展现给观者，我们才必须正视他，探究他是如何将思想和技术转化成具有创造力和信服力的建筑作品，转化为精美的家居用品，转化为引人入胜的图画。下文将分别讨论罗西作品中建筑的具体类别，或称建筑类型。但本书不会尝试呈现罗西所有的项目，特别是被略去的住宅设计，在未来将有专著论述。相反，本书仍将着力于把握从罗西的不同作品中传承下来的各种理论——小到胸针，大到覆盖整个街区的建筑。

① Rossi, *QA*, Book 31, December 1985.

2 建筑与城市

> 有人发号施令，有人画设计图，有人造墙，有人保证它们各层竖直，还有人用泥刀给墙抹灰；有人忙于劈石，有人则用陆路和海路将它们运走。人们各司其职。
>
> ——维吉尔（Virgil），埃涅阿斯纪（Aeneid）[①]

从纽约市百老汇大街568号俯瞰，这座夹在大街两侧富丽堂皇、装饰繁复的铸铁建筑之间的大厦，看上去虽与众不同却毫不突兀。这座大厦体形较小、装饰较少，而它的色彩——红与绿，以及白色的柱子直达厚重的檐口——看上去令人熟悉，只是更明快、更清新。在避免重复的同时，中间这个明显更新的建筑细腻地呼应着周边的韵律与视觉质感。位于苏豪区（SoHo）王子街（Prince Street）和春街（Spring Street）之间的百老汇大街557号学乐大厦（Scholastic Building）的设计工作于1994年启动，1997年获得纽约市地标保护委员会（Landmarks Preservation Commission）及城市其他相关委员会的最终批准。[②]

苏豪区从休斯敦街（Houston Street）延伸到坚尼街（Canal Street），约有五百座建筑，其中不少都有19世纪中叶的铸铁立面。铸铁立面源于美国，作为一种装饰建筑的创新手段，成为利用古典时期、文艺复兴时期以及几乎所有其他流行

---

① 引言：这是维吉尔在《埃涅伊德》中描述的迦太基营建过程的文字，让埃涅阿斯（Aeneas）印象深刻："Pars imperabant, pars architectabantur, pars muros moliebantur, pars amussibus regulahant, pars trullis lienbant, pars scindere rupes, pars mari, pars terra vehere intendebant, partesque diverse diversis aliis operibus iodulgebaot"（Ⅰ, Ⅱ, 423ff）.

② 罗西的建筑工作室与莫里斯·阿杰米合作设计了学乐大厦。在罗西逝世后，阿杰米接手项目，直至完工。

建筑风格的历史细节，是给原本平淡无奇的建筑增光添彩最廉价、最快捷的手段。过去的建筑师决定用铸铁建造华盛顿特区的美国国会大厦穹顶，在某种意义上表明了它的成功。苏豪区的小规模制造业在二战后枯竭，大量建筑和库房日渐衰败。于是艺术家搬进来，将其作为工作室，不知不觉中开启了缓慢而遭人厌恶的士绅化过程。在士绅化之后是历史保护，许多建筑物被赋予地标的身份，关于新建筑或旧建筑改造的严格导则陆续出台。学乐项目在每个城市委员会面前都一帆风顺，印证了它的价值，尽管这不应成为一个惊喜。罗西最初的国际声誉建立在 1966 年出版的《城市建筑学》以及他为城市中的建筑制定的分析方法上——他认为这种方法对于城市中的建筑项目是至关重要的。

罗西对现代运动在建筑学中的支配地位发起挑战，一定程度上是由于其原则未能尊重或呼应建筑的传统，以及人们在城市中实际的生活方式这一更为重要的因素。他认为，现代运动抹除历史、无视当下并迎接假设的未来，忽视了城市的时间与空间的丰富性和复杂性。那种未来在罗西眼中是以错误的假设和危险的简化为基础的。[①] 他得出这个结论不是靠重复当代的教条或历史宣言，而是通过对城市的实际研究，去发现城市是如何有效运转的，以及现代主义建筑和城市规划因何未能奏效。令他不解的是，为何现代主义规划师和建筑师看上去无法认识到本该在所有人眼中显而易见之事：每座城市都是独一无二的。“什么原则和变化构成了功能繁杂、形象优美的意大利城市？”他问道。这些城市的成功不是建立在一套准则之上的，而是以一种与人们在城市中的生活方式相符的建筑模式为基础的。在罗西看来，现代运动强调功能主义，将建筑简化为一两个枯燥的变量，并依赖于新的规则和教条（比如勒·柯布西耶的五要素迷信）。这一切束缚了创造

① 最近一个对后现代运动的研究是 Charles Jencks, *The Story of Post-Modernism: Five Decades of the Ironic, Jeanie and Critical in Architecture*, 2nd ed. (Hoboken, N.J.: Wiley 2011)；另见 Jencks and George Baird, *Meaning in Architecture* (New York: Braziller, 1970)；Jencks, *The Language of Post-Modern Architecture*, 2nd ed. (New York: Rizzoli, 1977); K. Michael Hays, ed., *Architecture Theory since 1968* (Cambridge, Mass.: MIT Press, 2000); Jencks, *The New Paradigm in Architecture: The Lanxuaxe of Postmodernism* (New Haven: Yale University Press, 2002)。更具批判性的观点见 George Baird, *The Space of Appearance* (Cambridge, Mass.: MIT Press, 2003)；Diane Ghirardo, *Architecture after Modernism* (London: Thames and Hudson, 1996).

力和想象力，正如现代运动的信徒曾无情抨击的抱残守缺。[①] 在一篇6年后起草的关于米兰二战后建筑的文章中，罗西写道："米兰建筑的悲剧就是现代建筑思想的悲剧。"[②] 在他看来，二战后的重建徒然加剧了轰炸造成的破坏，1956年《城市规划》(*Urbanistica*)杂志中隆重推出的米兰历史城市中心的城市规划，反而给米兰的城市历史创造了新低。当时以及之后提出的建筑方案用空洞、破碎、平庸的设计破坏了这座城市丰富的历史风貌。但建筑师和管理者似乎都没有能力提出其他方案。

在《城市建筑学》中，罗西构建出一个明确的理论计划。这在一定程度上通过强调类型学的意义来实现——那是理解一座城市及其建筑单体的第一步，也是做出适宜建筑设计的前提。[③] 他向类型问题的回归后来成了建筑学上的一道分水岭，因为他让许多20世纪末早已被遗忘的思想重见天日，而它们仍是反对现代主义建筑平庸性的手段之一。他写道，类型是无法再一步简化的元素："类型不可能只表现为一种形式，即使所有的建筑形式都可以简化为若干类型。"[④] 更具体地说，"类型就是一个常数(constant)，并表现出一种必要性的特征；但即便它是预设的，也会与技术、功能和风格，以及建筑艺术品的集体特征和个体时刻发生辩证的相互作用"。[⑤]

罗西并没有提出什么秘诀或新的教条；相反，类型学构成了一种辨识建筑和城市类型的分析方法，因此也是漫长设计过程中的第一步。[⑥] 对于罗西来说，类型的概念同时包含了场所与事件、形式与含义——其中的场所要以最丰富、最复

---

① 关于这一话题的参考文献不胜枚举，在此不作赘述。其中关于这一问题最好、最扼要的批判性概述是 Robin Middleton, "The Use and Abuse of Tradition in Architecture," *Journal of the Royal Society of Arts* 131, no. 5328 (November 1983): 729-739.

② Aldo Rossi, "La costruzione della citta," *Milano 70/70* (Milan: Edi Stampa, 1972), 3: 77-83，今载于 Rossi, *Scritti scelti*, 447-453.

③ 大部分史学家认为罗西是从卡特勒梅尔·德坎西(Quatremere de Quincy，译注：18世纪法国艺术史学家、理论家)那里得出自己对类型的理解的。部分梳理见文章 Giulio Carlo Argan, "Sul coocetto di tipologia architettonica," 载于 Karl Oettioger and Mohammed Rassem, eds., *Festschrift fur Hans Sedlmayr* (Munich: Beck, 1962), 96-101; 英文版为 "On the Typology of Architecture," trans. Joseph Rykwert, *Architectural Design* 33, no. 12 (December 1963).

④ Rossi, *Architecture of the City*, 41.

⑤ 同上。

⑥ 认为此书是在鼓吹一种教条的误解屡见不鲜，如 Seixas Lopes, *Melancholy and Architecture*, 108.

杂的方式去理解。他眼中的目标涉及对特定建筑、街道、邻里和街区的理解，但这不只是对形式的关注，还有在建筑干预之前的特定历史——没有这种分析是不可能预见到它们的。没有教条、预设、样板：他列出了城市中的各种要素及形成它们的多元因素，并指出建筑师需要专门研究它们。正如他在《一部科学的自传》中所述，这些因素是弄清等式的第二项——想象力和创造力——所需的。在罗西赢得摩德纳的圣卡塔尔多墓地竞赛10年之后，罗宾·米德尔顿（Robin Middleton）写了一篇关于在建筑创作中将历史与传统区分开的文章，并在其中鼓励建筑师借鉴传统——传统是他们创作建筑的活性因素。他运用自己标志性的犀利笔锋，称圣卡塔尔多墓地的扩建是近期唯一开启此项使命的建筑项目。①

在许多文章中，罗西反复鼓励同行抛弃固有的观念，而着眼于具体的事实。"我们对汉斯·施密特书中一页关于建筑预制的内容的兴趣，要远胜过对糟糕学者'现代主义'和'纪念性'（monumentalism）的消息和丑闻，"他在1973年写道。②他很清楚的是，这一领域中的许多争论更多是关于政治与个人仇恨和姿态的，而不是特定建筑作品的真实价值。他一遍又一遍地强调：建筑所特有的东西是从严密的历史分析开始的，而后还要对城市、地形和类型进行研究。③为了澄清他在《城市建筑学》中关于类型的含义，罗西在1973年回到了这个问题上，指出："对类型的研究是建筑学的基础……类型作为一种具体的要素是第一位的，是由文化和生产层面决定的独特、具体的形式表现出来的城市和乡村中的人的一种生活方式；是将各方面条件汇集起来的类型形式——这些条件非由建筑形成，而是建筑师为使之完美并与今日世界同步而干预的对象。"④

尽管现代运动的建筑师声称对住房做了研究，罗西继续表示，他们在事务所里开始和完结的工作是与其设计所服务的社区的现实隔绝的，甚至没有可以锦上添花的创造与想象。他认为，这可以集中体现在一种特别的建筑设计上——它既非仅具有技术上的复杂性，也不是自我陶醉、异想天开的产物，而是源于有着充分依据的、同个人和社会紧密联系的工作。毋庸置疑，这些结果是无法预料的；

---

① Middleton, "The Use and Abuse of Tradition," 737.

② Rossi, "Introduzione," 载于 Rossi and Bonfanti, *Architettura razionale*: 13-22; 1.

③ 同上，17页。

④ 同上，14页。

每个项目、每个委托都代表着一种新的努力——建筑师从场地及其历史的特定条件出发，提出解决方案。但在罗西看来，它必须也让建筑师的想象力发挥出来，而这也应当是深入、重复且严谨的探索目标。在文学、诗歌、哲学、神学和艺术读物的滋养下，设计之前还应当在对特定地方的人的生活方式、认识其世界的方式，以及建筑师认识他们世界的方式进行细致的观察。艾蒂安-路易·部雷认为，这种概念是难以准确定义的，而他最终也未能成功对其做出解释。罗西认为这些思考并非无足轻重，这恰恰体现了持续研究的必要性，而且设计深化的过程总是需要一种个体项目和创造性想象力之间的辩证关系。

检验或衡量罗西理论的方式，就是看他如何在自己的作品中去完善它，看他怎么用自己的方法做设计。在本章和后文中，我们将用多种类型的项目来尝试这一点，衡量他的理论在多大程度上成了他实际设计过程的基础。在后面的章节里，我们将考察他的纪念建筑、文化建筑、剧院和墓地；而在本章中我们先从学乐大厦开始，考察城市中具有商业用途、商住混合及基础设施的项目。

***

学乐公司自20世纪20年代莫里斯·鲁滨逊（Maurice Robinson）创立以来，一直在百老汇大街555号老旧的鲁斯纺织品公司（Rouss Dry Goods）大楼里，出版童书和学校用书，并供应艺术用品等。90年代初，公司决定收购旁边的建筑，当时里面只有一家木材公司和一个小车库。尽管公司创始人之子兼董事长理查德·鲁滨逊（Richard Robinson）考虑过许多建筑师来承担这个在所有人眼中都十分艰巨的任务，但当见到罗西时，他知道这就是自己要找的设计师。短短几分钟时间，罗西就画出了让理查德心满意足的方案草图——这个构思既尊重铸铁建筑历史区（Cast Iron District）的环境，又没有牺牲一座新建筑的鲜明特色。

建筑保护人士狂热地守护着苏豪区的铸铁建筑历史区，使它成为一座城市中众人皆知开发困难重重的最棘手的区域之一。[①] 那些铸铁立面解释了其中缘由。

① 在经过数年阻止该地区建设高速公路的斗争之后，铸铁建筑历史区最终在1973年获得了地标身份：Landmarks Preservation Commission, “SoHo-Cast Iron Historic District Designation Report,” City of New York, 1973; Donald G. Presa, “SoHo-Cast Iron Historic District Extension Designation Report,” City of New York, 2010.

它们的美与韵律长久以来只被一群艺术家欣赏——他们住在日渐老化、如洞穴般的阁楼中，并以此为艺术创作的空间。而当多年疏于打理的尘垢开始在新租户的照料下慢慢散去时，这个珍宝得以重见天日。粉刷一新后，预制的柱子、檐口、拱形窗框、精致的束带层、卵箭饰线脚等精美的细部，将它的全部魅力和丰富的视觉效果展现得淋漓尽致。尽管建造工人实际上将铸铁板拴在后面框架上，但它们看上去就像周围的砖石建筑一样坚固和尊贵——宛如帕提农神庙的大理石。

在百老汇大街王子街和春街之间的部分，只有两座建筑为全铸铁立面，其他多在低层部位都有铸铁店面。与学乐大厦关系最密切的两座在它的旁边——南侧是由建筑师艾尔弗雷德·朱克（Alfred Zucker）设计的鲁斯大楼，北侧是由欧内斯特·弗拉格（Ernest Flagg）设计的小胜家（Little Singer）大楼。鲁斯大楼（1889）在20世纪失去了下面两层的原始店面，但其10层、12开间的砌体立面依然威风凛凛地矗立在街上。凸起的暗褐色花岗石块顶上有精雕细刻的柱头，并框出4个大开间。它们又分成12个小开间，一直贯穿到上层，转角为带凹槽的壁柱。这座建筑保留着精致、肃穆，甚至是克制的形象，尽管顶层深远的檐口上有令人惊艳的双山墙。只有小开间窗户外围的小柱廊和拱肩板是用铸铁制成的。

对面的小胜家大楼（1903）则真的有一个铸铁立面，上面交替排列着陶瓦板和玻璃——这是整个历史区中最具特色的一个。作为一座高于四周的12层建筑，小胜家大楼绿色和煅棕土的细部形成了一个更轻盈、更雅致的立面。精美入微、清晰可见的铁艺在阳台和托架上纤细的叶形窗饰如花般绽放，婀娜地环绕在第11层的窗户周围。陶瓦板构成了束带层，并框出两端的窗户。这座活泼多彩的小胜家大楼却在罗西设计旁边的大楼时成为形式上最大的挑战。不过，正如他一直秉承的观点，形式因素是服从设计选择的，而并非其先决条件。要兼顾一座建筑的庄重肃穆与另一座的绚烂欢快，任何设计师都得绞尽脑汁。

在见到鲁滨逊时，罗西已经在纽约住了很长一段时间，并花了二十多年时间观察和分析它的街区。他研究过这个历史区和居民的生活方式，所以他胸有成竹，而为鲁滨逊信手拈来的草图其实是厚积薄发。例如，住在阁楼里的艺术家需要采光，所以他最后为住在小胜家大楼里的艺术家设计了两个大采光井来满足这一点。与旁边的鲁斯大楼不同的是，这座新的建筑会有更多的公共功能：地面层是一家商店，地下是用于会议和讲座的剧场—礼堂大空间——大部分在地面以下。最后，建筑将穿过街区到默瑟街（Mercer Street）。那是一条更窄的截然不同的街道。地面用青石和花岗石作路边石，并铺有传统的比利时石砖。

历史区里最古老的一座建筑就位于这个默瑟街区。它有精美的木质细部，甚至还有一面完整的原始扇形窗。不过，沿街大多数为商店、阁楼和小型制造业建筑，比如木匠作坊。在纽约典型的砖立面上，许多精致的立面都被金属消防梯挡住。而罗西对此情有独钟，并很喜欢画它们。百老汇大街上较大店铺的后勤入口也可以在默瑟街一线看到。这里没有更精致的公共形象，所以罗西设计了一种更粗糙、更具工业特色的外观。带有巨大铆钉的金属法兰覆满整个建筑，分布在百老汇大街立面上的那种灰绿色工字梁和窄窗棂四周。从 1889 年巴黎世博会的费迪南·迪泰特（Ferdinand Dutert）机械馆和埃森（Essen）的泽尔策-阿马莉（Salzer-Amalie）克虏伯（Krupp）煤炭厂（1934，图 2.1）等工业建筑杰作上，罗西看到了涂漆钢法兰上罕见的美与简洁，所以他选择了一种鲜艳的锈红色，而不是默瑟街立面上埃森工厂那种亮绿色。

在百老汇大街上，学乐大厦代表着公司的公共形象：灰绿色的隅石包围着由交替的锈红色和暗灰色工字梁构成的 3 个开间，一直到深远的三层檐口处。在其间，四排简洁的白色圆柱划分出这 3 个开间。在上层，较小的圆柱标示出从大开间到檐口处的过渡。罗西一方面沿用了鲁斯大楼上石开间的韵律，另一方面延续了小胜家大楼的色彩和窗户的节奏。简言之，他用一种不那么华丽却更现代的语言，将两座建筑的关键特征协调起来。可以肯定的是，他最喜爱的许多特征都出现在这里，比如从菲拉雷特那里受到启发的柱子与水平工字梁的结合。尽管他会以不同的方式来运用这些要素，却总有一个目的。在这里，对建筑韵律与生活模式的尊重孕育出与过去和谐的当代变体。对于罗西，建筑师使命的核心从未止于纯粹功能的层面；相反，他认为建筑表达了一种源于追求共同价值观的公民意识（civic consciousness）。[①] 历史建筑表达了这些价值观，而今天的建筑亦应如此。尽管原始的菲拉雷特柱那时已融入他的建筑语汇，但更重要的是，他认为这种传统的特征应当融入自己的每个项目，并从中汲取营养。而这些要素合宜性的最终检

① 在罗西逝世后 1 年的悼词中，安东尼奥·莫内斯蒂罗利（Antonio Monestiroli）集中谈到了罗西关于建筑师使命的这个重要方面。

验在于是否让大众感到清晰可识。

学乐公司与伦敦的布卢姆斯伯里出版社（Bloomsbury Press）联手之后，在一位名不见经传、接受救济的女作家罗琳（J. K. Rowling）身上孤注一掷，从1997年开始出版《哈利·波特》（*Harry Potter*）丛书——结果几乎是在一夜间，名利双收。学乐大厦在百老汇大街上的新形象正赶上这千载难逢的时刻。

将学乐项目同柏林1992年起建设的舒岑大街住宅区的商住建筑群进行对比，能帮助我们更清晰地看到罗西的城市和建筑理论与其建筑设计统一的方式。该街区距过去这个城市被一分为二的查理检查站（Checkpoint Charlie）仅有几十米之遥。它所在的地区之前被称为柏林的报纸区，二战前在柏林铺天盖地的几十种日报的报社都在那里。[①] 这个街区位于东柏林，以舒岑大街、马克格拉芬大街（Markgrafenstrasse）、齐默大街（Zimmerstrasse）和夏洛滕大街（Charlottenstrasse）为界。在战争期间饱受轰炸之后，1961年它又被柏林墙刻下了深深的伤痕，此后空无一屋，直到1992年罗西接受了委托。自从建筑学生时代以来，罗西就多次到访柏林。到了舒岑大街住宅区项目的时候，他已经在这座城市中建成或设计了许多重要作品，包括柏林运河（Verbindungskanal）河畔住宅（1976）、腓特烈施塔特（Friedrichstadt）南部的IBA住宅群（1981）、蒂尔加滕（Tiergarten）的劳赫大街（Rauchstrasse）住宅（1983），以及堪称最重要的、德国历史博物馆的获奖方案（1988，图4.6）。

20世纪60年代以来，柏林这个历史建筑密集地区的城市肌理因城市的分隔而被打破，在实际上导致投机商和房地产中介被挡在东柏林之外三十多年。[②] 与此同时，柏林二战后的城市肌理包含了大片的破败建筑，以及一种活跃的另类文化。其中有些文化在柏林墙倒塌之后传播到东柏林相对老旧的地区，吸引了靠养老金度日的主要追求低租金，并且有着鲜明的非资产阶级形象的低收入

---

① Philip Broadbent and Sabine Hake, eds., *Berlin Divided City*, 1945-1989 (New York: Berghahn, 2008); Andreas Huyssen, *Present Pasts: Urban Palimpsests and the Politics of Meaning* (Stanford, Calif.: Stanford University Press, 2003); Bernhard Fulda, *Press and Politics in the Weimar Republic* (Oxford: Oxford University Press, 2009).

② Daniela Sandler, *Counterpreservation: Architectural Decay in Berlin since 1989* (Ithaca, N.Y.: Cornell University Press, 2016).

群体。[①] 投机商与另类文化这两种力量发生冲突，并非意外之事。纽约的苏豪区也有类似的经历——冲突与另类文化，艺术家的阁楼和廉价房租，以及当地对高速公路建设的成功抵制有关；但在这两个地方投机的支配作用都不长久。对于房地产市场，更新后的、翻新的和新建筑标志着繁荣、增长和暴利；对于另类文化群体，“衰败挂在建筑的脸上，成为与主流景观大异其趣的标志”。[②] 这群人希望营造更民主的城市空间，可以为更多人提供更多可负担的住房和商店，而不是财富的飞地和士绅化的特权——这并非不切实际的幻想。可以肯定的是，在纽约和柏林这样的城市里的另类文化或许会为荒废欢呼，但在污秽不堪的贫民窟里住着无数人的城市中，比如巴西圣保罗，几乎没有这种对粗陋地区的浪漫幻想。或许是因为该人群的选择要比富有社会的那些少——他们有社会的安全网，可以选择居住的地方，有时还乐于搬家。[③] 不论怎样，柏林的诸多群体发起了坚决的斗争，极力避免时尚的餐厅和美术馆等被低租金和未经修缮的房屋取代。

罗西多次对投机行为给城市、给资本主义城市的不平等带来的负面效果做出评述。[④] 他还讨论了在二战的毁灭性轰炸之后如何处理老城的问题。到他在1968年写成《老城怎么办？》(*What to Do with Old Cities?*)一文时，许多仓促而糟糕的决定已涌现在意大利无数曾经优美绝伦的城市中。更早以前，在1956年对米兰建筑的评述中，罗西便尖锐地批评了当时为弥合战争的创伤而草率建造的房屋的质量和特色。他对那些反对眼前发生的各种变化的人表达了相同的担忧，但原因或许并不一样：

> 事到如今，意大利或欧洲似乎已然接受了以绝对尊重环境的态度保存历史的主旨……小建筑、老房子组成的环境中，宝贵的记忆、多元的色彩、剥落的灰泥，摇摇欲坠、不断改变的房屋，连续不断且不可避免地被改造……

---

① Florian Urban, *Neo-Historical East Berlin: Architecture and Urban Design in the German Democratic Republic*, 1970-1990 (Burlington, Vt.: Ashgate, 2009).

② 同上，41 页。

③ 同上，42-43 页。士绅化的讽刺之处，正如研究这一过程的许多学生注意到的，在于有上升可能的城市职业人意图保存的另类特征，恰恰会因为他们的存在而消失。

④ Rossi, “Che fare delle vecchie citta?” *Il Confronto* 4, no. 2 (February 1968): 41-43, 今载于 Rossi, *Scritti scelti*, 139-143; “Nuovi problemi,” *Casabella-continuita* 264 (June 1962): 3-6, 今载于 *Scrittl scelti*, 165-180；后译为 “New Problems,” *Ekistics* 15, no. 87 (February 1963): 101-103.

于是城市就在我们眼前变化……我们不知如何证明"失去"这种古老的悲剧带来的教训是合理的，作为一个民族的痛苦的见证对我们而言是极其珍贵的；所以我们将洛迪（Lodi）或米兰运河沿岸的洗衣房，以及农舍的院子保留下来，作为这种痛苦的博物馆……我相信当承载着不幸的老街的形象甚至从我们心中消失的时候，我们将失去这些环境之美的意义。[①]

或许罗西对这些问题和矛盾的见解入木三分，不会幻想有一种灵丹妙药能够解决所有问题。将《城市建筑学》中提炼出来的理论和方法应用到实际中会带来更好的城市吗？最终还是要取决于在具体环境中，在具体地段上，针对独特的条件和问题做出的选择。他的公共住宅项目，比如加拉拉泰塞和柏林 IBA，都建在城市的边缘，并为抵御投机的部分影响提供了充分的条件。值得注意的是，舒岑大街住宅区并没有驱赶社区居民，也没有拆除或夺取被非法居住者占据的建筑——战争和柏林墙已经达到了那样的效果。这条街道在早期也缺乏建筑上的鲜明特色，而那个狂想曲般的老街景为该地区的重建提供了线索。1905 年的一张照片记录了当时的城市风貌：上方为住宅的商铺，也许还有一些小型作坊；左右是故作堂皇的建筑，装着隅石、深远的古典檐口，以及带三角形山花和拱券片段的窗框。在后来的几十年中，这条街和相邻的街道都进行了开发，低矮的居住—工作建筑被改为更精致的五六层住宅和办公楼——而后在二战中被夷为平地。至于学乐大厦，它面对的问题是要融入现有的活泼的历史环境；而在舒岑大街，罗西要创造一个新环境。除了这条街的老照片，他该从何入手？

令人出乎意料的是，这座城市传统的租住房（Mietkasernen）提供了最好的切入点。这些占了整片街区的建筑是在柏林工业化初期阶段，为满足城市工人阶级不断增长的住房需求而建的。[②] 作为工业资本主义兴起的象征，租住房通常由

---

① Rossi, "Che fare delle vecchie citta?" *Il Confronto* 4, no. 2 (February 1968): 41-43, 今载于 Rossi, *Scritti scelti*, 139-143; "Nuovi problemi," *Casabella-continuita* 264 (June 1962): 3-6, 今载于 *Scrittl scelti*, 165-180；后译为 "New Problems," *Ekistics* 15, no. 87 (February 1963): 101-103.

② Sandler, *Counterpreservation*, 111-117; Karen E. Till, *The New Berlin: Memory, Politics, Place* (Minneapolis: University of Minnesota Press, 2005). 90-97; Karen E. Till, "Reimagining National Identity: 'Chapters of Life' at the German Historical Museum," in Paul C. Adams, Steven D. Hoelscher, and Karen E. Till, eds., *Textures of Place: Exploring Humanist Geographies* (Minneapolis: University of Minnesota Press, 2001), 273-299.

提供最低生存条件的小公寓房组成。相对于柏林其他更富足群体的住宅，糟糕的通风和采光往往使它们成为不健康的选择，尽管二者都缺少适当的卫生设施。事实上，罗西认为如果这些住宅和其他建筑群有适当的卫生设施和更多的空间能满足需要，就不必成为“居住的机器”，也不需要法兰克福厨房。[①]贫穷仍是根本问题。房东经常忽视为满足通风和采光而保留足够庭院的规定，并希望在院子里多挤上几个单元，以收取更多房租。而建筑检查官一直在与房东的这种欲望作斗争。上层阶级的宽敞公寓往往处在沿街位置，而它们背后是挤在过道和院子相互交错的大杂院中惨不忍睹的兔子窝（rabbit warren）。到了20世纪下半叶，尤其是1980年以后，这些街区逐渐进行了改造，小公寓合并为大住宅楼，并配有自来水、卫生设施及现代城市住宅常见的其他便利设施。

罗西为舒岑大街选择的方案覆盖整个街区，有三个庭院，其中一个为八角形。三个庭院均由穿过整个街区的长长的传统走道进入。这个建筑群占地近8500平方米，包含了商业和居住两种功能，地下最深处为四层。罗西为四个沿街面设计了12种不同的立面，在女儿墙、阁楼、入口和窗户的处理上进行各种重复和变化。他还使用了丰富多样的色彩——从明快的原色红、蓝、绿，到更柔和的陶砖红、石材的两种色调、灰黄色、橘红色和淡蓝色，并用精心搭配的和谐风格和色彩划分每个单元。这些色彩在某些人眼中过于傲慢，在另外一些人看来则明亮活泼。而对罗西来说，它们让一座时常笼罩在阴沉灰暗的乌云之中的城市鲜亮起来。恰恰是因为场地质朴，罗西才能在运用全球建筑师习以为常的策略时，让灵感自由驰骋，去效仿过去大师的设计。在这个方案中，对于老旧的舒岑大街8号（图2.2），罗西换上了由米开朗基罗（Michelangelo）和小安东尼奥·圣加洛（Antonio Sangallo the Younger）设计罗马法尔内塞宫（Palazzo Farnese）的一个开间。这个气势宏大的局部由暗灰色壁柱框出，顶部为准确仿照罗马样式设计的深远檐口。其他细节则由白色灰泥底上的灰石制成——三陇板（triglyph）、花环、嵌在拱券和楣部中的断口三角山花形窗框。以他对历史建筑的喜好，为外表相对谦逊的建筑复制一个雅致的古典立面是值得的——他乐此不疲。申克尔在1830年通过柏林旧博物馆（Altes Museum）的立面将古希腊柱廊（stoa）带入柏林的中

① Rossi, “Berlino,” 12 December 1995, 7. MAXXl, Rossi.

心（图 3.9）；罗西则在这个城市街区不远处引入了文艺复兴的元素。这一选择并非草率为之。罗西发现穿过这个历史租住房长长的隧道状通道，与出入法尔内塞宫庭院的长长门厅（androni）有惊人的相似之处。这让他将其立面上的一个开间用到了舒岑大街建筑群的一个开间上。

罗西在舒岑大街建筑群上汇集了许多生动的立面，而它们的来源远不止意大利；其中大量出自本地周边，而且不少是前东柏林 19 世纪和 20 世纪初的建筑。施特劳斯贝格广场（Strausberger Platz）上的珂勒惠支街区（Kollwitzkiez）的住宅和办公楼上蕴含着随岁月褪去的美，体现在门道上美妙的塞利奥拱（serliane）、工字梁楣部下方的细柱，以及带有多种窗型、紧凑的两开间立面上。在韦伯维泽（Weberwiese）的一座高层建筑上，装饰性的柱子之间还有陶瓦护墙。罗西的立面借鉴了老柏林这极其丰富的遗存。

罗西所追求的方法在纽约的苏豪区和柏林这两个项目上并没有本质上的不同，而这正是两个项目结果大相径庭的原因。对每个地段的历史、生活模式，对更广泛群体作用的考量，都是两个项目中的第一步，而后才是提出富有创意的新类型。每个方案都是根据环境量身定制的，既融入了建筑师对地段独有特征的了解，又孕育出了现有的城市建筑的同类历史建筑中萌发出的诗意。

从 1993 年起，罗西在维罗纳外围的克伦卡诺桥区（Ponte Crencano）做了相似的混合功能项目，那也是一片无人居住的区域。在这个项目上，他回顾了很久以前对威尼托地区城市的研究，并考虑了不同的类型、材料、色彩和建筑样式。[①]这种延伸到维罗纳等地的城市史和建筑史的研究，为辨别和对比其主要特征、提炼每个地方的独特因素带来了机遇。维罗纳保留着数量可观的罗马遗迹——圆形剧场、半圆形剧场、桥梁，与其同样重要的街道网，以及这些古迹所在的广场和地段。维罗纳在中世纪也成了一个强大的中心——斯卡利杰里（Scaligeri）和维斯孔蒂（Visconti）领主建造的城墙、建成后在数百年间历经改造的大教堂、至今仍生气勃勃的集市建筑和广场，就是见证。然而，这些令人敬畏的、代表着过去辉煌的遗迹仍远离科齐宫大街（Via Ca'di Cozzi），这个半城半村的地段与那些传

---

① Rossi, "I caratteri urbani delle citta venete," 载于 Carlo Aymonino, Manlio Brusatin, Gianni Fabbri, Mauro Lena, Pasquale Lovero, Sergio Lucianetti, and Aldo Rossi, *La citta di Padova: Saggio di analisi urbana* (Rome: Officina, 1970), 419-490, 今载于 Rossi, *Scritti scelti*, 353-401.

世杰作相去甚远。相反，建筑师面对的是一个开敞空旷的场地——营造一个富有生气的场所，成了他的挑战。

该建筑群如今位于科齐宫大街上（图 2.3），在维罗纳以北距离阿迪杰河（Adige River）不远处，包括住宅和商业建筑及行政办公楼。对于城市边缘的特伦托区（Borgo Trento）的这个地段，罗西选择突出北部群山的景致，并严格使用当地材料、灰泥和色彩明亮的砖，以及由白沙米黄（biancone）与典型的红色维罗纳大理石相交错的条带。白沙米黄是一种有着淡淡纹理、非常坚固的当地大理石，与维罗纳传统建筑上的完全相同。两座以商业 / 办公为主的建筑让人回想起附近维琴察的帕拉迪奥式巴西利卡（Basilica）的筒拱。沿正立面排列、立在高高基座上的白色石柱采用了帕拉迪奥为教堂立面设计的柱子样式。对当地和地区传统的借鉴表明：像圆柱那样的简单要素也能实现大异其趣的效果。在这个背景下，从独特的历史和传统出发，罗西以别样的手法打造的工字梁、圆柱（图 2.4）、方形窗和三角形山花，使人联想到威尼托地区的建筑；而舒岑大街住宅区或学乐大厦上的相似要素，则与各自的环境形成了直接对话。换言之，罗西在这里强调了当地的建筑传统和材料。他没有模仿这座城市丰富的建筑遗产，而是选择与周边风貌保持和谐。这种简单的建筑形式实现了罗西的追求，因为他希望这是人人都可以看懂的。相对于罗西的构思，后来 20 年间建成的平庸建筑相形见绌，高下立见。

罗西在 20 世纪八九十年代设计或建成了许多其他办公楼或混合功能的建筑群，包括柏林兰德斯贝格大街（Landesberger Allee）上的一座近乎同时代的办公楼（1992）、比利时哈瑟尔特（Hasselt）的一座新行政中心及旧医院的翻新（1992），以及在都灵被称为奥罗拉大楼（Casa Aurora）的 GFT 办公楼（1984）。每座建筑都有独特的表达，尽管也包含了罗西钟爱的一些元素。例如，奥罗拉大楼取代的是一座较小的办公楼。它位于恺撒路（Corso Giulio Cesare）和埃米莉亚路（Corso Emilia）的街角上，在都灵历史中心、多拉河（Dora River）以北，被称为奥罗拉（曙光）的多拉区（Borgo Dora）。从历史上看，这座城市有许多制造厂在多拉区，而这一传统至少可以追溯到中世纪末，那时该地区刚刚以生产活动声名鹊起。数百年来，生产皮革、大麻、油和丝绸的工厂，以及粮仓、水磨坊、铸造厂遍布于此，而城市的纺织品生产也聚集在这里。伴随工业化而来的是工厂、工人和工人宿舍，只是大部分如今已荡然无存；劳动力低廉的工人被穷困潦倒笼罩着，他们被迫住在摇摇欲坠的房屋里。

纺织品金融集团（Gruppo Finanziario Tessile，GFT）将新的总部设计委托给罗西，以取代该地段上被拆除的大楼。GFT 曾以将成衣引入意大利而闻名。该集团还创立了意大利最著名的一些时尚品牌——从乔治·阿玛尼（Giorgio Armani）到华伦天奴（Valentino）。像都灵大部分地区一样，这里也是住宅和办公楼混有的。恺撒路的街对面有一座 19 世纪末的小学，其他两个街角还有以底层为商铺的住宅楼。为纪念加尔各答的特蕾莎修女（Mother Teresa of Calcutta）而设计的大花园占去了罗西建筑背后街区的三分之一，里面有游乐设施、树木和长凳。这一地区没有突出的建筑风格，到 GFT 决定建造新办公楼时，已在 20 世纪经历了一场彻底的改造。尽管如此，周边的建筑以及更大范围内都灵建筑的某些要素也为罗西的设计提供了参考。例如，在埃米莉亚路对面毫无特色的公寓楼和小学，我们会发现相同的立面划分方式——基座较暗、中部较浅、顶部为精致的束带层或突出的檐口。罗西将这种模式颠倒过来，把 L 形的奥罗拉大楼置于当地灰色石材的基底上，顶部两层包砖，并由石材和涂绿的工字梁构成埃米莉亚路和恺撒路立面上的柱廊。无窗的砖楼将建筑固定在它的三个转角上。一对巨大的白柱伸到二层，顶部是一道深远的绿色工字钢过梁，并标示出入口的位置。GFT 总部转角的处理也呼应着附近的小学，建筑群的转折处呈一个弯角。

这一次，罗西的第一步仍是呼应地段、历史及其现状特征，并参考了建筑的历史，特别是维也纳的路斯大楼［Looshaus，原为戈德曼与萨拉奇（Goldman and Salatsch）大楼，1909—1911］。① 大约 10 年前，罗西曾表示他与路斯的建筑几乎已不分彼此，因为他已将这位维也纳大师的气韵融入自己的灵魂。② 奥罗拉大楼证明了罗西通过路斯大楼学到的路斯经验，而它所在的圣米歇尔广场是维也纳历史最丰富的地段之一。③ 这座广场南端是从 13 世纪矗立到 20 世纪初的哈布斯

① Benedetto Gravagnuolo, *Adolf Loos* (London: Art Data 1995 [1982]), 125-133。建筑最初的名称为戈德曼与萨拉奇大楼，一家男子服饰用品店。

② Rossi, *QA*, Book 18, 27 May 1975.

③ Richard Boesel and Christian Benedik, *The Michaelerplatz in Vienna: Its Urban Development and Architectural Development* (Vienna: Culture District Looshaus, 1991); Bernhard A. Macek and Renate Holzschuh-Hofer, *The Viennese Hofburg: The Unknown Pages of the Imperial Residence* (Erfurt: Sutton Verlag, 2014).

堡（Hapsburg）王朝宏大的霍夫堡（Hofburg）宫殿；正东方是庄严的圣米歇尔教堂（Michaelerkirke）。这座教堂的基础是一座罗马时代的别墅，它的遗址最近刚被考古学家发现。文献也证实了此处至迟在11世纪就有一座教堂。约瑟夫·菲舍尔·冯·埃拉赫（Joseph Fischer von Erlach）在18世纪初重新设计了这座广场，赋予早先杂乱无章的街道布局一种规整和秩序。路斯在出版《装饰与罪恶》（*Ornament and Crime*）两年后接到了路斯大楼的委托。他坚守自己的理念，并设计了一个近乎毫无装饰的建筑。地面层和夹层采用暗色基座，供商业活动使用。其上四层刷白的墙面上均匀排列着公寓的窗洞口。檐口之上是一个绿色铜屋顶。入口处有四根硕大的、彩色纹理颇深的大理石柱立在黑色柱础上，并将一道工字梁高高撑起。上方是由更小的柱子框出的弧形窗。对于路斯和罗西来说，与现代运动的强硬代表做法截然相反的是，柱子在历史上遍布于欧洲的城市景观之中，因此非常适合这样的建筑。于是从路斯那里，罗西用工字梁设计了带柱廊的入口，只是在都灵用明快的色彩进行了强调。尽管如此，对历史的借鉴到此为止。其中的差别包括：两根白色的水泥柱——而不是四根色彩丰富的大理石柱；没有柱墩；罗西还为上部几层做了简洁的方形窗，而不是路斯大楼那种弧形和矩形的。但罗西在奥罗拉大楼上对路斯表达了敬意，这印证了罗西为每个项目带来的价值：对建筑史和每个具体环境历史的丰富理解，包括戈德曼与萨拉奇公司和GFT都在制作服装的事实，而这就使向路斯大楼含蓄致敬的做法更加合理。

伦敦码头区（Dockland）金丝雀码头（Canary Wharf）最具争议的一座办公楼一直未能建成。伦敦东区以悠久而多彩的滨河工业历史而闻名，但集装箱化等20世纪末的航运业革命使之在20世纪下半叶中急转直下。大面积的流域以及废弃的码头和建筑被改称“企业区”（enterprise zone），并需要金融资本的投入，从而将该地区的“多格斯岛”（Isle of Dogs）重新建设成伦敦繁荣的金融业的新总部区。加拿大开发公司奥林匹亚约克（Olympia and York）委托了SOM、西萨·佩利（Cesar Pelli）、贝聿铭–科布–弗里德事务所（Pei Cobb Freed & Partners）及科恩–佩德森–福克斯事务所（Kohn Pederson Fox）等建筑公司巨头为码头区设计建筑，但这家开发公司也选择了罗西来设计两座建筑。类似于学乐大厦、舒岑大街住宅区和日本福冈的皇宫酒店毫不掩饰的色彩和原创性，这两座筒拱建筑同样有着令人熟悉的氧化的铜绿色屋顶。主入口有成对的圆柱，以及在罗西后来大部分建筑上出现的工字钢过梁。倘若它们得以建成，就会同周围循规蹈矩的沉闷建筑形成错落有致的雕塑。在一篇关于他设计的文章中，罗西列出了这个项目让他着迷的理由——主要是参与“创造‘城市’”（creation of “the city”）的机会。他用一道灰石和白石构成的柱廊将两座建筑连接起来。其中较大、临河的那座被他称为“巴西利卡”，可能在某种程度上是因为古典式的细节和以卡拉拉（Carrara）大理石为底的红色和粉色石材（一种玫瑰红的印度砂岩）基底。罗西在此借鉴了意大利大教堂和洗礼堂的传统——纹理细腻的白色卡拉拉大理石通常以暗色石材为底，比如帕尔马的洗礼堂。这些筒拱建筑也借鉴了一种世俗版本的巴西利卡，维琴察的帕拉迪奥巴西利卡（Basilica Palladiana）。这些色彩，尤其是从印度进口的砂岩的红色，在他的想象中会被伦敦阴郁的天色和给一切带来光泽的雾气渲染得更加朴素，而波特兰砂岩的米黄色则会融入灰蒙蒙的天空。根据他的设想，建筑将主要朝向水面，勾起人们对港口的回忆，让开发商想象出犹如威尼斯斯基亚沃尼河岸（Riva degli Schiavoni）的走道，并因伦敦随处可见的公园和花园更具生气。[①] 后来经济下滑迫使奥林匹亚约克公司放弃了这个项目，尽管地下停车场已经竣工。

罗西的意大利项目则大获成功，前文讨论的大部分项目也是。但这种现象是否也出现在别处？他的方法和分析是如何用到类型截然不同的建筑上的？有些是为流动人群使用的，比如机场、港口设施、旅店和购物中心。最后，我们从他的建成作品中能够看到他的建筑和城市理论中的哪些内容？尤其是当他离开长久以来熟悉的城市和国家，到远离自己文化传统的地方去尝试各种项目时，结果如何？

为流动人群设计的建筑

当罗西荣获普利兹克奖时，他已在环球旅行中度过了生命中的大部分时光，所以他兴致勃勃地接受了扩建米兰利纳泰（Linate）机场（1991—1993）的委托。看起来由他来设计一种积累了丰富经验的建筑类型是再合适不过的了。利纳泰

① Rossi, “The Stones of London, Milan, January 7, 1991,” *Zodiac* 5 (1991), 142-147.

是米兰两座机场中较小的一座，主要为国内和欧洲航班服务。1933 年，詹路易吉·焦尔达尼（Gianluigi Giordani）设计了一个优雅的流线型现代机场，而它的建筑特色很快就淹没在一连串设计糟糕的扩建中。罗西的任务之一是为这座城市创造一个新的门户。日新月异的技术、飞速增长的旅客数，以及严密的安保设施，促使人们在 20 世纪对机场建筑的诸多因素进行深入的反思。毋庸置疑，2001 年的“9·11”事件、后来对安保设施的新要求，以及机场运营方强迫旅客在抵达登机口之前从永无止境的奢侈品店和各色商品店中穿过的无情之举，进一步推动了机场设计的变革。尽管如此，即使在这场灾难之前，机场设计的变化也并不总是让事情变好的。埃罗·萨里宁（Eero Saarinen）的纽约 JFK 机场 TWA 航站楼（1962）展现出飞鸟振翅的形态。那栩栩如生的造型使它很快就变得华而不实，却也未能及时阻止人们竞相效仿，如圣地亚哥·卡拉特拉瓦（Santiago Calatrava）设计的西班牙毕尔巴鄂松迪卡（Sondika）机场（2000）。而大部分建筑师选择了巨棚模式［墨菲扬建筑师事务所（Murphy/Jahn），美联航芝加哥奥黑尔国际机场（United Airlines Terminal，Chicago O’Hare），1987；福斯特建筑事务所（Foster and Partners），伦敦斯坦斯特德机场（Stansted Airport，U.K.），1991；伦佐·皮亚诺建筑工作室（Renzo Piano Workshop），日本关西国际机场（Kansai International Airport，Japan），1994］。这种固守白色的建筑以巨大的体量、通透的玻璃和耀眼的眩光自居。

毫无意外的是，在这些机场里度过了大量时光的罗西在建筑创作上一如既往：观察、学习。他坚决反对一些人的做作和另一些人的呆板，并提出了更具传统意味而多姿多彩的建筑方案。入口处用纤细的墩柱构成了一道柱廊，鲜亮的绿色和黄色钢柱紧靠纹理丰富的坎多利亚（Candoglia）和巴韦诺（Baveno）大理石驳岸。罗西同优尼博览公司［Uniplan，韦尔切洛尼父子维尔吉利奥和马泰奥（Virgilio and Matteo Vercelloni）］合作，也将窗户处理成住宅或工作室的样子。尽管完成时与设计有所不同，室内空间的其他部分也因米兰的种种景象而生气勃勃，在室内外形成神奇的色彩和形式韵律——生动活泼而不流于俗套，全无当代大多数机场那样的庸俗乏味。

遗憾的是，交通设施往往是许多城市中最糟糕、维护最差的建筑物——纽约的地铁系统就是最好的例子。偶尔也会有反思公共交通中某些方面的机会，比如斯塔滕岛（Staten Island）渡口的怀特霍尔渡轮码头（Whitehall Ferry Terminal）竞赛（1992）。它呈现出一系列与机场截然不同的问题。[①] 首先，历史上以城市滨海区作为货物装卸和仓储的运输中心有着悠久的传统，这决定了它们在全球的形态和特征，而旅客的舒适度并不是诸多工作中要优先考虑的因素。[②] 随着航海技术从风帆发展为蒸汽，再到燃油，海岸线从 19 世纪到 20 世纪发生了变化，直接以码头为终点的铁路也带来了重大变化。总之，持续的变化最终使海岸线逐渐消失在公众的视野中——更不用说日益遮挡城市海岸的高速公路，比如著名的旧金山安巴卡德罗高速公路（Embarcadero Freeway，1968 年建成，1991 年拆除）。[③] 纽约及美国其他港口城市的海岸都在填海扩张，而纽约的填海区可以追溯到这座城市 17 世纪的起源时期。在其间的几个世纪里，政府部门和私人企业就管辖权等各方面权利进行了协商，码头等设施几乎延伸到曼哈顿的整个海岸上。1992 年，在考虑为城市海岸的不同位置设立渡口的新方案时，一场大火摧毁了曼哈顿斯塔滕岛的渡轮码头——怀特霍尔渡轮码头，由此带来了一场新的现代设施竞赛。这个多舛的尝试收到了六位建筑师的方案，包括罗西的。文丘里－斯科特－布朗事务所（Venturi Scott Brown）拔得头筹，但政治动机明显的市长们［纽约的鲁迪·朱利亚尼（Rudy Giuliani）和斯塔滕岛的盖伊·莫利纳里（Guy Molinari）］与雄心勃勃、直言不讳的建筑师彼得·艾森曼沆瀣一气，对其中的许多内容发难，包括这家事务所提出的巨大钟表方案。结果，码头管理局（Port Authority）要求对方案进行重大修改，以致文丘里－斯科特－布朗事务所拂袖而去，并将这项工作丢给一位前雇员——弗雷德里克·施瓦茨（Frederick Schwartz）。作为补偿，在市长莫利纳里的支持下，艾森曼得到了斯塔滕岛尽头一座新码头的委托——圣乔治

① 关于六个竞赛方案的概述以及带有严重偏见的分析，见 Herbert Muschamp, “6 Visions of a New Ferry Terminal,” *New York Times*, 5 November 1992.

② 关于滨水区总体历史发展的精辟论述，特别是纽约的情况，至今无可匹敌的杰作是 Ann L. Buttenwieser, *Manhattan Waterbound: Manhattan's Waterfront from the Seventeenth Century to the Present* (Syracuse. N.Y.: Syracuse University Press, 1999).

③ 同上，11-14 页。安巴卡德罗高速公路丑陋不堪，但通行效率很高。城市官员拆除它的提议引发了热议；而 1989 年地震造成的大破坏淹没了这场争论。

码头（St. George Terminal）——尽管好景不长。[①]

罗西是怎样处理纽约一个重要滨海地段的问题的？在那里，几乎每一笔房地产交易——除了学乐大厦以外——都在居民、渴求资金的城市机关和追逐利益的开发商之间引发了激烈的冲突。假如这个项目既能为日日往返斯塔滕岛的通勤者服务，又能在金融区和滨海区之间形成一种联系，就会大获成功，至少让海岸线的这一部分再度回归公众。通过将码头延伸出来，与炮台海事大楼（Battery Maritime Building，1908）对齐，罗西将他的建筑与近邻联系起来——那是一座与众不同的建筑，并在 1976 年就被列入《国家历史地名录》（*National Register of Historic Places*）。这座巴黎美术学院风格（Beaux Arts）的建筑由多种金属塑造而成，包括铸铁、轧钢、锌和铜等。通往总督岛（Governor's Island）的渡船就从这里出发。它的一大魅力来自柱廊下的瓜斯塔维诺（Guastavino）砖拱顶，这是一种由巴伦西亚建筑师拉斐尔·瓜斯塔维诺（Rafael Guastavino）在 19 世纪注册专利的拱体系。[②]这种技术的特征之一在于，薄薄的陶砖拱顶上还有一层更薄的特殊水泥，并能在没有拱鹰架（centering）的情况下建造出来，使它比传统的石拱顶更经济、结构更坚固。罗西没有像其他竞赛方案那样忽视旁边这个杰作，而是选择与它建立联系，让三条朝向河水的渡船引道与海事大楼精致的金属柱和土色调相呼应。绿色的柱子、檐口和方形的窗户与海事大楼的相应部位构成和谐的关系，而不是简单的复制。广场两侧为柱廊，正对城市的金融区。罗西再次以这个特定地段的周边环境及历史的微妙联系作为自己设计的指导。而非同凡响之处在于，他是这六位建筑师中唯一这样做的人。

在职业生涯中，罗西在许多地方设计过港口或海岸设施，包括马赛、泽布吕赫（Zeebrugge，比利时）、鹿特丹、那不勒斯和新鲁平（Neuruppin，德国）等遥远的城市，但都停留在绘图板上。这最后一个方案（1999）尤得罗西心意。新鲁

---

① Clifford J. Levy, "Not Just a New Ferry Terminal, but a Fanciful One," *New York Times*, 25 February 1997; Herbert Muschamp, "On Staten Island, the New Media Are the Message," *New York Times*, 27 February 2000. 艾森曼没有完成这个委托；斯塔滕岛圣乔治码头的设计最终落到了 2005 年开张的 HOK 建筑事务所（Hellmuth Obata + Kassabaum）手中。

② John Ochsendorf, *Guastavino Vaulting: The Art of Structural Tile* (New York: Princeton Architectural Press, 2010).

平是卡尔·弗里德里希·申克尔的故乡。1787年的一场大火将其夷为平地，并夺去了申克尔父亲的生命。到1794年随家人搬到柏林时，罗西已在那里生活了7年。其间他看到了家乡由新古典主义建筑一步步重建起来，这无疑影响了他后来几十年间的建筑设计。罗西接到了多个新鲁平项目的邀请，有的是设计新建筑，也有其他类型的，比如修复古老的木构教区教堂（Pfarrkirche）以及滨湖区开发的总体规划。经过多年时间，他对这个小镇了如指掌，却回绝了教堂的修复工程，因为他相信那只需要精细的维护即可，所以这项工作应该交给当地一位木作技艺娴熟的建筑师。至于滨湖区，他建议用简单、色彩明快的坡屋顶建筑来围合它，周围用同样低调的休闲建筑和旅游设施，包括宾馆等。

尽管建筑项目迟迟不能建成已是寻常之事，动工之后又中止的情况却不多见。1983年，意大利国家铁路公司（Italian State Railway）选中罗西在米兰的一些历史工人阶级区附近设计新的火车站，比如巴罗纳区（Barona）和贾贝利纳区（Giambellina）。其目的是服务抵达米兰的交通及前往法国换乘的火车。该项目的另一个背景是迎接1990年在意大利举办的世界杯足球赛——就像许多在这一名义下启动的项目一样，这个火车站也不得善终。大概35年之后，圣克里斯托福罗火车站仍是一具日渐糟朽的枯骨，被命运遗弃在城市边缘的一片荒地中。罗西数年间多次来到这处遗址，对资金和精力的浪费叹息不已，而更令他痛心的是这片城区丧失的良机。

在每一个这样的项目中，罗西都详细阐述了他关于城市由不同部分组成的基本理论。这种城市组织（tissue）应由建筑师在按《城市建筑学》中提出的理论进行详尽的研究之后，植入新的建筑作品。此外，罗西每次都会涉及他所熟悉的意大利或欧美城市中的一个地方。但他的理论能否在一个大异其趣的文化中立足？我们将在后面探讨这一点。只有两个项目考虑了流动人群的需求。罗西在亚洲的第一个委托项目是皇宫酒店（1987）。他接到委托时，1985年和1986年的威尼斯建筑双年展刚刚谢幕。他的项目图片以及关于他的建筑的图书畅销日本十几年，可他的建筑怎么会在这种截然不同的文化中备受欢迎呢？福冈是日本南部的门户、海陆交通繁忙的港口城市。停留在舒适区中绝不是罗西的爱好；在福冈的那珂川沿岸（附近）的项目才是足够诱人的挑战。

事实上，酒店与河道之间有一两排单户住宅，挡住了迭落式入口广场的双向视线。开发商想要一座精品酒店，成为日本的首创，而他们选择的地区并不在城市的高端区——但他们赌赢了。罗西的同事莫里斯·阿杰米后来提到，他们的日本同事送来两大本新闻剪报，全都是关于这座酒店的溢美之词——罗西是怎样大获成功的？

这座七层的酒店立在一个台基之上，两侧是两层的特色酒吧、一家餐厅和一家迪斯科舞厅。罗西将数组七根一排的琥珀色波斯石灰华柱子，放到处理成斑驳效果的深绿色的铜过梁上，作为建筑砌体的护墙；顶部是有三道过梁的深远铜檐口。值得注意的是，滨水立面没有被窗户打断，窗户都开在侧墙上。尽管手法非同一般——大部分酒店在可能的情况下都会重视优美的景观——这个尺度低矮、并不特别引人瞩目的码头，恰恰吸引着人们去思考远景应该在哪里；而罗西选择将它们放在反观城市的位置上。紧凑、色彩丰富、呼应着日本建筑精致的简洁性——罗西认为他创造了一座极具日本特色的建筑。开发商却对罗西献上的这座“意大利”建筑惊叹不已！这种组合即刻得到了回报，因为这座酒店在营业之后一直很成功。事实上，它还吸引了其他人到此进行开发。

罗西在酒店中只设计了一个酒吧。作为酒吧的背景，他放上了高度从地面直达天花板的立面木模型，旁边的另一面墙上是罗西以这座酒店为内容的画。我们将在后文中“剧场”一章里看到，罗西反复运用了这个手段，以建筑呈现自身的方式面对观者。

他在日本设计的第二座酒店是门司港酒店（1993—1998）。酒店在日本最南端的岛屿九州东海岸不远处，位于北九州市的另一个码头小镇门司，俯瞰着关门海峡。① 到罗西逝世时，建筑施工几乎已全部完成，1998 年最终竣工。这家酒店有 134 间客房，接近皇宫酒店的三倍。它在伸入海峡的一块陆地上回望小镇。政府与私企合作，希望这家酒店成为整个港区升级的第一步，而他们赌中了。罗西与合伙人阿杰米及室内建筑师内田繁步行考察了这座小城，寻觅历史的踪迹与过去的点滴。他们发现了不少令人惊叹不已的建筑，并激起了他们的兴趣，比如一个明显按法国城堡设计并有芒萨屋顶的木构火车站（1914）。还有中东铁路

① Otto Riewoldt, *New Hotel Design* (London: Lawrence King Publishing Company, 2002), 48-51. 该酒店最近更名为普乐美雅门司港酒店。

（Chinese Eastern Railway）办公室，模仿的是一栋在中国建造的半木构、半砖石、大体呈新罗曼式的俄国建筑（1995）；分离派风格的大阪商船会社大楼（1917）；罗曼式的砖石海关大楼（1912）。如此丰富的建筑与故事交织在一起，成为日本本土建筑淋漓尽致的表达。于是，罗西在思考设计如何能通过这个酒店项目帮助实现一座城市及其合作方的梦想之后，决定讲述一个新的故事：利用新旧两种元素，让这座新酒店融入城市的多元传统。这座小镇无疑没有繁荣的经济，因此，就像此处考察的所有亚洲项目一样，开发商要依靠这些建筑形成未来发展的支柱和动力。

设计团队将这座三段式建筑的中部造型称为“鲨鱼”：这座八层的砖立面酒店采用了船或鱼的整体造型。带客房的船头指向港口的方向，船尾夹在侧面六层的石立面街区里。在朝向小镇的方向上，两座堆叠式砖石大楼呼应着街角处一栋大楼（今为餐厅）的材质和建筑式样——看上去它们在这个地方几乎与其他建筑毫不相关。

罗西在福冈门司以及他的第三座酒店、大阪伊尔蒙特酒店（Il Monte）的设计方法，与他在米兰公爵酒店（Hotel Duca di Milano，1988 年，今称 ME Milan Il Duca）改造中追求的路线是一致的。米兰地铁线的施工使城市工作中断多年，但也给街道和广场的重新配置创造了机会，并使城市的一些主要酒店进行了室内外翻新。1990 年夏，世界杯意大利决赛的临近，也是业主雷亚-莱穆图阿保险公司（Reale Mutua di Assicurazioni）对这座二战后的建筑进行翻新和扩建的动机之一。罗西注意到，这座广场上还有两座建筑——他杰出的前辈乔瓦尼·穆齐奥（Giovanni Muzio）的建筑、博纳伊蒂公寓（Casa Bonaiti，1935），以及同环境格格不入的布雷达大楼［Torre Breda，路易吉·马蒂奥尼（Luigi Mattioni）设计，1954］——这是意大利第一座摩天楼，也是米兰第一座高度超过大教堂金色圣母像（Madonnina）的建筑。[1]

他还注意到现有的米兰公爵酒店建筑毫无特色，以及在仅仅使用几十年之后便出现的糟糕状况。鉴于它与中央火车站及米兰市中心的距离很近，业主设想的

① 在法西斯时期，当地政府施行了严格的规定：任何建筑的高度均不得超过大教堂金色圣母像的顶端；战争甫一结束，这些限制便淹没在建设的浪潮之中。

客户基本上都是商务人士，还有参加世界杯或米兰时装和设计展会等重要临时活动的人。改造需要新的石立面，并形成长长的窗间壁，以框出窗口。最后三层则用砖贴面。至于两层的接待楼和餐厅，他选择了白色的卡拉拉大理石柱，柱顶为绿色工字钢过梁。主体建筑的壁柱采用当地的一种白色花岗石、白片麻岩（beola bianca）。新楼也采用了相同的方式。他坚持认为在朝向伽利略大街（Via Galilei）和马可波罗大街（Via Marco Polo）的背立面上应采用相同的处理方式，而原因就是他所说的，为了城市的风貌。

对罗西来说，顶部几层只做简单的砖贴面，延续了意大利建筑（尤其是大教堂）保留未完成状态的悠久传统——有时是因为资金短缺，但他认为通常是由于“喜爱未完成的作品”。比如，米兰大教堂的立面于1386年动工，但直到19世纪才完成。[①] 偏爱步行的罗西，在米兰市中心漫步时通常以大教堂为终点——在他心中那是米兰所有建筑之中最美的。游客通常会被带到大教堂，沿着长长的中殿行走。两侧是又高又大的束柱，具有明显的非古典主义特征的柱头消失在上方的黑暗之中。一年之中有许多天，从后堂窗中射入的光都会洒满祭坛。因此，走向祭坛，就意味着步入世间与心中的光明圣地。永远在漫步，永远在观察，罗西每次拜访大教堂都会有新的发现。无数次对大教堂的描绘，让他甚至可以凭着回忆画出这座建筑。他把大教堂或它的片段放入许多图画和印刷品中——不是将它们作为观者向窗外凝望的背景，就是他心中向所有人敞开怀抱的公共建筑典型。

在他看来，最新版本的公共空间——购物中心，也应该是一个欢迎人群的场所。同酒店一样，商场的流动人群只有一个目的：消费——至少店主们的愿望是这样的。米兰本地的维托里奥·埃马努埃莱二世拱廊（Galleria Vittorio Emanuele II，Giuseppe Mengoni，1877）到了20世纪下半叶已成为全球各地购物中心的范本，其中不乏借光以拱廊命名的。唉！可惜无一能与原作的雄伟建筑媲美。那里有八角形的玻璃穹顶，以及由玻璃和铁建成的两道四层高的筒拱廊。虽然米兰的租户基本上都是高档次的，购物却一直设在地面层上，与美国的大部分商场不同。比如，休斯敦拱廊（Houston Galleria，1970）有三层商店、办公室和其他便利设

① Carlo Ferrari da Passano, *Storia della veneranda fabbrica del Duomo* (Milan: Cassa di Risparmio delle Province Lombarde, 1973).

施，分布在22 300平方米上。表面上是对米兰先例的致敬，但这种极端的做法无疑削弱了任何可见的继承关系。更重要的是，休斯敦拱廊是一个远离城市的郊区建筑群，而米兰的拱廊就在历史中心，靠近大教堂，与著名的斯卡拉歌剧院（La Scala）不过几个街区之遥——也就是说，是吸引游客来到城市中心，而不是到边缘去。[①]

日本的两座购物中心坐落在密集的市区里，对周边环境的激活效果不亚于米兰拱廊。开发商和城市要求位于岐阜南部的UNY岐阜商场（今称APITA购物中心，1988—1993）应当发挥一座大型广场的作用，设有餐厅、咖啡厅、商店和文化活动空间，以及人们在不含政治色彩的空间中所需的一切设施。商场最初的名称“中心城市”（Centro Citta）恰如其分地体现出这种愿望。周围混合着低层住宅与尺度低矮的办公楼和商业空间，偶尔有一座公寓楼。尽管旁边的道路网对步行有影响，商场业主也还是积极鼓励自行车和机动车交通的。在最初的设计中，罗西提出将文化活动放在一座高楼里，只是最终未能建成。关于他的灵感，罗西曾谈到自己想到的是克罗地亚斯普利特（Split）的戴克里先（Diocletian）四世纪宫殿。那既是一座要塞，也是罗马皇帝的御所。在帝国覆灭后，它成为一座完整的城市，至今仍是城市的核心。角部的高楼、雄伟的尺度、高大森严的入口（而岐阜的大门周围有色调明亮的金属法兰）以及地下洞穴般的空间，使它效仿亚得里亚海岸边那座优美的城市的意图一目了然——熙熙攘攘的市场就在那座宫殿基础中巨大的拱顶空间里。

相距不远的名古屋当知购物中心（今称Port Walk Minato，1989）采用了一些与UNY岐阜商场相同的原则。两座建筑都是三层，入口都有亮黄色的钢法兰。罗西也将这种法兰用在了学乐大厦的默瑟街立面上。当知购物中心也在一个尺度低矮的地区，与岐阜一样成了推动城市增长的基础。罗西使用了更明亮的色彩和更有力的造型。活泼的原色黄、蓝和橘红，原先立在沥青的大海中，如今却挤在

① 这座拱廊的建设是在意大利北部推翻了奥地利统治之后启动的，但在本国管理时期引起了各种争议，因为它破坏了原来历史建筑密集的城市肌理。Giuseppe De Finetti, *Milano: Costruzione di una cittca*, ed. Giovanni Cislaghi, Mara de Benedetti, and Piergiorgio Marabelli (Milan: Hoepli, 2002), 107-110; Danilo Zardin, ed., *Il cuore di Milano: ldentita e storia di una "capitale morale"* (Milan: BUR Saggi, 2012).

建筑的丛林里。罗西把购物中心分为四个区——购物区、美食广场区、健身和文化区、时尚和娱乐区。每个区都由一个无窗的高楼标示出来。尽管完成时与最初的设计不同，两座商场的目的却都是作为城市的推动力带动周边的发展。这与罗西在《城市建筑学》中的观点非常吻合。后一座购物中心要比岐阜的效果更明显，不过假以时日，相信岐阜商场也会达到它的目标。

19 世纪和 20 世纪发生了无数对城市历史具有惨痛历史教训的局部肆意破坏，包括巴黎、米兰等许多意大利城市。然而，不管给那些被赶出家门的人造成了多大的伤害和破坏，这些变化造就了我们今天看到的现代城市——无论那是好是坏。再度实施这种大规模的、所谓城市更新的方案，在今天看来是举步维艰的。的确，开发商通常会在城市中心以外更廉价的土地上建造购物中心，以此将人引出（而不是引入）城区。在这个过程中，城市中心的商店和服务会逐渐失去它们的客户并最终倒闭，从而形成空置的店铺和荒废的城区。尽管这一现象几乎无处不在，但乡村地区或许最为明显。新的地区性商场将周边小镇的活力吸噬殆尽。随着电子商务的出现，20 世纪下半叶，许多踌躇满志的商场如今遭遇了与短短几十年前被它们无情摧毁的城市中心区同样的命运。

事实证明，意大利也在劫难逃，就像其他的发达经济体那样。与美国如出一辙的是，乡村地区或许是最明显的牺牲品，但更大的城市也无法摆脱这种经济状况。尽管如此，意大利的情形略有不同。20 世纪，无数家庭从高密度的城市中心或小公寓的住所中搬出来，住进更大的单元、复式房，甚至是配有更多房间的独户住宅，并有便捷的停车场和花园；而与城市中心的距离越来越远。[①] 与此同时，城市越发将历史中心与机动车隔绝开，并且由于公共交通不足或不可靠，给购物和其他活动造成更多困难——这一问题困扰着罗马、米兰、那不勒斯、巴勒莫（Palermo）、的里亚斯特和都灵等城市。到了 20 世纪 80 年代，购物中心遍布意大利，并集中在两个地区：坎帕尼亚大区（Campania，首府为那不勒斯）和伦巴第大区（Lombardy，首府为米兰）。许多购物中心都有超过一百家商店。在紧

---

① Stephanie Zeier Pilat, *Reconstructing Italy: The Ina-Casa Neighborhoods of the Postwar Era* (Burlington, Vt.: Ashgate, 2016); Jeffrey Hou, Benjamin Spencer, Thaisa Way, and Ken Yocom, eds., *Now Urbanism: The Future City Is Here* (London: Routledge, 2015); Jennifer Scappettone, *Killing the Moonlight: Modernism in Venice* (New York: Columbia University Press, 2014).

张筹备 1985 年和 1986 年双年展期间，罗西收到了他的第一个购物中心委托，项目在帕尔马郊区。这座古老的城市位于米兰东南约 130 千米处，在艾米利亚—罗马涅大区（Emilia-Romagna）的最西端。这座城市享誉全球，主要归功于它历史悠久的帕尔马干酪（parmeggiano）和创立于 10 世纪的、世界上最古老的大学之一。城镇 67% 的建筑是 20 世纪 90 年代初建造的，这是一个可观的扩建比例。[①]这座新的高塔中心商场（Centro Torri）有约 50 家商店（图 2.5），包括一个巨大的超级市场和廉价电器、家用设施和计算机店，为郊区居民和散布在人口越来越少的乡村地区的居民服务。即使在开业 30 年后，这座中心仍在其网站上鼓吹自己的“先锋”建筑。而那是名副其实的。

在中世纪，来自欧洲各地的朝圣者成群结队地涌向意大利，庆祝五十年节（jubilee）、拜访圣龛。他们遇到的城市肌理与家乡截然不同，尤其是意大利城市高楼林立的天际线——在跨越皮埃蒙特大区、伦巴第大区和艾米利亚—罗马涅大区，漫长而平坦的波河平原上一目了然。随着时间的推移，许多私家高楼按照市政机关的要求降低了高度——它们在官方眼中是私人政治和武力对抗集体主义的象征。社群则通过公共的市政厅上的高楼表达出它的权力。[②]的确，集体将个人权力的象征物一扫而空，正是为了以更民主的方式分配权力。而市政高楼在空间中高于一切，代表着全体人民的主导地位超越了个体。在这种新秩序中，家族不再能控制街道、广场和街区；整个社群——或者说至少是全部有房的男性群体——如今已掌握了那种权力；公共空间在理论上将对所有人开放。无论城镇与这个理想的距离有多远，高楼与集体的关联都得以延续，正如中世纪大教堂或教堂的钟楼代表着所有的基督徒一样。钟声会召集信徒和其他人来参加节日活动、

---

① Carlo Quintelli, *Cosa intendiamo per Food Valley? Atti del Convegno Parma Food Valley Symposium, forum Citta Emilia 2* (Parma: FAEdizioni, 2011); Thomas Heckelei and Wolfgang Britz, “Models Based on Positive Mathematical Programming: State of the Art and Further Extensions,” in Filippo Arfini, ed., *Modeling Agricultural State of the Art and New Challenges: Proceedings of the 89th European Seminar of the European Association of Agricultural Economists*, Parma, 2005 (Parma: University of Parma, 2005), 48-73.

② David Philip Waley and Trevor Dean, *The Italian City-Republics* (Abingdon, U.K.: Routledge, 2009); Philip Jones, *The Italian City-State: From Commune to Signoria* (Oxford: Oxford University Press, 1997).

宣布仪式、礼拜，以及涉及全镇或教区全体的其他活动。罗西选择将高楼作为帕尔马新商场最明显、最有意义的象征，是符合这一传统的，并为整个集体带来了一种与之同等的开放性，而这往往难以如愿，无论在今天还是过去。购物中心唤起的不仅是古老的象征，还有对未来的渴望。倘若真的要它们成为新的市民中心，它们就应当吸引所有的人，一如昔日的高楼和罗西的高塔中心。

林立的砖和陶面高楼——以“高塔中心”为最突出的代表——向在米兰-罗马高速公路上行驶的人彰显着商场的地位，并围合出停车场的入口。一座低矮的长方形砖建筑是正式的入口，经过它之后来客便可徜徉在商场之中：走在带山墙的金属屋顶之下，两边是采光的高侧窗；穿过双矩形平面的空间——一个矩形里遍布商铺，中间还有一组商店；另一个矩形里面是各种设施和超市等规模更大的主力店。

然而，罗西最中意的购物中心项目从未能走到详图那一步——韦尔巴尼亚市帕兰扎区（Pallanza）市场。该镇位于马焦雷湖岸边，距他的吉法别墅（1993）不远。这里原先是一处屠宰场和城镇的公共浴室，紧邻一条小河。罗西设想的方案满足了城市和天主教教廷（Catholic Curia）的不同要求——前者是关于广场的，后者是关于教堂的。他把商店和办公楼围合起来，并用一座步行桥将市场与河对岸的新建筑连接起来。在他的方案中，树木林立，侧翼建筑有山墙或筒拱，还有一座六层的高楼。这些都源自他对这座城镇长久以来的认识，因为他曾在帕兰扎区西北几千米的梅尔戈佐湖畔的家庭别墅里度过许多夏天。他还设想了许多花园，就像马焦雷湖畔的那些别墅和酒店，那种新古典主义建筑也与当地传统十分吻合。但这个项目并没有走出初期阶段。罗西大失所望，因为他满心欢喜地期待着在一个靠近他心灵的地方设计一个公共空间。

***

从我们在这些混合功能和商业项目中见到的选择来看，罗西是否实现了在《城市建筑学》等论述中阐明的愿望？从前文回顾的若干项目看，笔者相信他做到了，只是程度各有不同。那么是以什么方式实现的呢？在1968年的一篇文章《博物馆建筑》（*Architettura per I musei*）中，罗西写到了他从构建设计理论开始的建筑工作方法。他认为设计理论的基本点，“首先是对历史古迹的解读，其次是对建筑形式和有形世界的探究，最后是对城市的解读”。① “城市作为一种集体的创造，建筑作为一种技术或艺术，”他继续写道，“是通过传统而世代传递下来的。”在历史的长河中，这些传统被神圣化，并不断完善。城市需要缓慢演化的过程，而建筑成为一种对万物的沉思。建筑学中只有很少的、一成不变的基本原理，而建筑师和集体拥有大量的具体对策——这取决于随时间出现的各种问题的性质。为了解决它们，罗西认为建筑师不应仅仅埋头于研究历史；还要钻研建筑，尤其是历史古迹。其方式是动手去画，这就需要仔细观察，去看、去问。本书开篇介绍的他在苏黎世课堂上放映的影子在建筑表面移动的幻灯片，表明罗西在有意培养学生的注意力。他坚持把看到的、想象到的、回忆到的都画出来——尽管他不总能确定那是回忆还是天马行空的想象。总之，他的画笔永不停歇。罗西倡导建筑师研究城市文脉，而更重要的是，他倡导对空间形式和城市及其建筑的本质的研究，并且，建筑师应将城市及其建筑视为不断变化的实体。在前文回顾的城市项目中，罗西恰恰做到了这一点——不只是对地段的有形环境进行了仔细研究，还有一个更综合、更困难的认识：将城市视为一种人类的创造物“城市实在”（fatto urbano）。每个项目都配有大量草图，并体现出他的设计思路是如何从他围绕地段和城市以及在大众中展现出来的、不断演化的生活特征，通过直觉感知到的、分析出来和记录下来的构思形成的——简言之，就是他设计最终成型的基本要素。

或许解开罗西从理论走向实践之谜的最佳途径首先要从 1976 年威尼斯双年展上的《类比城市》开始。在这幅拼贴画中，罗西插入了各种建筑项目的片段，比如叠加在皮拉内西蚀刻版画的片段上或与之混合在一起的塞格拉泰游击队纪念碑和圣罗科引导中心。从中又跃出一座圣室，然后是一个多立克楣部、罗西的厄尔巴小屋画和多个咖啡壶——这一切构成了一种看似毫不相关的物体的渐强音（crescendo）。有些表现为立面，有些是平面，各种几何形式从罗西的墙上落下。

在这种令人眩晕的混乱中，我们看不出任何组织逻辑，甚至根本没有这种可

---

① Rossi, “Architettura per i musei”, 载于 Guido Canella et al., eds., *Teoria dell a progettazione architettonica* (Bari: Dedalo Libri, 1968), 122-137, 今载于 Rossi, *Scritti scelti*, 306.

能，但这幅画表明了罗西的建筑思想。首先，这是一种由多个部分组合而成的建筑，而非为囊括人类生活而构建的巨大整体。可以看懂的与并不熟悉的片段，甚至是想象中的建筑碎片挤成一团——尽管从形式的角度看毫无关联。它们游走在意识的边缘，就像因过于脆弱而难以在头脑中清晰呈现的记忆。从这些碎片中、在它们之间的缝隙里，集体性开始形成城市。罗西认为，建筑仅仅是融入了这一过程——尽管“仅仅”也许不是最恰当的词语，因为建筑师的工作并没有到此为止。

由此我们将看到第二点，所关注的正是建筑在城市景观中的位置——如一座公民建筑，代表着集体的价值观和历史。它在其中的含义是什么？罗西在《城市建筑学》中反复谈论了这一点，例如在论述帕多瓦的法理宫时。甚至在现存的这座建筑（始建于 1218 年）建成之前，它的地面层就有店铺，并且在上层有一个巨大的房间“沙龙”（Il Salone）作为城市的法庭。在这里，以集体的名义颁布了第一批法令——司法管理、市场诚信经营，以及为整体利益服务的公共生活。这座建筑的形式和尺度证明了它的作用：只有大教堂及其钟塔同这座宫殿在城市的天际线上比高；而社区甚至比主教更胜一筹。沙龙以倒置的木船体形式建成巨大的拱顶空间——以威尼斯造船工人的成就回答了如何实现这种大空间跨度的问题；而正是这些工人的努力，为威尼斯和威尼托的海上贸易积累起巨大的财富。通过此类方式，这座宫殿见证了共同价值观形成的历史，并实实在在地将它们凝固在建筑中，一种以创造性的方式将造船技艺转化为雄伟的公共空间的建筑。

但不止于此。罗西设想的建筑一直是兼具实用性的艺术品，其所承载的多元价值应能被集体理解为他们共同价值观的表达，同时借此得到强化和清晰的表达。[①] 正如《类比城市》所表明的，一座公民建筑不会无中生有——不是从某位建筑师以自我为中心的精神爆发的谵妄中形成，作为“明星”大作的序曲；或是出于匮乏的臆想，将一个被打碎的袋子称为建筑；或是用一堆不成体系的格网形成相互交错的低级混乱——而是植根于历史本身。因此《类比城市》在“新”由内形成之时融古于新，同时又与孕育它的历史断裂开。这在罗西看来构成了建筑

① 罗西在他的整个生涯中不断回归到这个论点上，而最初是从几篇不同的文章开始讨论的，比如“Il concetto di tradizione nell’architettura neoclassica Milanese,” *Societa* 12, no. 3 (1956): 474-493, 今载于 Rossi, *Scritti scelti*, 3-23.

师最高的荣誉：正如普利兹克奖评语所说，创造一座“既大胆又平凡”的建筑，“总会融入城市肌理、而非侵扰它的”设计。

有人会表示反对，认为前文中的建筑和项目就其对更广泛社会的意义来看，似乎并没有远大的理想：它们大多是由功能驱动的，要么是工作、生活或消费的场地，要么是毫无规律地穿行于其中的流动人群的中转地。然而，它们的确是在为各个群体服务。像学乐大厦那样，即使在提出大胆而新颖的设计时也会接受并尊重周边城市肌理的建筑，已然道出了同过去以及现在和未来的关系。如出一辙，舒岑大街住宅区实现了相同的目的，它也是服务于稳定人群的。难道我们不能说利纳泰机场简单的愉悦，或是帕尔马高塔中心上体现出来的、对社区特色的追求也是如此吗?

这些案例都以其独特的方式成为一种“城市实在”，也就是罗西笔下任何城市中集体创作的建筑物；它们是城市的建筑。下一章，我们将考察罗西的纪念建筑设计，并进一步厘清他称建筑是公民价值观的表达、建筑作为公民良知所证明的含义。

3 记忆与纪念碑

以小成大。

——奥维德（Ovid）[1]

米兰的蒙特纳波莱奥内大街（Via Montenapoleone）是意大利物价最高的一条购物街。街的尽头是阿尔多·罗西设计的一座广场，它纪念的是意大利前总统和反抗军英雄桑德罗·佩尔蒂尼（Sandro Pertini）。1990年4月，在新地铁站落成后，一座新广场取代了原先五街交汇的混乱交叉口，并被命名为克罗切罗萨大街（Via Croce Rossa，图3.1）。而令附近商户失望的是，他们没有看到一尊中规中矩的敬爱总统的雕像，而是一个巨大的大理石方块（图3.2）。方块的一侧被挖空，设了一段很陡的楼梯。这种抽象的做法让他们大为反感。他们还抱怨水会从方块背后的三角形的喷泉中溅出来。在自己的笔记中，罗西对那些常常认为这座纪念碑冰冷而毫无人性的反应大为不解，但也因无法表达出自己认为其中蕴含的快乐而陷入沉思。[2] 尽管如此，就像他所预见的，这座纪念碑慢慢披上岁月的光华，旁边的桑树一天天长高，而反对的声音也渐渐平息了。

这种不被世人理解的状况并没有让罗西感到意外，因为他的许多项目，包括

---

① 引言："De multis grandis acervus erit." 原始引文出自 Ovid, *Remedia Amoris*, 424；亦作 "De parvis grandis acervus erit." 加布里埃尔·罗伦哈根（Gabriel Rollenhagen）17世纪初的寓言图集中收录了这句话，后来经翻译出版为 George Wither, *A Collection of Embfemes Ancient and Moderne* (London: Robert Milbourne, 1635), 见 Book I, n.50.

② "Il monumento di piazza o largo Montenapoleone e terminato. Mi sembra molto bello anche se suscita le solite reazioni, ma io penso che in poco tempo sara parte della citta. E' strano che io non riesca a comunicare la gioia del suo significato e sia invece quasi inteso come opera fredda ecc. per non dire il peggio." Rossi, *QA*, Book 42, 29 May 1990.

最著名的摩德纳墓地和加拉拉泰塞住宅等，都引发了批评家相似的反应。并不是罗西从未感到惊讶，他还是常常会感到失望的。因为在他看来，许多成果都有助于阐释自己理念，包括丰富的著述和数以千计印刷品和图画。不过，对于许多人而言，这丰硕的成果只是让他们更为不解。随着时间的推移，罗西对建筑的思考日臻成熟完善，并体现出高度的连贯性和统一性。佩尔蒂尼纪念碑出自两个设计：一是罗西与卢卡·梅达和詹努戈·波莱塞罗近30年前合作的一个库内奥纪念碑竞赛方案，另一个是1965年为塞格拉泰镇设计的纪念碑。[①] 它们在形式上呈现出惊人的相似性，而这三个方案为罗西建筑理论和想象力的融合提供了极具说服力的诠释。

桑德罗·佩尔蒂尼纪念碑，克罗切罗萨大街

佩尔蒂尼是旗帜鲜明的反法西斯主义者、社会主义者以及抵抗德军的游击队员，或许是意大利最受爱戴的总统，因此也是值得在意大利最繁华的一座城市中心竖立纪念碑的人选。罗西的佩尔蒂尼纪念碑于1990年建成，位于米兰历史中心，在大教堂和维托里奥·埃马努埃莱二世拱廊以北，距离斯卡拉歌剧院不过几个街区。与前两个设计大相径庭的是，罗西在这里深入探讨了关于集体记忆和永恒之物（见第1章）的理解以及纪念碑的作用。[②] 佩尔蒂尼纪念碑的工作也使罗西能够充分澄清他多年前表达的关于设计过程本身的思想，尤其是他在1967年意大利文版的艾蒂安-路易·部雷18世纪《建筑艺术论》前言中所构架的内容。[③] 尽管如此，恰恰是因为它在城市中心的位置，佩尔蒂尼纪念碑成了冲突、不解和反对的导火索。

米兰地铁系统某一线路的竣工带来了问题：米兰十几个因建设地铁而封闭5年的交叉口要如何处理。因为地铁扩建的目的是减少机动车交通，那么在这些

---

① 雕刻家翁贝托·马斯特罗扬尼（Umberto Mastroianni）赢得了1966年库内奥的游击队纪念碑竞赛。1965年塞格拉泰的竞赛要求设计完整的广场，罗西与毕生的至交卢卡·梅达合作，赢得了这一竞赛。

② Rossi, *Architecture of the City*, 57-62, 95-98, 130-133.

③ Rossi, “Introduzione a Boullee.”

交叉口禁止行人以外的所有交通就应当有助于减少私人机动车的使用。当时的米兰市长保罗·皮利泰里（Paolo Pilliteri）决定将这些被打断的交叉口改造为广场，并请艺术家或建筑师来设计。罗西得到了这个新广场的委托。依据之前中央大街的名称，它被称为克罗切罗萨大街。

作为地铁竣工后拆除路障的许多地段之一，布雷拉区（Brera）克罗切罗萨大街遇到了一系列尤为棘手的问题。四条街道交汇在这座新广场上，并且都与财富和权力有关联：博尔戈诺沃大街（Via Borgonuovo）、亚历山德罗·曼佐尼大街（Via Alessandro Manzoni）、蒙特纳波莱奥内大街和贾尔迪尼-蒙特迪皮耶塔大街（Via Giardini-Monte di Pieta）。自17世纪以来，许多富有的贵族家庭都将府邸建在博尔戈诺沃大街上，那里至今仍是富贵家族显要的聚集之地，包括奥尔西尼（Orsini）、贝斯卡佩（Bescape）、塔韦尔纳（Taverna）和佩雷戈（Perego）的府邸。[①]博尔戈诺沃大街因此也常被称作“贵族大街”。

亚历山德罗·曼佐尼大街是以19世纪的经典之作《约婚夫妇》（*I promessi sposi*，1827）的作者命名的。这条大街上还有富丽堂皇的十七八世纪宫殿和著名的波尔迪-佩佐利博物馆（Poldi-Pezzoli Museum）。[②]除了米兰最精美的一些府邸以外，2011年阿玛尼酒店（Armani Hotel）也来到这条大街。这家奢侈、时尚的酒店取代了由理性主义建筑师恩里科·格里菲尼（Enrico Griffini）设计（1937—1938、1947—1948）的忠利保险公司（Assicurazioni Generali）办公—住宅楼——一座以无数绿色大理石门窗框为傲的现代主义钢筋混凝土建筑。[③]市政府在1938年将贾尔迪尼大街拓宽，作为绕过曼佐尼大街、更快捷抵达新火车站的干道。大街由它的路径得名——它穿过或经过城市中许多精美怡人的私家花园，包括博罗梅奥·达达宫（Palazzo Borromeo d’Adda）的花园。[④]最后一条交汇在克罗切罗萨大街上的街道是古罗马城墙和塞韦索河（Seveso River）沿线的蒙特纳波莱奥

---

① Serviliano Latuada, *Descrizione di Milano*, vol. 5 (Milan: Cisalpina-Goliardica, 1972 [1738]); Carlo Buzzi and Vittorio Buzzi, *Le vie di Milano: Dizionario della toponomastica milanese* (Milan, 2005), vi, 53.

② Buzzi and Buzzi, *Le vie di Milano*, 239-240.

③ Enrico Griffini, *Progetti e realizzazioni MCMXX-MCML* (Milan: Hoepli, 1952); Federico Bucci and Claudio Camonogara, “Griffini a Milano,” *Domus* 819, no. 15 (October 1999): 119-126.

④ Buzzi and Buzzi, *Le vie di Milano*, 182-183.

内大街。直到 18 世纪末，该地区都有许多本笃会（Benedictine）、奥古斯丁修会（Augustinian）等修女会的修道庵。但贵族家庭逐渐将它们驱赶出去，将宽敞的回廊院改为私家花园。在 19 世纪反抗奥地利政府的起义中，上层阶级起义军把总部设在蒙特纳波莱奥内大街上。不过，到了该世纪末，这条街已成为米兰奢侈品的消费中心，并且至今都是意大利甚至欧洲最著名、物价最高的一条购物街。

这个交叉口的第五条大街位于中间，名为克罗切罗萨（红十字）大街。它让人回想到米兰士兵在 12 世纪下半叶抵抗费代里科一世巴尔巴罗萨（Federico I Barbarossa）的战斗中所擎的旗帜，以及更近时期这条狭窄街道上曾经的一家小客栈的徽章和街道标志的白底红十字。直到二战之后，这条小道才被拓宽，以满足格里菲尼大楼的需要：办公楼、公寓和一座新电影院——首都电影院（Capitale Cinema）。后来电影院在 1984 年关闭。[①]

在这个高端街区竖立一座纪念碑，尤其是像罗西那样的作品，争论几乎是不可避免的。一个重要原因就是它不断暴露出争夺这个历史中心使用权和控制权的各种利益。这个广场和纪念碑的整体组织打破了周边地区中上层和贵族的伪装。罗西设计了一座朝向博尔戈诺沃大街一端高 8 米、长宽各 6 米的简洁立方体。

这个覆有灰色和粉色大理石的体块以多种方式呼应着库内奥的方案。体块三面封闭，第四面是一段宽敞而陡峭的台阶，通向带有青铜框的长方形洞口的观景平台。从这个洞口能眺望城市，甚至是几个街区以外的大教堂。在它背后，薄薄的一层水从一个带青铜框的三角形里流到下方的青铜格网中。罗西曾在威尼托的费尔特雷镇（Feltre）尝试过这种特殊的设计，只是那个喷泉方案未能实现。其中一些特征是费尔特雷和塞格拉泰的设计共有的：无装饰的白柱支撑着三角形的水道，一层细细的水从中流淌出来；后面则是台阶。不过在塞格拉泰的设计中，罗西去掉了侧面的座位。

在克罗切罗萨大街的材料上，罗西为广场指定了一种特殊的铺地。这是用地铁建设时从米兰街道中挖出的玫瑰色花岗石方块制成的。六棵优美的桑树与 6 米高的路灯交替排列在纪念碑的侧道上，柱间穿插花岗石凳。米兰的传统在此比这个铺地更明显，因为这个立方体的大理石护壁出自大教堂大理石的采石场，并且

---

① Buzzi and Buzzi, *Le vie di Milano*, 121.

桑树是伦巴第的典型树种。这些枝繁叶茂的大树会长到 12~15 米，只是数量越来越少。桑树会随四季变换色彩——从冬天突兀的棕色枝干，到春天亮绿色的树叶，再到夏末秋初的深绿色。在这大自然的馈赠之外，罗西成功地将那微妙而丰富的色彩与深绿色的路灯、浅粉红色的铺地、青铜工字梁及灰色和粉色的大理石板融为一体，营造出一种极其华丽的视觉纹理。

最令布雷拉区的善良市民（尤其是乔治·阿玛尼）烦恼的是，长凳、树荫和台阶会引来各种各样的麻烦——从四处找冰激凌吃，到看报纸、见朋友，从夏天晒太阳，到与朋友们四处嬉戏——更不用说即兴足球大混战。更糟糕的是，他们担心这个广场会被吸毒者占据。① 正如月光吸引着海潮，广场将原本不受这个城区欢迎的人群引来——从外来移民到喧闹的少年。这片宁静的绿洲两侧嘈杂的快速交通也因此惹怒了当地的店主。昂贵商店里的高消费几乎不会将游客引到广场中来，而从商人的逻辑看，如果不买东西他们就不该到那里去。在城里的这个地方，原本罕见的台阶和长凳让阿玛尼这样的商户尤为恼火，它甚至答应出钱把它挪到远处去。② 罗西的项目建成之后，便可在米兰高端的曼佐尼和布雷拉街区驻足徘徊，而再不用到餐厅或商店去消费。那只会将街区的使用者局限在极少数有钱人上。罗西的台阶和长凳是供所有人免费使用的，它们完全打破了经济的门槛。此后数十年间，商人不遗余力地将奢侈品店之外的一切排除出去，但在本书写作时还有三个店铺幸免——一家蔬菜水果店、一家熟食店和一家食品杂货店，以及这座纪念碑。简言之，罗西的广场恰恰将长久以来被挤走的人群带了回来，并为所有人提供了舒适的座椅和树荫。毫无意外的是，关于审美的意见是掩盖反对者唯利是图、歧视性嘴脸的面具。

商人们为这个广场提出了一个替代方案：设一个喷泉和三棵树，不要可以坐人的长凳或楼梯。但这个方案从未得到市政府的关注。随后商人对罗西方案的

---

① Gian Antonio Stella, "'Via il monumento a Pertini': La provocazione di Armani che fa discutere il Quadrilatero," *Corriere della Sera*, 10 April 2009, 6. 另见 Giovanni Maria Pace, "Rossi premiato Rossi contestato," *La Repubblica*, 22 April 1990, http://ricerca.repubblica.it/repubblica/archivio/repubblica/1990/04/22/rossi-premiato-rossi-contestato.html, 2018 年 7 月 13 日访问。

② "I socialisti difendono 'il cubo' di Pertini," *Corriere dell a Sera*, 30 November 2011, http://milano.corriere.it/notizie/cronaca/11_novembre_30/socialisti-presidio-monumento-pertini-1902371405662.shtml, 2018 年 7 月 13 日访问。

方方面面发起了攻击，并竖立了禁止攀爬台阶的标志数年之久。由于街道居民对溅水的问题抱怨不停，市政府要求罗西增加一个大青铜箱，收集从喷泉里流出的水。他们绞尽脑汁不让人在广场里游荡，最终徒劳无果。显而易见的是，这个广场设计将许多问题摆到了桌面上：谁是城市的主人？谁控制着公共空间？什么因素会导致冲突？而尤为重要的是，能否创造出一种环境，去抵抗资本意欲将城市改造成纯粹的消费中心、让每一次邂逅都变成商机的强大力量。尽管对这个纪念碑设计的许多意见都是关于审美的，从总体上看，它们也不过是一种潜在渴望的托词——避免让空间为所有人使用，而仅为最富有的消费者服务，并在现实中让已经处在边缘的人更加边缘化。

米兰的商人、企业巨头和上层要将其他群体从城市中一扫而光的意图，针对的不仅是佩尔蒂尼纪念碑。在米兰维托里奥・埃马努埃莱二世拱廊的一家店面经营 20 年后，麦当劳一家大获成功的快餐店在 2012 年续租时被拒绝。最后市政府将它赶出了拱廊，并以第二家普拉达店（Prada）取而代之。[①] 不论人们对麦当劳的评价如何，这座城市没有用一家不同的或更好的汉堡连锁店取代它，而是一家极为昂贵的时尚品店。这就让我们彻底看清了官员们认为谁有权留在城市中。拱廊并不属于一家私企；从一开始它就是城市的财产。这个名义上的左翼政府被认为代表着城市的全体居民，而不是某些奢侈品的企业巨头。城市的官员选择用昂贵的时尚品牌取代廉价的快餐。尽管成衣商户阿玛尼一再坚持迁走或拆除佩尔蒂尼纪念碑，但它屹立至今，而其中的原因仍是个谜。

罗西对这种方案的政治意义是承认的：在他看来，公共空间应当向每一个人敞开，毫无保留。他常常会讲圣嘉禄・鲍荣茂（San Carlo Borromeo）的故事——这位教士屡屡禁止在大教堂赌博和嫖娼，却总不成功。[②] 鲍荣茂在 16 世纪末的失利不亚于后来政治家在 20 世纪末的遭遇，罗西不无讽刺地写道。我们的社会错综复杂，处处有难以简单归类的个人和群体。他认为："政治是至关重要的，并且

---

① Eric Sylvers, "McDonald's Sues over Milan Eviction," *Financial Times International*, 16 October 2012, 11.

② 在罗西讲的版本中，女性是妓女，而圣嘉禄传记中的证据表明这位教士指的是情妇；将她们称为妓女则使论述更加有力。Giovanni Pietro Giussano, *Vita di S. Carlo Borromeo* (Naples: Stamperia Arcivescovile, 1855), 1: 71-75.

是决定性的。政治带来选择。”[①] 在佩尔蒂尼纪念碑上，罗西的选择是设计一个对所有人开放的构筑物，而没有功能或明确的目的。这是一个属于集体记忆的地方，人们在这里可以自己去探索和体验，并以此构成未来的集体记忆。那么“集体记忆”对罗西而言意味着什么？

库内奥、塞格拉泰与集体记忆

在之前的皮埃蒙特大区的库内奥纪念碑（1962）和米兰外的塞格拉泰纪念碑（1965）两个设计中，罗西面对的是记忆的不同方面。一战后，全意大利的城市和乡村都为在战争中牺牲的将士建造了纪念碑；二战后，意大利各城市常常竖立相似的纪念碑，以表彰为抵抗国内墨索里尼（Mussolini）的法西斯萨罗共和国（Republic of Salo）和纳粹德国军队而战的游击队员，而不是墨索里尼军队中的士兵。纳粹为报复游击队，在意大利摧毁了许多村镇，而第一座就是距离库内奥 7 千米的博韦斯村（Boves）。时间是 1943 年 9 月 19 日，就在意大利无条件投降并加入盟军之后的几天。库内奥项目表达了意大利在后来的 18 个月中抵抗纳粹法西斯主义，以及纳粹法西斯主义者疯狂报复的主题——从臭名昭著的党卫军（Schutzstaffel，SS）诱骗博韦斯村牧师接收被游击队俘虏的德国士兵的欺诈伎俩，到放火烧村（包括杀害许多平民和两位牧师）的罪行。纳粹 1943 年的第二轮“焦土”袭击摧毁了许多遗留建筑，并屠杀了更多的人。

库内奥反抗军纪念碑竞赛指定的地段既不在城市里，也不在博韦斯村，而是在库内奥郊区的一座公园里。而 1965 年的塞格拉泰竞赛征集的是市政广场（Piazza Ugo La Malfa）的改造方案，以及一座纪念二战游击队员的新纪念碑方案。罗西的塞格拉泰获奖方案（与卢卡·梅达合作）借鉴了之前库内奥落选的竞赛方案，但也有明显的差异。在这两个方案的深化设计阶段，罗西同时在对第一版意大利文《城市建筑学》进行最终润色，这也推动着他对城市和纪念碑以及一个具体设计中的实际问题的思考。

在库内奥的设计上，罗西开始探索在他书中已经成形的纪念建筑思想，只

---

① Rossi, *Architecture of the City*, 161-162; 原文在此做了强调。

不过此时是通过一个真实地段的项目来探索。库内奥竞赛从19年前令公众和设计师记忆犹新的一场悲剧展开。[①] 地段位于库内奥东部边缘，靠近杰索河（Gesso River），在一个纪念反抗军的林地公园里。事实上，这座纪念碑无法成为让各类活动自发生长的动力——尽管罗西希望纪念碑能在城市中发挥这种作用——但在一个公园的环境中，它不会给周边带来负面影响。虽然竞赛没有特别要求表现博韦斯村惨案，但那在罗西看来是设计的指导理念。与诸多设计一战纪念碑的意大利建筑师一样，罗西选择通过隐喻来表达纪念碑的意义及其所代表的事件，并在两个方案中都借鉴了早期的纪念碑和所纪念事件的细节。

这种微妙的平衡体现在一个立方体的方案上。它立在一个低矮的台座上，内部的台阶通向一个露天平台，从上面可以眺望博韦斯村。这个看似简单的方案内含十分丰富。对于罗西，为纪念在一战中战斗过和阵亡的意大利士兵而建的最重要、意义最深刻的纪念碑，一直是乔瓦尼·格雷皮（Giovanni Greppi）在戈里齐亚（Gorizia）附近的雷迪普利亚（Redipuglia）建造的那座（1938，图3.3）。[②] 这座不同凡响的纪念碑由塞布西山（Mont Sei Busi）西侧高大的露天台阶构成，并通向顶峰的三尊十字架。十万名在附近牺牲的士兵姓名被刻在台阶的立板上，瞬间便勾起人们对在一场愚蠢透顶而毁天灭地的战争中牺牲的青年的痛苦记忆。在库内奥，惨遭纳粹党卫军戕杀的平民和两位牧师以及反法西斯游击队员将名垂青史，并暗含了意大利在战争结束前19个月内同遭屠戮的其他乡镇和人。把台阶围合起来，让人们把目光聚焦在唯一的外部景观——远处东南方的博韦斯公社上，将恰好成为对它的纪念。罗西没有将立方体放在小镇道路的轴线上，而是正好对着博韦斯村的景观，则更突出了这一点。

罗西从朱塞佩·泰拉尼的罗伯托·萨尔法蒂（Roberto Sarfatti）纪念碑（1935，图3.4）找到了第二个灵感。那是由一道窄台阶串联的一系列巨大体块。[③]

---

① 罗西同大学同学詹努戈·波莱塞罗及卢卡·梅达合作提交了竞赛方案；他的两个伙伴和其他人都将主要的设计归功于罗西。梅达作为罗西长久以来的至交，提出以立方体为出发点。

② 私人通信，1984年6月。

③ 玛加丽塔·萨尔法蒂（Margarita Sarfatti）委托设计了纪念她在一战期间牺牲的弟弟罗伯托的埃谢勒关口（Col d’Echele）纪念碑。关于这座纪念碑的出版物是 Giorgio Ciucci, ed., *Giuseppe Terragni: Opera completa* (Milan: Electa, 1996), 445.

罗西和朋友们对两次世界大战间隔期间一些意大利理性主义建筑师的作品欣赏有加，尤其是泰拉尼（1904—1943）的作品。他的萨尔法蒂纪念碑位于维琴察以北，在距离巴萨诺-德尔格拉帕市（Bassano del Grappa）不远的阿夏戈（Asiago），并在20世纪60年代的出版物中得到了充分展示。它的平面基本上呈早期基督教的巴西利卡式，侧边的耳堂与围合起来的台阶通向祭坛状的建筑物，并让人联想到萨尔法蒂为抢占山头而牺牲的壮烈。这两个灵感都体现出泰拉尼作为坚定的法西斯主义者的狂热，以及他同样深刻的天主教信仰。在罗西看来，泰拉尼提出的并非抽象的理性主义之作，而是一种“具体的、历史的理性主义”，并通过对本地材料和传统的重视，为枯燥而抽象的现代主义提出了一条罕见的替代之路。[①]

尽管如此，罗西并不需要从这些近期的纪念碑上寻找灵感。一系列具体地点和历史记忆的复杂关联构成了罗马共和国时期，甚至古希腊以来的意大利文化的大部分基础。古希腊人认为对具体地点事件的记忆会保存在场地本身，只待来访者的出现再重见天日。在这些古代文化中，人们甚至具备了通过提及的位置来回忆演说内容的能力。[②]我们不再使用相同的方法，但我们每次拜访古战场、名人故居，或是像华盛顿特区越战纪念碑（Vietnam Veterans Memorial）那样的纪念物时，都会认可遗址的这种作用。通过对历史的想象重现，我们会唤醒对那些久远事件的记忆，将它们带到今日。[③]罗西在库内奥的构思是通过建筑、台阶和观景平台对并不久远的过去进行思考。

罗西的方案与最终建成的结果有着天壤之别。知名雕刻家翁贝托·马斯特罗扬尼的获奖方案成为公园中高度抽象的传统作品。[④]它由一个相互交错的钢杆

---

① Rossi, *QA*, Book 10, 22 January 1972.

② 据说古希腊诗人、塞奥斯（Ceos）的西莫尼季斯（Simonides）开创了记忆的艺术；在一个耳熟能详的故事中，他被请到一场宴会上，背诵自己的诗文。当他离开去见来访的某人时，建筑塌了。在后来尝试辨别被砸毁的遗体时，西莫尼季斯通过回忆人们坐在桌边的次序将遇难者辨认出来。西塞罗（Cicero）和昆体良都对这个典故有所记述；Cicero, *De Oratore*, Ⅱ, lxxxvi; Quintilian, *Institutio Oratorio*, Ⅺ, ll.

③ Mieke Bal, *Acts of Memory: Cultural Recall in the Present* (Hanover, N.H.: University Press of New England, 1999); Simon Schama, *Landscape and Memory* (New York: Alfred A. Knopf, 1995); Frances Amelia Yates, *The Art of Memory* (Chicago: University of Chicago Press, 1974).

④ 评委将一等奖授予阿尔多·卡洛（Aldo Calo）和马里奥·马涅里·埃利亚（Mario Manieri Elia）的方案，但城市政府决定放弃竞赛规则中对建筑的强调，转向更具雕刻性的纪念碑。于是1964年选中了马斯特罗扬尼的设计。

格网构成。钢杆支撑着一堆模仿晶体爆炸状态的青铜楔子。马斯特罗扬尼将这个雕塑设计成一种要远观的作品，并唤起人的钦佩之感。在此，将丹尼尔·李布斯金用柏林犹太博物馆纪念大屠杀的手法，与罗西的库内奥、塞格拉泰和米兰三座纪念碑进行对比，也会给我们带来一些启发。作为柏林博物馆的扩建部分，犹太博物馆在 1989 年被设计成一座外覆锌-钛板的锯齿形建筑［采用了史学家库尔特·福斯特（Kurt W. Forster）建议的破碎大卫之星（Star of David）平面］，上面穿插着不规则、看似无序的洞口和裂缝。[①] 李布斯金通过在地图上点中显然是随机选出的柏林显赫人物的地址，绘出了建筑和窗洞口的轨迹等线条。建筑内被称为“虚空”（Void）的洞口出自两条轴线（一条直线、一条锯齿线）的交叉点，但没有其他明显的理由。这些虚空从地面延伸到天花板，其间穿插着各种各样的桥，但缺少空调和采暖。游客解说的内容是，李布斯金希望这些虚空表达出柏林在驱逐犹太人之后在现实中的空虚。其他文字则描述了建筑的各种特征，包括三条轴线——流亡之轴（Axis of Exile）、大屠杀之轴（Axis of Holocaust）和延续之轴（Axis of Continuity）——以象征柏林犹太人的经历。[②]

经过这一切后，设计让观众由一条单向路径穿过建筑，去感受炽热、冰冷、黑暗、死路、茫然迷失等可能让人产生分裂感的时刻。在室外，一座怡人的花园坐落在陡坡之上，却让人恰恰无法抵达，也就无法近观。精心策划的动线让人从一连串排列紧凑、精心布置的场景中穿过，并以此触发特定的情绪。这一切以怪诞的方式让人想起迪士尼乐园的加勒比海盗之旅：游客坐在滑轨的小船上，无论是否情愿，都要体验一次从瀑布猛然坠落的惊心一幕，然后在其他地方遭遇各种险情。一系列手法让这场历险中令人毛骨悚然的氛围更加恐怖——前方灾难的警告、关于暗处有邪恶海盗出没的标志，以及昏暗压抑、危机四伏的场景……正如李布斯金的虚空和三条轴线在诱导观众去体验某些特定的情绪，加勒比海盗船也

① 在 1989 年竞赛结果公布不久前，库尔特·福斯特告诉笔者，他为李布斯金的方案提出了破碎的大卫之星母题，李布斯金即刻欣然接受。而据笔者所知，李布斯金对福斯特的贡献只字未提。

② Peter Chametzky, “Not What We Expected: The Jewish Museum Berlin in Practice,” *Museum and Society 6*, no. 3 (November 2008): 216-245; James E. Young, *The Texture of Memory: Holocaust Memorials and Meaning* (New Haven: Yale University Press, 1993); Young, “Daniel Libeskind’s Jewish Museum in Berlin: The Uncanny Arts of Memorial Architecture,” *At Memory’s Edge: After-Images of the Holocaust in Contemporary Art and Architecture* (New Haven: Yale University Press, 2000), 152-183.

从死人湾中穿过。

那是一条黑暗恐怖的隧道：普埃尔托·杜埃尔托（Puerto Duerto）在这里被海盗洗劫，哭泣的妇女被卖给出价最高的人，种种险恶的场景层出不穷。[①] 当然，这种海盗船是对真实体验的一种夸张，就像犹太博物馆。在李布斯金的项目和海盗船这两个例子中，游人都必须遵从一个精心设计、具有专断色彩的策划，其手段只能说是一种愚钝的摆布。在这里，空间序列经过仔细的调整产生了惊慌、迷茫和不安的感受——后者是游戏，而前者不是。不论人们对李布斯金的博物馆那样压抑的控制观众感受的手法做何感想，它都与罗西的库内奥、塞格拉泰和米兰纪念碑给人的感受有着天壤之别。[②]

罗西为拜访者设想的体验与李布斯金和迪士尼的截然不同。库内奥的白色石面立方体是一种载体、一种介质，引导拜访者进入沉思，让人从纪念碑中去体会：站在平台之上，眺望发生惨案的远方。为拜访者做的唯一设计是在登台阶时细致入微的点睛之笔——从黑暗中穿过后豁然开朗，来到洒满阳光的露天空间。罗西希望它高于四周，供人眺望远在公园和杰索河之外的博韦斯村，并在必要时思考它所纪念的事件及其意义。在雷迪普利亚一战士兵纪念碑上，格雷皮通过刻在台阶上的 10 万名士兵的姓名，以及中间反复出现的点名答“到”，展示了个人和集体的记忆。罗西的方案以不同的方式唤回了集体和个人的记忆——让每位拜访者从紧紧包围、渐渐收窄的台阶，进入观景台上高度私密的独特时刻，而这也可以成为强烈的集体记忆的场地。同年，罗西和梅达还为米兰提出了一个在浅池中间设置立方体喷泉的方案，并采用了与库内奥相同的简洁几何形体，尽管略有调整。[③] 这个立方体四面墙中的三面都有水幕流入基座下方的水渠，再加上露天平台处仰望天空的视野，共同唤起了人对大自然的韵律、岁月的流逝，以及一生中的喜怒哀乐与起伏跌宕的沉思。[④]

---

① Jason Surrell, *Pirates of the Caribbean: From the Magic Kingdom to the Movies* (New York: Disney, 2005).

② 巧合的是，加勒比海盗船是罗西的最爱；对他来说，去迪士尼乐园不玩上至少两圈是不可能的。

③ Aldo Rossi and Luca Meda, “Fontana monumentale net centro direzionale di Milano,” *Casabella-continuita* 276 (June 1963): 43-45. 同一期也在封面上展示了库内奥的项目，其中还有一篇关于它的文章。

④ Rossi, “Il concetto di tradizione nell’architettura neoclassica Milanese,” *Societa* 12, no. 3 (1956): 486.

尽管团队没有在库内奥竞赛中胜出，这个方案却成了罗西设计的一个标志，将他对记忆、纪念碑和个人经历的思考凝结在一起，并预示着将来更加丰富、更为复杂的发展。有两个最重要的建筑特征延续到后来的项目上——高墙围合的台阶与露天观景台。在设计库内奥和塞格拉泰纪念碑的同时，他也在写自己的第一本著作。这形成了他在未来数年中思想的发展轨迹。当罗西和团队设计第一个竞赛方案时，他也在修改这本书的最终稿，而这成了理解他的思想在 1962 至 1965 年走向成熟的关键。这本将矛头直指现代运动在建筑领域霸权的书，批判了 20 世纪中叶欧美的主流建筑和城市理论，并提出了理解城市和建筑的不同方法。在他考虑的诸多问题中，有一个是关于纪念碑及其特征、价值和对群体作用的。对于罗西，纪念碑表达的是某一群体的集体记忆，并因此构成了当下与该群体的过去的重要联系。

在兼顾著作和库内奥项目的过程中，罗西反复斟酌纪念碑的多种含义。他从莫里斯·阿尔布瓦克斯 1945 年（逝世后）的著作《论集体记忆》中受益匪浅。[①]阿尔布瓦克斯认为，他所称的集体记忆同所有记忆一样，出自群体中人际关系的相互作用。群体将个人的记忆汇集起来，构成了一整个集体记忆——使每个成员都会保留关于那段历史及各个事件的独特观点。集体记忆是一个群体所独有的，并不断塑造和改变着群体的共同经验。阿尔布瓦克斯继承了他的导师亨利·贝格松（Henri Bergson）关于记忆的主观起源的理论，也没有彻底反对埃米尔·涂尔干（Emile Durkheim）的观点。对于涂尔干，社会在集体记忆的形成中的作用远远超过了前者的主观主义论点。[②]阿尔布瓦克斯所指的是群体，而非更模糊的“社会”。这在一定程度上驳斥了涂尔干理论中忽视主观性的作用，甚至是其在群体记忆形成中的作用的观点。而对于罗西，阿尔布瓦克斯的集体记忆概念是一个群体委托设计或维护的每座纪念碑的基础——每一座都是由群体和个人的无数记忆

---

① 关于他对阿尔布瓦克斯集体记忆理论的分析，见 Rossi, *Architecture of the City*, 130-156. Maurice Halbwachs, *On Collective Memory*, ed. and trans. Lewis A. Coser (Chicago: University of Chicago Press, 1992); Halbwachs, *La memoire collective*, ed. Gerard Namer (Paris: Albin Michel, 1994).

② Barbara A. Misztal, “Durkheim on Collective Memory,” *Journal of Classical Sociology* 3, no. 2 (July 2003): 123-143; Emile Durkheim, *The Elementary Forms of the Religious Life*, ed. Mark S. Cladis, trans. Carol Cosman (Ox ford: Oxford University Press, 2008 [1912]). Henri Bergson, *Matter and Memory*, trans. N. M. Paul and W. S. Palmer (New York: Zone, 1991 [1896]).

构成的。同时，集体记忆也不会因纪念碑的竖立而终结。

阿尔布瓦克斯书中论述空间和集体记忆的一章尤其令罗西感兴趣。这位社会学家写道："群体对于其外部环境的意象及其与这一环境的稳定关系，在它以自身构成的观念中是至关重要的，并渗透在其意识的每个要素中，调节和引导着它的发展。"[①] 这种环境是如何形成的，纪念碑在这一过程中是如何出现的，以及它在一座特定城市中如何发挥作用，这一切都吸引着罗西。关于城市的建筑、市政厅墙上的标志，罗西写道，"它的灵魂、它的特征、它的记忆，成了这座城市的历史"。[②] 这些形式在罗西看来绝不是孤立的：它们在特定的场所中形成，每处都有自己独特的历史和集体记忆。在1965年给同事和朋友保罗·切卡雷利写信时，罗西认为"场所精神"（genius loci）犹如天主教堂的空间。"普世空间被比作诸圣的会聚；（其空间）是无差别的。但圣殿、朝圣地是对空间具体、可辨识的认可，即使它们与（普世）教堂的空间毫无关系。"[③]

从阿尔布瓦克斯那里，他认识到当人群进入一个空间时，他们在同时改造和适应它。继而，它的外部环境及其所保存的关系形成了群体为自己保留的意象。城市因此以物和场所承载着多个民族的集体记忆。罗西将其称为城市的场所，再加上建筑、历史和罗西所称的永存物，构成了一座城市作为人造之物、城市艺术品（urban artifact）最具冲击力的诸多特征。罗西的永存物指的是在城市历史沿革中保持不变的那些特征，比如街道、总体布局以及各类历史建筑单体。所有这些都可以成为具有推动力的，或积极或消极的力量。[④] 在这一类型中，罗西加入了纪念碑，而记忆对于一个群体是最关键的统合因素。建筑的纪念碑既超越了艺术品，又与之不同。因为艺术是仅为自身而存在的，但纪念碑是有感情的、永远同城市联系在一起的。"它应当为人们带来庆祝活动，"罗西在1956年写道，

---

① Halbwachs, *On Collective Memory*, ch. 4, 130.

② Rossi, *Architecture of the City*, 130.

③ "Penso allo spazio della chiesa Cattolica. Lo spazio universale e definito come la comunione dei Santi; esso e del tutto indifferenziato. Ma i santuari, i luoghi di pellegrinaggio sono delle eccezioni particolari dello spazio, ricopernoscibili anche se non hanno nulla a che vedere con lo spazio della chiesa." 罗西致保罗·切卡雷利信草稿 , 2 January 1965. ARP, Box 6/68, 58.

④ 同上，57-61.

“以及深刻的回忆和对七情六欲的理解。”[1] 这就是“典型性（paradigmatic）的建筑表达”。[2]

当市政官员启动塞格拉泰设计竞赛时，距离战争结束已有20年。在这20年里，饱受摧残的城市将轰炸后的碎砖断瓦清理出去。无数家庭在痛失亲人之后开始新的生活。塞格拉泰是米兰东部边缘一个仅有3.3万人的小镇。它的起源已淹没在历史的长河中，但可能至少要追溯到公元前3世纪末的高卢战争（Gallic Wars）之后。到了20世纪初，这座小镇仍是一个农业中心，今天基本上已是米兰的后花园。1965年，意大利的经济奇迹（Economic Miracle）依然推动着工业化与发展，而塞格拉泰正处在建设浪潮的鼎盛时期。[3]

这个广场和意大利游击队纪念碑的竞赛给了罗西第二个机会去深化他关于纪念碑和集体记忆的观点。这一次是在由他的大学朋友圭多·卡内拉带领的团队设计的新市政厅（1963—1966，今为镇图书馆）对面的地段上。[4] 在塞格拉泰，这座纪念碑将成为市政厅旁改造一新的广场的主要装饰物，并且每天提醒着人们勿要忘记那并不遥远的过去。竞赛规则要求不得唤起对作为“附带伤害”牺牲的平民的记忆，不得突出朝向可耻的纳粹战争罪行地的视线。塞格拉泰的任务书只要求纪念在意大利各地抵抗纳粹—法西斯主义的游击队员——这一点以及该地段在未来的居住区中并无特殊历史价值给了罗西新的挑战。在某种意义上，这座广场和纪念碑也要同新的市政厅［朱塞佩·韦尔迪（Giuseppe Verdi）市民中心］构成一种对话，而其中的挑战在于它别具一格的造型。它大致呈圆形，平面像一个带腔室的鹦鹉螺（nautilus）。入口有一个长方形体块，斜对着为新广场和纪念碑腾出的空间。圆柱体部分的大尺寸窗洞口由两到四根一组的不规则水泥柱标示出来。

---

① Rossi, “Il concetto di tradizione nell’architettura neoclassica Milanese,” 486.

② 罗西对佛朗哥·布齐（Franco Buzzi）纪念碑的说明，打字稿，January 1955, 1. ARP, Box 6/64.

③ Vera Zamagni, *The Economic History of Italy, 1860-1990* (Oxford: Clarendon, 1993); Jon Cohen and Giovanni Federico, *The Growth of the Italian Economy, 1820-1960* (Cambridge: Cambridge University Press, 2001); John Foot, *Modern Italy* (New York: Palgrave Macmillan, 2003), 尤见第3章。

④ 这座图书馆位于塞格拉泰的4月25日大街（Via XXV Aprile）；圭多·卡内拉带队，同米凯莱·阿基利（Michele Achilli）、达妮埃莱·布里吉迪尼（Daniele Brigidini）和劳拉·拉扎里（Laura Lazzari）设计了这座建筑。卡内拉和阿基利从2003年到2009年对其进行了翻修，尽管后来最终的改造没有按照他们的方案进行。这招来许多建筑师的非议，他们认为不应改变卡内拉的建筑设计。

一根巨大的立柱规规矩矩地设在入口立面处。

市政厅的建筑语言既不是现代主义的，又没有历史化的手法，而是从一种形式理念中生成的——那很可能与二战后由布鲁诺·泽维引入意大利的有机建筑运动有关。这使它从周围大多投机性的普通住宅中脱颖而出。[①] 罗西要完成一个独立于这座市政厅的设计，并拥有独一无二的突出形象和力量。他做到了。

尽管在今天难以想象，游击队纪念碑在建成时却是屹立在一片旷野中间的，只有几座老农房和这座新的市政厅为伴。高大的新建筑多年未成，因此罗西要为纪念碑设想一个未来。他提出用一道设有许多门洞的墙（未建成）环绕广场，将它与附近的旷野隔开。他用树木、通向市政厅的低台阶，以及立在方形基座上的圆柱体片段将场地围合起来，并将这些片段称为“其他建筑的碎片”。他为进入广场的台阶选择了水泥，而铺地使用了红色的斑岩卵石，从而使之符合意大利半岛斑岩纪念碑的悠久传统。老普林尼（Pliny the Elder）记述了罗马帝国斑岩的埃及起源；罗马人认为它是最坚硬的石材，尤其适合纪念碑，特别是历史人物胸像上的衣装。[②] 在塞格拉泰，纪念碑的主体由一个台座和喷泉组成，这又是一个看似简单的方案。高高的混凝土墙围着狭窄的楼梯。一个看似与台座脱开的三角形伸向一根立在矮座上的白色圆柱。透过这个开敞的三角形，人们看到的不是乡野，也不是市政厅，而是它前面的住宅楼。这仿佛是在向各种普通人致以无声的敬意——抵抗纳粹—法西斯主义的游击队正是由他们组成的。关于这个三角形，罗西写道：“是一种作为形式的永恒元素。在这个构成中它本质上是一条水渠、一个有顶的通道、一个悬挑出来的连接，大致是一个三角形山花。”[③] 罗西将这座纪念碑描述为一台机器，因为从圆柱体和三角形元素中流出的薄薄一层水会汇入一条

---

① 二战期间到美国避难的布鲁诺·泽维在回到意大利后，对可以追溯到路易斯·沙利文和弗兰克·劳埃德·赖特（Frank Lloyd Wright）的有机建筑传统产生了浓厚的兴趣。1939 年赖特重新提出有机建筑理论之后，泽维又大加赞赏，并出版了鼓吹这一思想的专著。Bruno Zevi, *Towards an Organic Architecture* (London: Faber, 1950)；引用赖特的话在第 66 页。

② Pliny the Elder, *Natural History* (Cambridge, Mass.: Harvard University Press, Loeb Classical Library, 1938), Book XXXVI, 44-45. 普林尼发现全部由斑岩制成的雕像并不受欢迎，后来的衣装和基座常常由斑岩制成。

③ “...triangolo elemento permanente come forma e nella composizione sostanzialmente un canale, passaggio coperto, collegamento a sbalzo, valo di timpani.” Rossi, *QA*, Book 7, 30 May 1971.

与纪念碑垂直的水泥渠道。圆柱体和三角形水渠涂明亮有光泽的白色，其余部分则是无色混凝土。

罗西多次将这个方案描述为一种局部和片段的组合、一台建筑的机器、一种阴影的建筑。在探讨这些概念的含义时，罗西参考了多种资料。他借鉴了乔治·德基里科（Giorgio de Chirico）《意大利广场》（*Piazze d'Italia*）的玄妙组画——它们经常被描述为神秘与忧郁的表达。罗西很早就在他的一些画中加入了高塔或烟囱。其中一座高塔其实是他在向德基里科致敬，因为那与《意大利广场》组画里的高塔颇为相似。[①] 不过，这一致敬也止于高塔。因为，虽然德基里科的画的确构成了罗西视觉素材的一部分，但马里奥·西罗尼的米兰工业郊区画才给了他更大的影响。这座城市的边缘空无一人，却有大量远离这座城市建筑传统的实用性现代建筑，而它的不断扩张成了一个重大挑战。对此，罗西最早在他关于社会主义城市和不断拓展的大都市的出版物中有所讨论。[②] 尽管如此，画布上艺术作品的图像仅仅构成了他视觉素材库的一小部分；而罗西主要的灵感则来自其他地方。

由局部、片段和碎片组成的这座纪念碑和广场有意借鉴了其他的广场和建筑。位于市政厅与纪念碑之间的柱子碎片，同斑岩铺地一道，让人回想起这座小镇久远的罗马起源，以及其他几乎被遗忘的建筑；而它们只需一点想象力就能获得重生。罗西对耻辱柱（colonne infame）的丰富历史有所了解：被判犯违约罪或重罪的人会在那里接受严惩。作为一种给罪犯留下千古骂名的惩罚，政府会没收并拆毁他们的房子，并用一根刻有他们罪行的柱子取而代之。耻辱柱出现在亚历山德罗·曼佐尼的小说《约婚夫妇》附录“耻辱柱的历史”（Storia della Colonna infame，1840）所讲述的故事里。在空无一屋的孤独中，这种柱子会让市民明白其中的原委——即便人们读不懂铭文。[③] 当纪念碑缺少形象时，比如塞格拉泰纪念碑和华盛顿越战纪念碑，很多理论家认为这会比有形象的纪念碑更能唤起对所

---

① “...triangolo elemento permanente come forma e nella composizione sostanzialmente un canale, passaggio coperto, collegamento a sbalzo, valo di timpani.” Rossi, *QA*, Book 7, 30 May 1971.

② 例如，见同波莱塞罗和弗朗切斯科·滕托里（Francesco Tentori）发表的文章“Il problema della periferia nella citta moderna,” *Casabella-continuita* 244 (July 1960): 39-55.

③ 在杀害蒙扎（Monza）修女的焦万·保罗·奥西奥（Giovan Paolo Osio）的耻辱柱以外，意大利还有许多城市保留着它们，比如维琴察、巴里、米兰和热那亚。

纪念的事件或人物的想象。[①] 对于罗西，在理性和逻辑止步的地方，他心中的崇高理性主义即将让想象力腾飞。那些一目了然的柱子意在让观者补全缺失的部分，并通过它们在想象中唤起一系列关联和记忆。广场中的每座建筑也是如此：我们相信自己能够想象出来的东西，罗西则让我们这些观者去尽情想象。他经常会提到安德烈·布雷东（Andre Breton）对想象力毫无宽恕的讽刺致敬。[②]

圆柱体、三角形、正方形、圆形、柱廊——这些最基本的建筑形式被罗西用在这座纪念碑上，但他绝没有以此作为向古代建筑的回归，或是某种残余的纯粹主义冲动。罗西设想的建筑含义要广泛、开放得多，而这也解释了为何同其他作品草率的形式化对比，是绝对无助于揭开罗西思想丰富性的。在关于他设计中基本形式的草图的注释中，他指出圆形或圆柱体代表无穷（infinity），这是一切的基础。三角形代表着固定不变的自然法则，所有其他形式都是由此衍生出来的。两个三角形可以拼出正方形，无数个三角形将创造出无穷无尽的变化，甚至最终形成人。[③] 在塞格拉泰纪念碑的最初方案中，三角形和水渠的亮白光面凸显出它们的独特性——水在这里无尽流淌，而三角形、圆柱体和台座这三种形式投出罗西心仪的阴影。在意大利的广场中，他写道，阴影属于建筑；事实上，他甚至在设计的过程中就预见到这些阴影。对于德基里科绘画中固定、静态的阴影，罗西以展示岁月流逝与四季变换的阴影概念与之呼应：它们充满动态又富有表现力，代表着生成（becoming），一种仍在形成、尚未确定的未来。[④]

在完成塞格拉泰方案后几年时间里，罗西途经加利西亚（Galicia）到西班牙北部旅行。在那里，他对圣地亚哥-德孔波斯特拉的圣克拉拉教堂（图 3.5，图 7.1）的巴洛克立面惊叹不已。[⑤] 他感到立面顶部巨大的圆柱体尤为突出。罗西描述了各

---

① Jas Elsner, “Iconoclasm and the Preservation of Memory,” 载于 Robert S. Nelson and Margaret Olin, eds., *Monuments and Memory, Made and Unmade* (Chicago: University of Chicago Press, 2004), 209-232; Pierre Nora, *Realms of Memory: Rethinking the French Past*, vol. 1, ed. Lawrence D. Kritzman, trans. Arthur Goldhammer (New York: Columbia University Press, 1996).

② Rossi, *QA*, Book 2, 26 November 1968.

③ 同上，Book 6, 19 March 1971.

④ Alberto Ferlenga, ed., *Aldo Rossi: Architetture 1959-1987* (Milan: Electa, 1989), 33.

⑤ Rossi, *QA*, Book 6, 7 February 1971. 当他的书问世时，罗西已经抵达西班牙。但此时他是否已经到过圣地亚哥尚不确定。

种要素强大的向上动势，包括两侧作为中间圆柱体终点的较小圆柱体。尽管中间的圆柱体为水平状，它也接续了强大的力量。在早期项目对各种几何体与形式的探索中，比如斯坎迪奇市政厅和加拉拉泰塞住宅，他承认没有注意到这种潜力——包括向上的动势和各种形式的组合特性。这种圆柱体在塞格拉泰首次亮相后，多次出现在后来的项目中。他对这种形式的兴趣超过了任何结构或功能上的紧迫性。

关于纪念碑的思考

佩尔蒂尼纪念碑源于之前库内奥和塞格拉泰的两座纪念碑——设计它们的同时，罗西正在写《城市建筑学》。二十多年后，这座纪念碑概括并进一步阐明了他曾在库内奥和塞格拉泰的纪念碑，以及其间数年的其他项目中探讨过的一些主题——比如佩鲁贾的新市政大楼、博纳凡滕博物馆、布罗尼学校，甚至是加拉拉泰塞。关于他的设计思想和他各种灵感资源的线索频频见于他的图画和论述，其中最重要的一条就是他给部雷首部意大利语版《建筑艺术论》写的前言。部雷肃穆简洁的几何造型对罗西的吸引力并不在于那是去除了具体历史关联的艺术品，而是能启发人富有想象力的思考，并让意义随时间积累的简洁形式。在讨论部雷关于理性设计原则的一般作用的思想之后，罗西转向了设计如何形成的问题——从最初的火花到完成的作品。他提到了部雷的大都市图书馆设计，并从中看到理解设计及其含义的关键是追溯它难以言说的起源，“一种难以分析的情感基点；它从一开始就与这个主题结合在一起，并将在整个设计过程中不断生长”。[①] 部雷的出发点是对图书馆作为过去文化精神遗产的宝库的认识，罗西写道。在提出一种形式化的方案过程中，部雷将自己的设计同拉斐尔的梵蒂冈宫壁画《雅典学派》(*School of Athens*) 联系起来。这不仅是因为所描绘的宏大空间和生动人物，更是其所展现的登峰造极的技法。罗西由此思考了部雷对建筑的构成、技术、结构和风格等特征的运用。他没有否定这些因素的重要性，而是反复回归到难以分析却清晰地处在任何设计核心的最初情感基点。无论一个项目的理性特征多么有说服

---

① “All’origine del progetto vi e un punto di riferimento emozionale e che sfugge all ‘analisi; esso si associa al tema fin dall’ inizio e crescera con esso lungo tutta la progettazione.” Rossi, “Introduzione a Boullee,” 今载于 *Scritti scelti*, 329.

力、多么全面，对于阿尔多·罗西来说，单纯建立在这种基础上的设计永远是有所欠缺的。

“没有哪种艺术手法不是一部探求自我的传记……”罗西写道——他在努力解释艺术家如何发掘个体的、人性的、带有浓厚个人色彩的经验，即艺术家在创造一种技法（una tecnica）的过程中自身的经验。① 无疑，在罗西对部雷的解读中探讨这些内容时，他也在自己的设计过程中斟酌它们——不论是对一座建筑还是一幅图画。而他认为部雷关于阴影的思考尤具启发性。甚至早在大学时代，罗西就思考了纪念碑的意义：它要激发的情感——既是“深刻的回忆”，又是“对七情六欲的理解”。② 这有助于我们理解孕育出库内奥、塞格拉泰和克罗切罗萨大街这三个设计的“情感”或“精神”核心吗？在一定程度上，是的。例如频频见于他笔端的阴影，以及塞格拉泰和佩尔蒂尼纪念碑的灵动阴影。阴影，罗西写道，“会改变与现实的关系”。③ 它的意大利语 tempo 一词具有双重含义：既指时长，又指天气。阴影会显示广场里时间（tempo）的流逝，甚至是天气（tempo）的变化。这座广场和纪念碑在最根本的意义上是有生命的，与德基里科《意大利广场》中沉静的忧郁截然不同——的确，罗西直言不讳地反对那些提法：

> 出于这个原因，我不认为自己对寂静和寂静的建筑有兴趣——那是人们对我作品的评论。在这些高墙之内，在加拉拉泰塞的走道上，在庭院里，在所有这一切之中，我关注的是作为生活本身的这种喧闹（tumult）：在我看来，是我备好了它，又是我困惑不解地观察着将会发生的一切。④

例如，罗西对他人不能从佩尔蒂尼纪念碑中体会到欣喜而困惑。这无疑是因为他相信人们有能力想象到即将出现在他们的空间中，并给他们带去惊喜和快乐的生活和活动。在此之外还有那些个人的、探求自我的经历，对此他也曾多次论

---

① “Non esiste arte che non sia autobiografica,” Rossi, “Introduzione a Boullee,” 今载于 *Scritti scelti*, 331-332.

② Rossi, “Il concetto di tradizione nell’architettura neoclassica milanese.”

③ “Tutte le ombre disegnate alterano il rapporto con Ia realta.” Rossi, *QA*, Book 6, 7 February 1971.

④ “Per questo non credo di essere interessato al silenzio, all’architettura del silenzio, come spesso si dice. In queste pareti, nei ballatoi del Gallaratese, nei cortili in tutto sono attento a questo tumulto che e nella vita: mi sembra di prepararlo, di osservare perplesso tutto quello che accadra.” Rossi, *QA*, Book 15, 3 October 1973.

述。罗西最喜欢的诗人之一卡洛·波尔塔（Carlo Porta，1776—1821）在此提供了线索，让我们可以看到罗西是如何将纪念碑理解为植根于丰富多彩的日常事物之中的。[①] 波尔塔通过米兰方言诗和他对世间普通人的关注，表达出了19世纪初米兰的亲切感。对于罗西，这些不时悲伤、不时欢乐幽默的诗正合他在自己作品中对平凡和真实的重要意义的感知，尤其是塞格拉泰和米兰的纪念碑。

库内奥、塞格拉泰、佩尔蒂尼这三个项目都以一段台阶和观景平台为核心——纪念碑意义最重要、最直接的表达。除了雷迪普利亚纪念碑和泰拉尼的萨尔法蒂项目之外，主体为台阶的纪念碑并不多见，那么如何解释罗西决定用它作为延续近30年的项目方案？

罗西的图画揭开了其中的缘由，特别是包含阿罗纳的圣卡洛·博罗梅奥像（1614—1698）的那些。它被亲切地称为圣卡洛内（大圣卡洛，San Carlo），并从1968年起就出现在他的图画中，而在他的论述中则出现得更早。在孩童时代，罗西的阿姨就曾带他去参观这尊俯瞰意大利北部的马焦雷湖、高达35米（包括基座）的锻铜像。锻造成形的铜板用钉子和拉杆固定在一个由砖石和铁件构成的中空结构上，里面可以上人。伸出作祝福状的手臂需要复杂的结构体系，使它能抵御该地区频发的强风。这些实用的技术性成就让罗西颇感心悦，但它们无法解释这尊圣像的含义，也不能说明朝圣者在圣像内部登临的路线为何如此（图3.7）。罗西回想起当初的经历——从底部进入这尊圣像内部，然后爬上许多垂直和螺旋状的楼梯，最终到达顶部。在那里，他可以从圣人的眼睛里环视马焦雷湖与四周的群山和蓝天。罗西称这段经历“如同钻入《荷马史诗》中的木马，朝圣者进入这尊圣像内部，仿佛在一位驾轻就熟的专家引导下登入一座高塔或马车。当他登上基座的外部楼梯后，便会在圣像内部走上陡峭的攀登之路，并看到整体的结构，以及途中巨大金属板的焊缝。最终，他抵达头部的内—外空间，并从圣徒的眼里看到湖水无边无垠的美景，宛如在天国眺望远方”。[②]

罗西对圣像内攀登的叙述恰恰是他在三座纪念碑上效仿的东西：一条在围墙中狭窄而陡峭的登临观景平台之路。在顶部，建筑围合出远景并控制着视野。而

---

① 罗西能不失时机地在各种场合兴致勃勃地背诵波尔塔的诗。他对这些诗情有独钟，正是因为那是由米兰方言写成的。

② Rossi, *Scientific Autobiography*, 3.

关系更密切的是，在库内奥，当人进入一个带顶的围合空间后，在拾级而上的过程中只会朝着光的方向前行；这在视觉效果上重现了在圣卡洛内像中攀登的体验。[①] 罗西在这里发现了很久以前希腊人从这种上升过程中理解到的东西。在从广场（agora，市场和公共集会区）到山门（propylaea，仪式性大门），再到卫城和雅典的神庙区的途中，艰辛的攀登之路引导着朝圣者将注意力从世俗之事转向即将在神庙中举行的神圣仪式上。建筑围合着整条线路，并引导着它——由陡峭的台阶到达多立克门廊，以及旁边为休息或驻足欣赏展出的艺术品而留出的房间。这条路线继续沿着一条两侧有高高的爱奥尼柱的狭窄通路前进。紧凑、阴冷的空间仅由高侧窗层的洞口带来微弱的光。这一切表达出一种神秘感、期待感。在步入第二道多立克门廊时豁然开朗，眼前是耀眼的光芒与帕提农神庙、雅典娜巨像、伊瑞克提翁和卫城圣地构成的壮观场景。从古希腊到基督教时代，登临圣殿的过程总是代表着一种理念：灵魂在向高于自我的某物前行的过程中得到净化。山门的建筑有意营造这种对朝圣者的净化，在情感和心智上脱离日常事务，融入即将举行的仪式所象征的精神境界。罗西对这种旅程毫不陌生。在一张频频发表的1971年照片中，他站在帕提农神庙雄伟的凹槽柱之间，已然完成了雅典人数千年前的登临仪式。在学生时代，罗西就曾多次拜访他住宿学校附近的圣杰尔姆·埃米利亚尼（St. Jerome Emiliani）圣殿（图3.8）。那里有相同的攀登之旅。高高的踏步最初由侧墙围起，正如此处讨论的三座纪念碑。

罗西对台阶和更普遍的向上运动的意义进行了深入思考，这在他《蓝色笔记本》的记录中十分明显。后来，当他将事务所搬到18世纪的城门圣母教堂［建筑师弗朗切斯科·马里亚·里基尼（Francesco Maria Richini），1652年；教堂更准确的名称是圣母领喜教堂（Santa Maria Annunziata）］街对面后，他就经常钻研这座教堂精美的巴洛克立面，特别是刻在楣部的那句话：如破晓般升起

① 这个供人在开敞平台上眺望远方的裂口或洞口出现在本文讨论的三座纪念碑上：都是露天的，库内奥和佩尔蒂尼纪念碑有水平的洞口（图3.10），而塞格拉泰的三角形部分发挥了同样的功能。在深化库内奥方案的同时，罗西正在设计米兰当代历史博物馆（Museum of Contemporary History）的展览［同卢卡·梅达、马蒂尔德·巴法（Matilde Baffa）和乌戈·里沃尔塔（Ugo Rivolta）］。他们在那里的内院中也做了一个观景的裂口。

之人（Ascendit quasi Aurora consurgens）。[①] 在确定铭文的出处是《圣经》的雅歌（Song of Songs 6:10）后，罗西发现了铭文中的一个错误。这座教堂是供奉城门圣母的。其城门指古罗马东西向主街（decumano massimo）上的韦尔切利尼大门（Vercellina Gate），而它后来被这座教堂取代。铭文提到了圣母升天，但罗西关注的是 ascendere（意大利语：上升）一词的使用问题。他注意到 ascendere 与 assumere（意大利语：接纳）是不同的。因为圣母是被“接纳”，或接受、带入天堂的（在升天节上）；而来自天国的基督是升入天堂的，即吾主耶稣基督升入天堂（ascensionis in caelum domini nostril Iesu Christi）。在像罗西的三座纪念碑那样的台阶上，他认为，我们固然是登上去的，但作为朝圣者，我们追求的是被珍爱世人的上帝接纳，使我们从凡世的困扰中解脱出来。[②]

希腊人的经验没有被后世的建筑师忽视，包括卡尔·弗里德里希·申克尔设计的柏林旧博物馆入口处的楼梯和门廊（1830，图 3.9）。罗西最早是在 1961 年参观这座建筑的。[③] 在申克尔看来，博物馆象征着人类文明最高成就的宝库，因此本身就是一个神圣的空间。进入博物馆时需要登上一道堂皇的双楼梯，中间有个平台。观众可以在那里回望渐渐远去的城市，或是向前看门廊——那后面是数不胜数的珍宝。[④] 墙面上的艺术品与从柱间窥见的城市远景在同一尺度上，体现出申克尔在二者之间建立的对比。在两位建筑师的作品中，巨大的爱奥尼柱都是人们进出博物馆时欣赏远景的过渡空间，让人意识到这是一段从日常生活走向思考人类文明非凡成就的旅行。而罗西没有忘记：上升也意味着下降。事实上，他在 1991 年从圣卡洛内像里抓拍的一张照片就是俯瞰下方这座宗教建筑的，而圣像里唯一能看到的部分就是这位圣徒的手。在与荷兰马斯特里赫特的

---

① Serviliano Latuada, *Descrizione di Milano ornata con molti disegni in rame delle fabbriche piu cospicue, che si trovano in qttesta metropoli* (Milan: Giuseppe Cairoli 1737), 2: 28.

② Rossi, *QA*, Book 47, 18 December 1991; 这是在铭文启发下的思考，后来在他论述博纳凡滕博物馆的楼梯（图 4.8）时再次出现。

③ 详细记载他此次旅行的笔记藏于 ARP, Box 20/189。旅行的时间是 1961 年 10 月 29 日到 11 月 14 日。申克尔是罗西尤为关注的建筑师之一。

④ 关于他对申克尔的精辟分析，笔者要感谢库尔特·福斯特。“Only Things That Stir the Imagination: Schinkel as Scenographer”，载于 John Zukowsky, ed., *Karl Friedrich Schinkel 1781-1841: The Drama of Architecture* (Chicago: Art Institute of Chicago and Axel Menges, 1995), 18-35. 在写到此处时，福斯特的新书 *Schinkel: A Meander through His Life and Work* (Basel: Birkhauser, 2018) 尚未问世。

博纳凡滕博物馆馆长亚历山大·范格雷文施泰因（Alexander van Grevenstein）往来的信件中，罗西花在讨论下楼梯，甚至是从楼梯上跌倒的时间比上楼梯还多（图 4.8）。[①] 他在其中提到了将上楼梯作为一种净化方式的悠久传统，但也有下台阶的净化仪式，比如撒丁岛（Sardinia）西部的圣克里斯蒂娜（Santa Cristina）努拉盖（nuraghe）考古遗址的地下神庙（图 4.9）。[②]

在更小的尺度上，罗西在他的纪念碑项目中探讨了这些概念。每位来访者都会经历一段相似的旅程，由狭窄的台阶登上带观景口的平台。如阿尔布瓦克斯所述，这种共有的和个人的记忆结合起来便会形成集体经验（collective experience）。罗西的纪念碑还会让观众在走入个人记忆的同时，唤起集体的记忆；而每一种都以其特有的方式呼应着记忆场所（locus memoriea）。在库内奥，观众本要登上台阶去悼念博韦斯村发生的惨案——令人痛苦且极其直白的集体记忆如今在这里长存，却没有讲述这个悲剧的视觉标记。塞格拉泰的纪念碑唤起的是对二战期间牺牲的无名游击队员的非特定记忆，回忆的并非具体的事件或场所。古典学者詹姆斯·波特（James Porter）写道：“记忆的场所在最缺乏视觉支撑的地方最为强烈，正如空荡荡的坟墓，那是名副其实的记忆的纪念碑……或是由显而易见的缺失（absence），通过尽失（pure loss），表明**失去的失去**（loss of loss）。这种遗迹给人极其压抑的空间感受，又最难以用语言描述，故而成为一切场所之中最崇高者。”[③]

罗西将这理解为建筑形式的一个关键因素：“最准确的形式也是最缺失的，其中的某些东西或许是从模仿的渴望中表达出来的，而我的方案也符合这种渴望。”[④] 从某些角度看，塞格拉泰纪念碑前突的顶部和局部敞开的室内，甚至可以视为一座裸露、无装饰的现代主义坟墓。这里让人想到的是位于土耳其西北的希腊古镇阿索斯（Assos）。亚里士多德曾于公元前 340 年在那里建立了一所哲学学

---

① Aldo Rossi and Alexander van Grevenstein, *Brieven/Letters* (Maastricht: Bonnefanten Museum, 1995), 24.

② Alberto Moravetti, *Il Santuario Nuragico di Santa Cristina* (Sassari: Carlo Delfino, 2003).

③ James I. Porter, “Ideals and Ruins: Pausanias, Longinus, and the Second Sophistic,” 载于 Susan E. Alcock, John F. Cherry, and Jas Elsner, eds., *Pausanias: Travel and Memory in Roman Greece*. (Oxford: Oxford University Press, 2001), 74; 着重号为原文强调。

④ “La forma piu precisa e anche quella piu assente e forse nella volonta imitativa a cui sono sottoposti I miei progetti, vi e espresso qualcosa di questo.” Rossi, *QA*, Book 23, 7/8 August 1978.

校，使徒保罗也曾途经此处［《使徒行传》(*Acts*) 20:13-15］。除了令人叹为观止的爱琴海美景，这里还有一座重要的公元前6世纪的雅典娜神庙遗迹，以及一座令人惊叹的由火山岩建成的希腊剧场坐落在山腰上。但对于游人来说，大教堂和下方港口之间的道路两侧散落的被洗劫一空的石棺才是令人记忆犹新之物——挥之不去，难以忘却。[①] 塞格拉泰纪念碑也是如此，没有一个独特的事件要纪念，而是一种缺失、尽失的符号。因此，用波特的话来说，这就使它成为纪念碑中最崇高者。

而在米兰，用这个纪念碑来纪念佩尔蒂尼的决定是事后做出的，那时罗西已经完成这座广场和纪念碑的设计。由于没有特定的目的指导设计，而只是将先前的一个交叉口改造成一个公共广场，罗西必然从他处寻求灵感。与意大利的许多城市一样，米兰的起源早于罗马人的到来。而罗马军队是在公元前222年占领这座城市，并将其纳入版图的。[②] 米兰深厚的历史积淀在数千年中为城市积累起无数圣地，而米兰人就在这样的环境中日日忙碌。罗西希望他的作品成为融入这一厚重积淀的新元素，而这必将随着时间的推移成为与米兰其他记忆相同的日常内容。对于罗西来说，纪念碑本身将成为对错综复杂、相互影响的生活与城市的赞颂。

他的设计是如何实现这一点的？正如塞格拉泰的柱式片段引导观者在想象中将它们补充完整一样，米兰的踏步、长凳、树木和灯柱、观景平台和开口是异曲同工的，引导着人们去使用。在同摄影师路易吉·吉里合写的一篇关于某个展览文章中，罗西对公共建筑进行了思考，并将莱昂·巴蒂斯塔·阿尔贝蒂（Leon Battista Alberti）的曼托瓦圣安德烈亚（Sant'Andrea）教堂描述为一座"光与雾萦绕"的建筑。"圣安德烈亚教堂是一个集会空间。而这座带顶的广场并没有严格

---

① Bonna Wescoat, "Wining and Dining on the Temple of Athena at Assos," 载于 Susan Scott, ed., *The Art of Interpreting: Papers in the History of Art from the Pennsylvania State University* (University Park: Pennsylvania State University Press, 1995), 9: 293-320; John Feely, *Classical Turkey* (San Francisco: Chronicle, 1990), 21-27. 笔者1988年在阿索斯目睹的所有奇观中，空空如也的石棺一直是印象最深刻的。

② Alison E. Cooley, ed., *A Companion Guide to Roman Italy* (New York: Wiley, 2016), 138-143. 石棺（sarcophagus）一词来自阿索斯，意为食肉。因为腐蚀性的火山岩石棺会在短短几周内将遗体毁掉。

的设计，它既是室内又是室外空间，既是城市又是乡村。”[①] 早在1976年，罗西就曾将教堂描述为一座带顶的广场，一个用于多种活动的单体空间。[②] 当他在十多年后设计克罗切罗萨大街时，他将这种秩序反转过来，创造出一种平面与罗曼教堂相仿的大教堂式户外空间。它的中殿由树与灯柱交替的柱廊包围。树枝在特定的季节里会形成中殿上方的拱顶，而那个立方体是一个抬升起来的祭坛状建筑，与供人坐的长凳。这种改造后的巴西利卡教堂形式在此是至关重要的：通过灯柱与随四季和时间变换的树木交替形成的精美柱廊，通过夜晚透过树叶闪烁的灯光，通过穿插在树木之间、相互对设（而不是朝向立方体纪念碑）的长凳，通过从三角形喷泉流向立方体后部的水，以及为这个地段带来活力和新记忆的游人，展现出时间的千姿百态。人们可以爬上台阶，坐在上面，对着面前大教堂般的空间中的景观陷入沉思；或者转过身去，透过工字梁围成的洞口窥视米兰大教堂。罗西在圣卡洛内像里攀登的经历——最终从圣徒的双眼中看到的风景会唤起对无穷性的思考，“宛如在天中眺望远方”——有助于解释他这些纪念碑的灵感。罗西在设计中会突出日常生活的喧闹，包括其中所有的活力与令人激动的东西。但在这些纪念碑等事物上，他鼓励人们去思考超越凡世的东西，那种似乎是在天中望见的东西——现于世人眼前的无穷。不过，罗西也乐于见到喧闹，并渴望它会随着时间的推移充满广场——那日积月累的集体记忆会让大理石和青铜熠熠放光。喧闹与无穷，注定要合二为一。

这里讨论的项目，尤其是塞格拉泰的纪念碑以及库内奥和米兰的立方体，后来以或局部或整体的形式不断出现在罗西的图画和印刷品中。这些造型通常是迥然不同又相互靠近的元素，并呼应着罗西在著作和设计中探讨的诸多问题。这三个项目最初的画揭示出每个设计成形的过程，而后来的画体现出罗西的一个习惯——向图像、记忆和渴望的无穷源泉回归，并将它们糅合在其他项目的片段中，比如加拉拉泰塞住宅和摩德纳墓地。事实上，加拉拉泰塞从地面到二层的台阶是

① “...legata alla luce e alla nebbia. Il Sant’ Andrea e foro e piazza coperta, ancora interno/esterno, citta/campagna; quasi indefinito nel suo preciso disegno.” Rossi, “Architetture padane,” 载于 Rossi, *Architetture padane*, 30.

② “Caratteri tipologici di un edificio pubblico / possibilita di riunione di molte persone. Vedi la chiesa come piazza coperta, spazio unico dove si svolgono funzioni diverse.” Rossi, *QA*, Book 16, Easter, 1974.

对塞格拉泰更大尺度的重复；而佩鲁贾丰蒂韦格地区政府建筑群（1982）喷泉的狭窄台阶几乎令人难以忍受。在图画中，最常见的一个特征是圣卡洛内像的局部——甚至只有他的手——被置于个体与集体的记忆相互穿插的叙事之中，正如所有的记忆那样。

与塞格拉泰和佩尔蒂尼项目有关的图画还揭示出罗西思想的其他方面。总的来说，它们都表现为一种印象，而非纪实。事实上，在某些画中，罗西改变了纪念碑的尺度，甚至是颜色；或者，在他异想天开的构成画《被谋杀的建筑》（*L'architettura assassinata*，1974）中，他把三角形的水渠移到了圆柱体的轴线外。和他的大多数画一样，它们都是开放、生成性的（generative），由现实或幻想中的片段拼合而成，为他自己和观者无穷无尽的叙事创造了空间。在《被谋杀的建筑》或至少这一版的画中，日常的家用物品和相同尺度的建筑散落在一片黄色底面上。背景是稳稳的建筑，还有施工吊车立在那里盖新房。[①] 着眼于解读忧郁和绝望的批评家往往只会看到画中的前景，甚至也看不完整：咖啡壶、酒瓶、杯子、银器和壶等家用物品，平静地摆在黄色底面上，与跳跃、断裂和倾倒的小建筑不成一体。罗西从不拘泥于视觉表现，而会用强烈的触感来捕捉他的记忆，并使之驻于时空之中。在这里他感到自己处在时间与永恒间的平衡点上。这些日常生活的物品表明了罗西"同身边之物无限的联结"，而它们的阴影暗示出在胜过面前短暂噪声的稳定文明之下时间宁静地流逝。用罗西的话来说，那种喧闹是他在所有项目中都期待的。[②] 这三座纪念碑在图画和现实中都处于一种惬意的张力上，而这种张力就在粗糙和跌跌撞撞的日常生活，与朝向被称为无穷、难以看透的地平线的一瞥之间。

---

① 这幅画罗西创作了多个版本，最初是作为一个礼物，回应曼弗雷多·塔富里的著述，即后来的《建筑与乌托邦》（*Architecture and Utopia*, Cambridge, Mass.: MIT Press, 1979）。

② "Io sono deformato dai nessi con le cose che mi circondano." Rossi, *QA*, Book 18, 1975, 3/4 February 1975.

4 文化建筑

> 智慧在街市上呼喊，在宽阔处发声。
>
> ——圣经箴言 1:20

1987 年，当博尔戈里科市政厅（图 4.4、图 4.5、图 6.4）在帕多瓦北部拔地而起时，阿尔多·罗西在他的《蓝色笔记本》中写道："我爱这个项目。"[①] 他对这个施工的跟进要比其他项目更紧，尽管资金不足导致它缺少家具，且直到竣工后 10 年才结束空置的状态。罗西并没有解释他当时对这个市政厅情有独钟的原因，但 4 年后，他把博尔戈里科市政厅作为自己的建筑代表作，甚至代表着普遍意义上的建筑。[②] 他做出这种表述的原因既证明了他对 20 世纪末建筑的独特贡献，也使他的思路从同时代的人中脱颖而出——甚至是今天的大部分建筑师。博尔戈里科也让我们看到了罗西的公共建筑设计，从学校到图书馆，从博物馆到市政建筑。它们有着与上一章中讨论的纪念碑相同的基础——他对纪念碑在城市生活中所起的多种作用的理解，呈现出另一个维度。

教育建筑

在关于教育的中世纪论著《论教学》（*Didascalicon*）中，圣维克多的休格对

---

① "Io amo questo Progetto-forse la costruzione che in qualche modo ho seguito maggiormente." Rossi, QA, Book 34, 24 December 1986.

② "Mi sembra quest'opera quasi emblematica della mia architettura. O della architettura / o tutto il contrario. Quasi una costruzione archeologica ed un restauro." 同上，Book 44, 5 February 1991. 这座建筑在 1985 年完成后一直未启用。10 年后镇上才筹集了足够的资金采购家具。此后，罗西接到了设计其室内的委托。

他的学生写道："尽你所能去学习一切知识，后来你会发现那无一是多余的。"① 罗西写给学生们的话异曲同工。作为如饥似渴地阅读从神学到诗歌等广泛内容的读书人，罗西拥有探知万物的好奇心，从音乐到电影，再到各种各样的文化艺术品。在回顾自己的教育背景时，尤其是在科莫湖附近的索马斯卡镇神父寄宿学校的经历，让他总会表达出对所受教育的感激和欣喜。在 1971 年末的自传草稿中，他表达了对天主教教育的感激之情，是它"让我能够在天壤之别的类型中选择逻辑和美，因为它们所指的是超越自身的东西"。②

成年后，他还谈到了离开莱科周围群山的悲伤以及索马斯卡的回忆。那些地方在当时已是"探求自我的途径，没有惊世骇俗的发现，而得到了生活的印证"。③ 伦巴第靠近皮埃蒙特的地区是他自幼便熟悉的，在那里的小镇法尼亚诺奥洛纳，他设计了一座在他眼中极其重要的学校（1971）。就在前一年，罗西完成了伦巴第南部城镇布罗尼德阿米西斯（De Amicis）小学的改造和扩建，虽然他只设计了这座 20 世纪初建筑的入口门廊、楼梯、庭院内的一些新教室和柱廊环绕的喷泉——这成了他关于该学校的图画和照片中最出名的形象之一。在这里也能看到他后来项目中常见的正方形四格窗和多彩边框。得到法尼亚诺奥洛纳的新学校萨尔瓦托雷奥鲁（Salvatore Orru）小学委托项目后，罗西便有机会为他所描述的生活场所——学校——精雕细琢出一个完整的设计（图 4.1）。④ 这座毗邻瓦雷泽市（Varese）的小镇坐落在奥洛纳河畔，该省位于瑞士、皮埃蒙特大区、科莫湖、米兰与波河平原东部之间。这个社区以独一无二的历史和重要的古迹闻名［一座维斯孔蒂时代的城堡、塞尔瓦圣母教堂（Madonna of the Selva）的圣殿］。被称为伦巴第人（longobardi）的日耳曼部落在 6 世纪占领了意大利北部，而在 200 年后该地区重新夺回自治权，并延续了 600 年。到了 14 世纪，维斯孔蒂家族控制了

---

① Hugh of Saint Victor, *The Didascalicon of Hugh of Saint Victor: A Medieval Guide to the Arts*, trans. Jerome Taylor (New York: Columbia University Press, 1991 (1171]), 137.

② "Sono poi sempre stato grato alla mia educazione cattolica di poter scegliere tipi estremamente diversi di logica e di bellezza in quanto riferiti a qualche elemento che Ii supera." Rossi, "Note autobiografiche sulla formazione, ecc., 1971," in ARP; 见 *Aldo Rossi: Tutte le opere* (2003), 21.

③ "Alla sera malinconia di lasciare le colline ricordi di Somasca, del paese, ecc. ...regioni ormai autobiografiche senza scoperte ma confermate nella vita, ecc." Rossi, *QA*, Book 8, 22 July 1971.

④ 同上 , Book 33, 15 December 1986.

这一地区，并建立了米兰公国。[①] 意大利19世纪的工业革命一部分聚集在奥洛纳河流域，河水磨坊在那里为繁荣的纺织业提供动力。距离该省主要的工业化城市之一布斯托阿西齐奥（Busto Arsizio）仅5千米的地方，法尼亚诺居民在新的工厂里工作，尤其是在该世纪的下半叶；妇女也在家里为纺织企业作计件工。

最近一次的2011年普查显示这里的人口已稳定增长到近1.3万人，并在持续增长，成为布斯托阿西齐奥、加拉拉泰塞、莱尼亚诺（Legnano）、萨龙诺（Saronno）和米兰等更大城市的后花园。到了1971年，一座新的小学已成为必需。罗西正是在当年得到了委托。[②] 与最近的布罗尼项目如出一辙，他把萨尔瓦托雷奥鲁小学设想成围绕一座广场组织起来的小城市。教室从广场中延伸出来。在帕苏比奥大街（Via Pasubio）和莱尼亚诺大街（Via Legnano）树木的掩映下，这座学校的对面是游乐场和更多的绿植。他表示这个平面是从一条由入口到图书馆、穿过庭院到台阶和体育馆的中轴线演化而来的。这条轴线两边各伸出三栋单层建筑，上面有罗西偏爱的大方窗。在这里，同摩德纳墓地一样，他用了一个圆柱体，并将其设计成图书馆，作为学校的核心。带玻璃的金属屋顶将阳光洒满室内，却让阴影笼罩在被塞到小鼓座下面的书架上。从地面到上层通道的金属台阶是为图书馆将来服务更多人群预备的（图4.2）。

在选择集中式平面的建筑时，罗西回归到他最初的一个重要项目上——帕尔马的帕格尼尼（Paganini）剧院（1964）。在这两个项目上，他都借鉴了意大利中世纪城市的一个典型要素——洗礼堂。一种是八角形的，比如罗马拉特朗（Laterano）的圣乔瓦尼洗礼堂（San Giovanni）；一种是圆形的，比如佛罗伦萨的圣乔瓦尼洗礼堂——但在这座学校上的效果不同。集中式平面的图书馆在这里唤起了另一种礼拜仪式性的含义：因为设置洗礼堂使代表皈依基督教的圣礼（sacrament）是一项公共事件，而非私人活动。它是由教众全体见证的，而不只是个人接受洗礼的意义。在选择集中式平面的建筑时，罗西强调了它在向青年学生展示文化上的作用，并达到通过图书馆为他们介绍这个全球性群体的历史和传

① Andrea Gamberoni, *A Companion to Late Medieval and Early Modern Milan: The Distinctive Features of an Italian State* (Leiden: Brill, 2015).

② 从1961年到1971年，法尼亚诺的人口激增了2000多人。http://daticensimentopopolazione.istat.it/ 2017年8月12日访问。

统的效果。毫无意外的是，罗西在其他学校设施上反复了表达这一概念——尤其是几年后在布罗尼的第二座学校，甚至是约 15 年后迈阿密大学（University of Miami）建筑学院的新楼上。

罗西由此将意大利文化中一种蕴含着神圣或礼拜仪式含义的建筑类型用到了世俗建筑上，而新建筑的追求与这种原始类型是一致的。但这并非他的首创。重要的现代实例包括大英图书馆［帕尼齐（Panizzi）和斯默克（Smirke），1854］阅览室，以及 20 世纪冈纳・阿斯普隆德（Gunnar Asplund）的斯德哥尔摩市图书馆——一个巨大的圆柱体建筑，由高侧窗采光，沿墙面排列书架。罗西对二者都赞赏有加。让他的图书馆与这些先前的杰作截然不同的，恰恰是他独具匠心的决定——在平淡无奇的环境中插入一个高大的、在本质上属于 19 世纪的建筑类型；虽尺度缩小，但雄心不减。图书馆的受益者不再是富裕的、受过教育的男子，而是出身各不相同的孩子。这些别致的小图书馆超越了阶层、性别和教育背景的藩篱，也让学校和图书馆的建筑类型本身更加崇高。

罗西这个既不平庸也不草率的选择，也源于他 10 年前对部雷的论述和其对巴黎国家图书馆方案的思考。罗西后来在塞雷尼奥（Seregno）设计了一座图书馆（1989）。那巨大的筒拱空间高耸在排满图书的墙面之上，并以一个巨大的凯旋门为终结。这是在向部雷直接致敬，并突出了这两位建筑师相同的观点——图书馆对文化具有重要意义。部雷在公布他的国家图书馆设计时曾表示：在一座图书馆里，人们会与伟人的杰作邂逅，“唤起他们追随伟人的足迹，并燃起对崇高思想的渴望……一个民族最珍贵的建筑无疑就是承载着它所获得的全部知识的那座”[①]。保存在图书馆中、积累下来的知识遗产对于集体具有重要意义，知识将给他人带来启迪。这两方面观点是罗西对图书馆的认识以及他选择集中式平面建筑的基础。正如洗礼堂，它强调的是建筑作为公共学校的性质，同时也体现出罗西关于青年思想状态的观点——他们的学习“视野更开阔，是积极的、前进的”，因此对图书馆蕴含的文化宝藏是完全开放的态度。罗西还将这座庭院定义为图书馆的公共广场，同样肯定了它的公共作用。

---

① Etienne-Louis Boullee, Helen Rosenau, ed., *Boullee's Treatise on Architecture: A Complete Presentation of the Architecture, Essai sur l'art, which Forms Part of the Boullee Papers (MS 9153) in the Bibliotheque Nationale, Paris* (London: Alec Tiranti, 1953), 104.

图书馆对面有一个宽大的台阶，可以上到一个小广场上，旁边是体育馆。罗西设想孩子们会在那里举行一年一度的班集体合影。他还注意到法尼亚诺周围的工业化环境，并用他为学校焚化炉设计的砖烟囱与之呼应——那让人回想起该地区工厂林立的砖烟囱。这些厂房如今已被废弃，幸运的是，它们的高塔依然点缀在风景中。尽管罗西是精心设计了这个方案的，但其中最引人瞩目的一些要素——藤架、自行车库、玻璃穹顶和蓝色的柱廊——都是在建造过程中迸发出来的火花。这让罗西欣喜不已，因为它们体现的正是生活本身的多变与意外。①

在这些直截了当的观点之外，罗西的法尼亚诺学校以及关于它的论述让我们看到他思考的开阔性，以及在他做出或反思具体的设计时，是如何以不同寻常的方式将他看到和读到的东西熔于一炉的。在 1972 年的评论中，他注意到学校入口的重要性。在罗西看来，这同我们对学校“痛苦的记忆”是密不可分的，那种与考试、记忆和死记硬背联系在一起的压力人人都有。② 这种童年的阴影在他的记忆中挥之不去；穿过学校的大门犹如一次可怕的冒险，就像匹诺曹（Pinocchio）故事里进入鲸鱼大嘴的一幕。虽然鲸鱼把匹诺曹和爸爸杰佩托（Geppeto）都吞了下去，但他们的万分惊恐最终得到了平息；因为这两人最后在巨兽睡着时逃走了——就像对学校的恐惧随着学生成功进入下一学年而告终那样。

在其他的笔记中，罗西表示法尼亚诺的平面在一定程度上让他想到一个在地上躺平的人体，这让他饶有兴趣。法尼亚诺学校和摩德纳墓地的布局都仿佛一个静止的人体，而在他看来，那与笔记中根据圣十字若望描述的迦密山所画的登山路线不无相似之处。③ 这位 16 世纪的西班牙隐修者、诗人曾写过一篇文章，描述圣人定下的路线，并让谦逊的朝圣者按这位隐修者标出的险峻之路达到圆满的顶峰。1979 年 7 月在贝加莫（Bergamo）住院期间，罗西反复阅读《登迦密山》（*Ascent of Mount Carmel*）并深入思考。这或许可以解释为何这位隐修者路线的形式和实质、罗西患病身体的变化莫测，以及学校和墓地的布局在罗西看来都是一

---

① Rossi, *QA*, Book 24, 18 June 1979.

② 同上，Book 14, 31 December 1972.

③ St. John of the Cross, *Ascent of Mount Carmel*, ed. P. Silverio de Santa Teresa, C.D., trans. E. Allison Peers, 3rd rev. ed. (Garden City, N.Y.: Doubleday Image, 1962).

体的。[①]

1975年，法尼亚诺奥洛纳的学校竣工4年后，罗西为布罗尼的另一所学校提交了最终方案——费里尼中学（C. Ferrini Middle School，图4.3）。利用新开始的机会，罗西再次转向城市的理念，但这次更小、更独特，更像一座修道院。[②]在交出最终方案后不久，他对布罗尼学校的设计过程做了评论："它以法尼亚诺的核心要素为起点，而后它成了一个绝妙的内苑花园。"[③]他的话暗示出设计本身几乎是独立于他的意志发展的。回想曾经读到的部雷对不可知之物的强调以及设计形成的内在源泉的绝对重要性，罗西似乎感到自己被这种强大而神秘、几乎超出他控制的力量驱使着。他经常将修道院作为一种模式，这并不令人感到意外，因为他在最初的《蓝色笔记本》中就曾写道，修道院是一种理想的建筑类型。[④]在修道院上，他发现了一种在形式与理念之间的直接对应关系，或者可以说是在形式与群体的组织之间。《圣本笃规章》（*Rule of St. Benedict*）规定了修道院的生活方式，并由此形成了它的建筑：教堂、回廊院、花园、工作场所、宿舍、食堂等。[⑤]

这种对建筑类型的组织在修道院中极为明显，并且已经在他的法尼亚诺奥洛纳学校的设计构思中初露端倪。在1974年参观西班牙波夫莱特圣母教堂（Santa Maria de Poblet）的皇家西多会修道院（Cistercian Royal Abbey）时，他发现了一种相似关系：修道院露台中间的喷泉与教堂垂直立面形成的压力，一如坐落在学校广场状空间里的法尼亚诺图书馆与相邻的建筑之间的压迫感。[⑥]在后来回顾时，他意识到自己在意大利设计的所有学校都是以同样的概念为基础的，因为对他而言学校是"生活的场地"，并且总会让人想起与修道院的相似之处——建筑本身

---

① Rossi, *QA*, Book 25, 18 July 1979.

② 同上，Book 24, 19 March 1979 和 Book 33, 18 December 1986.

③ "Partita dallo sviluppo dell'elemento centrale di Fagnano e diventata una grande corte e giardino interno." 同上，Book 24, 19 March 1979.

④ 同上，Book 5, 15 May 1970.

⑤ 同上，Book 5, November 1970; *The Rule of St. Benedict*, trans. D. Oswald Hunter Blair, M.A., 2nd ed. (London: Sands, 1906).

⑥ "Pianta con la fontana al centro del Patio contrapposta alla facciata verticale della chiesa e del palazzo. Rapporto con Fagnano tensione dell'elemento compresso nella piazza elevazione della facciata sull'interno." 同上，Book 17, 22/29 November 1974.

源于其内部生活的组织。在布罗尼的八角形剧场—礼堂里，四座小庭院的中间有一个用木头和金属建造的穹顶。罗西将这里设计为戏剧表演、电影及类似活动的场地，在效果上成了学校和更大范围人群活力的核心。

位于坎图（Cantu）的蒂巴尔迪中学（Tibaldi Middle School，1986）则没有采用修道院的建筑类型。罗西选择将两个平行的教学楼与一个相交的体块和圆形的“天文馆”放在一起。体育馆、礼堂、图书馆等其他设施位于两栋教学楼之间，顶部均有低矮的铜筒拱。圆形的砖建筑为这座学校带来了一种雅致和个性，一如在其他学校里，象征着将在这个公共设施中接受栽培的花朵。罗西希望在这座圆形建筑顶部做一个穹顶，但遗憾的是，最后未能按他的设计建成。

布罗尼镇很久以前便决定将小学、中学和高中设在一起，并包围在一个区域中。但将费里尼中学处于主导地位的方式——尽管其他两座学校更大、更高，堪称用小建筑创造鲜明形象的典范。罗西是怎样在这样低调的项目中实现如此动人形象的？其实相当简单，是形式的优雅与清晰性使它从另外两个更繁杂却乏味的建筑中脱颖而出。他特意让费里尼学校的尺度适合儿童，但这只是他成功的一部分原因。最终的原因不仅包括这种尺度，还有精挑细选的几个简单的建筑元素组织成的统一整体。即使是学校给人印象最深的建筑元素——穹顶，也只有在远处才能看到；走到正门前的孩子只能窥见穹顶一角。在入口迎接他们的是一座大钟——它常常让人想到标示教室中时间流逝的铃声，以及学校一天安排中的秩序和纪律。对于罗西，钟表实际上“标示着学校的时间、每一个小时”。[①] 他喜爱这所学校，以及所有他设计的学校，因为在他看来“学校令他厌恶的一切都在这里得到了补偿”。[②] 虽然他没有再解释，但他指的至少应该是适宜的平面、大窗户，令人愉快的剧场空间和明快的色彩。

钟表在罗西含义深刻的图像中占有突出的位置，几乎与咖啡壶同样重要。除了为阿莱西设计的挂钟和腕表之外，罗西对钟表的痴迷使他养成了漫无目的地收藏旧钟表的习惯。正是这种爱好促使他劝说阿莱西去生产腕表。他为阿莱西设计

① “Hanno scritto di questi orologi e in effetti essi segnano il tempo della scuola, ogni ora.” Rossi, *QA*, Book 33, 15 December 1986.

② “Amo la cupola dove si trova il planetario e l’edificio della scuola in genere perche mi sembra che nelle mie scuole si riscatti tutto cio che nella scuola non ho mai amato.” 同上，Book 33, 15 December 1986.

的挂钟“腾波”（Tempo）屡见于罗西的建筑，因此我们也必须考察它。一种神秘的氛围笼罩在这种我们用来表达时间流逝的器械上：它看似清晰，却有无数不可知的东西弥漫在它标明的时间中，以至于它更像隐喻而非仪器。罗西对此了然于心。他认为，时间的内在张力和脆弱性需要腕表有一种韧性，因此要用钢构架来保护这种阐释时间流逝不可遏止的标志。用文字记录时间会留下许许多多间隔，并将它作为某种断断续续的存在，而这只会让我们注意到异常的东西。钢框架的钟表则代表着连续性，即使我们知道某个具体的时刻“会破坏其连续性看似模糊的特征”。①

批评家对罗西这种做法嗤之以鼻，斥责他反复将钟表作为一种忧郁的标志——一种被岁月的流逝乃至死亡困扰的忧郁。但罗西认为这提醒着人们剩余时光的重要意义，或是我们应给予余生的关注。他认为在学校里钟表提醒着我们学校生活的秩序和规则性、时不我待的学习，而更普遍的是，钟表总会不可避免地标示出我们必将走向一个共同命运的不归路。然而，这不必理解为一种消极的情绪，甚至是忧郁；相反，它实实在在地呼唤着人们去认可和接受一种对不可预见却注定到来的命运。在罗西设计布罗尼学校时，他一直将学校中时间的流逝作为其考虑的首要因素：中午时分“空荡荡的教室和走廊、楼梯和空间……一切的一切，看上去都有种神奇和消逝的感觉”，在那一刻，学校里不再到处是学生，而仿佛是暑假期间空空如也的校园。②正如前文所看到的，这种思考贯穿在罗西的论述中：他在设计时会想象这些空间在未来的不同时刻，人们在其中会如何走动，会开展什么活动，以及这些空间里所有可能发生的事。这样它们便凸显出罗西建筑设计的思维方式：将功能置于次要地位，而把人类不可预见的活动以及随之而来、不可避免的意外记在心头。钟表根本不是对死亡的病态嗜好，而是对活泼丰富、日新月异的生命本身的颂歌。关于罗西与时间还有很多要讨论的内容，这一主题将在第6章墓地项目的论述中深入展开。

作为一种建筑类型，修道院在后来一直吸引着罗西，甚至体现在大西洋对岸

① “...mette in crisi la presunta opacita del suo essere continuo.” Rossi, “L’orologio o il momento,” June 1987. MAXXI, Rossi.

② “Nell’ora meridiana le aule e i corridori, scale e spazi e tutto mi sembrava meravigliosa e perduta.” Rossi, *QA*, Book 23, 30 July 1978.

纽约南布朗克斯（South Bronx）一个破败地区的艺术学院的委托设计中（1991）。项目要求新建筑"通过空间、街道和建筑展现出与社区同生共死的联系，并表达出对历史上的建筑形式进行重新阐释，从而超越其控制的愿望"。学院负责人蒂姆·罗林斯（Tim Rollins）想要的不只是学校的一个家。他的梦想是"一个圣殿，一座理解当地历史的悲剧、但依然顽强生存，并赞美街区生命力的建筑"。① 他相信罗西最能呼应这种对纪念碑、对纪念建筑、对希望之灯塔的诉求："阿尔多·罗西是一位伟大的建筑师，因为他理解废弃建筑的苦中之甜与寂静之美……在别人看到终点的地方，他看到起点。" ②

罗西走遍了这个地区，对它仔细研究，并品味其中凄美、凋敝的建筑和城市景观。最初他表示不安，"我对要做的事毫无头绪。我还没有同任何人讨论过它，而在其他项目上我能瞬间找到设计的思路"。③ 尽管如此，到了为场地画草图的时候，罗西回到了一种驾轻就熟的建筑类型上——修道院，并做出了与布罗尼学校如出一辙的布局。在这块狭长的场地上，罗西将学院移到了一端，留出了朝向街区公园的一大片区域。这座学院从旁边一个有穹顶、办公楼和基础设施的围合庭院式空间延伸出来。两边是两层的教室、科学实验室、工作室、图书馆和礼堂。四层的双层高礼堂—剧场顶上是一个带玻璃窗和金属肋的穹顶。在主轴的一端，罗西设计了一个五彩缤纷的灯塔（torre-faro），作为迎接人群进入校区的标志。这也唤起了罗西儿时阅读经典《白鲸》（*Moby Dick*）的记忆——书中缅因湾（Maine）海岸的灯塔点缀在一处绝妙的景色中。④

罗西为意大利另一个重要教育机构进行了扩建——米兰附近的卡斯泰兰扎-卡洛卡塔内奥大学（University of Castellanza Carlo Cattaneo）。20 世纪 80 年代末，一群企业家决定建一所新大学，以培养满足当代工业需求的学生，包括管理工程学、商法、商学和经济学。他们为这所大学选择了一座废弃的巨大纺织厂——

① Tim Rollins to Aldo Rossi, 10 May 1990, 重印于 *Aldo Rossi, Tim Rollins and K.O.S.* (Chicago: Rhona Hoffman Gallery, 1991), 3.

② 同上，12 页。

③ 同上，16 页。

④ Rossi, *Scientific Autobiography*, 3. 另见 Eleanor Heartney, "Schools for Thought," 载于 *Aldo Rossi, Tim Rollins and K.O.S.*, 17-40.

19 世纪末建成的坎托尼棉纺厂（Cantoni Cotonificio）。罗西被请来将一部分改造为教室，并增加一小部分新建筑，以满足额外的需求——两座砖楼、一座三层的曲尺形建筑和一栋高层建筑。

罗西的迈阿密大学建筑学院扩建方案（1986）作为一个建筑作品的意义要胜过卡斯泰兰扎的改造项目。旧宿舍被用作教室和工作空间，但学校缺少展厅、礼堂和多媒体中心，并需要新的办公空间。罗西的方案考虑了这些需求，提出了一个全新的建筑群方案，将学校整合起来。在某些版本中，他还增加了长长的通道，尽头是他世界剧场的复建物。一座塔楼矗立在建筑群一端，另一端是五栋平行的大楼。其中包括一个带礼堂的行政楼和与罗西大部分学校中相似的集中式建筑。施工于 1991 年启动，却因资金困难而中止。在罗西逝世后，大学请莱昂·克里尔来设计新建筑。

学校是供特定人群使用的——中小学为儿童，大学为青年。意大利和美国一样，学校也通常作为选举期间的投票地。在小城镇它们也是社区举办各种庆祝活动的场所。然而，它们的公共功能一般仅限于教育。面向整个社区的建筑则有其他的问题。

社区的象征

自中世纪以来，有两种建筑类型成为意大利城市中社区的象征：大教堂和市政厅。每一种都是由数百年岁月雕琢而成的建筑类型。法尼亚诺的道路与此非常相似，小镇从伦巴第（Longobard）统治者手下独立出来，重获自治权，并延续了600年。13 世纪时，维斯孔蒂家族控制了该地区，并在100年后建立了米兰公国。[①] 自 10 世纪起，意大利中部和北部许多城市都经历了相似的过程——从外部的控制下解放出来，建立公民自治政府。公社自治运动在一定程度上也要约束单个家族的势力。这些家族在城市中建造高塔，作为防御性（但通常也是攻击性）的

---

① 关于意大利中世纪市政厅起源和发展，至今最出色的研究仍是 Jurgen Paul, *Der Palazzo Vecchio in Florenz: Ursprung und Bedeutung seiner Form* (Florence: Olschki, 1969). 关于市政厅象征性最近的讨论见 Carroll William Westfall, *Architecture, Liberty and Civic Order: Architectural Theories from Vitruvius to Jefferson and Beyond* (London and New York: Taylor and Francis, 2015).

堡垒。公社政权逐步建立起供公民集会的建筑。在这里，市长将治理城市和维持秩序。而他们通常是外地人，以避偏私之嫌。这种建筑类型有几个关键的构成要素：一座无窗的塔楼，通常有钟；一座召集市民的阳台楼（arengario）；一条供市民非正式会面的凉廊；一段通往集会厅的仪式性台阶。这些构成要素可以用多种方式排布，而不会破坏这种类型的威严和视觉效果。塔楼可以是独立的，放在中间，或偏于建筑一侧。它可高可低，也可用不作饰面的砖石建造。仪式性台阶可以从内院起坡，就像佛罗伦萨的旧宫（Palazzo Vecchio）；或者在院外起坡，比如意大利中部的贝瓦尼亚（Bevagna）市政厅。简言之，在意大利中部和北部有无数种变化，甚至有些要素根本没有出现，却对这种类型毫无影响。最具标志性的市政厅是在米开朗基罗 16 世纪改造之前的罗马卡比托利欧广场（Campidoglio）上，被称为城市元老院的宫殿。转角处的塔楼、仪式性的台阶、塔楼及其在山顶上的位置表明了其象征性的功能。罗西很清楚，每个构成要素都源于一段特殊的历史，因此与市政厅有特殊的关系。例如，集会厅由正堂（baronial hall）而来，塔楼源于个体权力表达的形式和教堂的钟塔；凉廊则一直是集市或男子非正式会面的空间。[①]

罗西设计的市政厅——从斯坎迪奇（1968）到穆焦（1972）和博尔戈里科（1983）——没有沿用这种宗教建筑类型，而是从不同的角度去处理问题。斯坎迪奇是佛罗伦萨西南 6 千米处山区中约 5 万人的小镇，自文艺复兴初期以来就吸引着富有的佛罗伦萨人来此建造乡村庄园和别墅，比如 16 世纪华丽的科拉齐别墅（Villa Collazi）。[②] 后来这个小镇成了佛罗伦萨的后花园。1870 年，由弗朗切斯科·马尔泰利（Francesco Martelli）设计的新市政厅落成。1968 年举行了一场征集新市政厅方案的竞赛，罗西也参加了。[③] 最终彼得罗·格拉西（Pietro Grassi）在竞赛中胜出，而罗西的设计充分展现了他处理市政厅建筑类型的手法。不断膨胀的人口，迫使城市官员在历史中心与持续扩展的外围地区之间建造一座新的市政厅。

① 近代初期的意大利城市有区分性别的空间，而公共凉廊是不对妇女开放的。

② Amedeo Belluzzi and Gianluca Belli, *La Villa dei Collazzi: L'architettura del tardo rinascimento a Firenze* (Florence: Olschki, 2016).

③ 有两位青年建筑师与罗西合作：马西莫·福尔蒂斯（Massimo Fortis）和马西莫·斯科拉里。与本书讨论的其他项目一样，将这些设计归功于罗西是实至名归的。

罗西运用他“建筑由部分组合而成”的理论，将一系列体块沿轴线排列，称之为一种复杂的结构。运用庭院类型、集中式平面建筑、穹顶、轴线组织等特定类型的形式凸显了他的意图——避免出现过大的建筑，并尝试以不同的方式统一多样的元素。[①] 与这一设计其余部分严谨的左右对称不同，罗西在与新市政厅相连的花园上借鉴了卡尔·弗里德里希·申克尔在夏洛滕霍夫（Charlottenhof）设计的通幽曲径和建筑。

聚集在主轴上的体块之一是保持同公众日常联系的行政办公楼。与之垂直相连的，是地面层的市长套间、阅览室、酒吧—餐厅和市议会室。[②] 罗西决定将办公楼的内院处理成一座广场，因此成为一种城市要素。他在这里插入了一段带柱廊的门廊，就像许多意大利城镇的历史中心一样。在斯坎迪奇，他又用了厚重的白色圆柱将轴线一侧的建筑高高撑起。这是唯一没有与其他体块对齐的要素（除电梯和卫生间外），也是两处对这个历史类型的微妙妥协之一。因为柱子周围的空间可以理解为一处露天凉廊，而带山花的低调建筑则是一座小塔楼。最后，一条架高的通道将市长套间与议会室连接起来。中间有一个长方形的小体块，顶上是一个等边三角形，与塞格拉泰的游击队纪念碑水渠如出一辙。这些简洁至极、严格左右对称的体形，以及不同寻常的三角造型都与当时主流的现代运动的理念大相径庭。只有在加拉拉泰塞住宅和摩德纳墓地上，他独立于现代运动的构思才得到意大利建筑界的认可和勉强接受。

简言之，这种建筑类型作为公民独立和地方自治与自豪（campanilismo）的象征有着独特而重要的历史，却在罗西和大部分参赛者的方案中难见踪影。这是为何？答案可以从法西斯独裁的时期找到。为了利用与传统的市政厅联系在一起的威望，法西斯党（PNF，Partito Nazionale Fascista）官员将这种建筑类型作为意大利各地 PNF 总部设计的基础。尽管同当地自治毫无关联，PNF 采取了和过去许多政党相同的做法——声称自己与这种建筑类型是有关联，并传承了历史的。即使在今天，在意大利各地城市都会发现前 PNF 总部的建筑，那些用现代语汇表达的塔楼、阳台楼、凉廊和仪式性台阶依然历历在目。无论这种建筑类型的中世纪

---

① Rossi, *QA*, Book 16, 22 January 1974.

② Ferlenga, *Rossi: Life and Work*, 42-43.

起源为何，在 1968 年，法西斯毁天灭地的行径给人留下的记忆实际上已经排除了以它作为当代建筑方案的可能。直到 1995 年，设计圣乔瓦尼-瓦尔达诺（San Giovanni Valdarno）的新市政厅方案时，罗西才用上了塔楼。这是一座让人回想起菲拉雷特在米兰为斯福尔扎城堡（Sforza Castle）设计的堆叠式砖塔——与传统的市政厅类型大相径庭。收进的堆叠塔造型令罗西着迷，那让他联想到的不仅是斯福尔扎城堡，还有申克尔和他自己设计的许多塔楼。[①]

短短 4 年后，在米兰东北不过 15 千米、靠近蒙扎市（Monza）的小镇穆焦也举行了一场新市政厅的设计竞赛。16 世纪的卡萨蒂·斯坦帕别墅（Villa Casati Stampa）精美别致，18 世纪被改造成一座新古典主义别墅，而在 20 世纪成了市政厅。罗西的方案是对卡萨蒂别墅进行全面复原，并另建新的办公楼和服务设施。他没有选择沿用斯坎迪奇的方案；相反，他参照帕尔马剧院的竞赛方案进行设计。两座建筑相对而立，从平面上看每座都像有四横（而不是三横）的字母 E。一座是议员的办公楼，另一座是公共办公楼。它们与一座锥形建筑隔开一个角度——罗西将它作为画廊或展览空间。这座建筑上层是会议室，并可改为展览或公共活动空间。这些新建筑、别墅及另一座历史建筑加斯帕罗宫（Casa Gasparoll）共同构成了一个新的公共空间。罗西计划用红色斑岩铺地将这个广场统一起来。在这两场竞赛中罗西都失利了，而他的市政厅之梦要在 10 年之后才成为现实。

对在时尚的前沿崭露头角毫无兴趣的罗西，在设计博尔戈里科的新市政厅时研究了帕多瓦省及其乡村建筑的传统。这座市政厅与附近的教堂孤零零地立在一处农耕景观之中，那里至今仍保留着古罗马百户区（centuriation）土地划分系统的特征。对于这样的环境，罗西首先考察了该地区从历史上传承下来的农房和帕拉迪奥式别墅等乡村建筑的悠久传统。以农房及其后来的帕拉迪奥式别墅变体为

---

① 菲拉雷特的 15 世纪塔楼在 16 世纪初因为其中存放的火药过重而坍塌。卢卡·贝尔特拉米（Luca Beltrami）对塔楼的历史和形象进行研究后，重建工程得以启动，并于 1905 年竣工。伊夫琳·韦尔奇（Evelyn Welch）最近关于这次重建的全面研究对于了解这座城堡的历史是有帮助的。"Patrons, Artists and Audiences in Renaissance Milan," 载于 Charles M. Rosenberg, ed., *The Court Cities of Northern Italy: Milan, Parma, Piacenza, Mantua, Ferrara, Bologna, Urbino, Pesaro and Rimini* (Cambridge: Cambridge University Press, 2010), 24-26.

基础，罗西衍生出了一种新方案：由一座建筑居中，两臂是谷仓（barchessa）状侧楼的柱廊。[①] 帕多瓦和维琴察的法理宫的公共建筑犹如倒置的威尼斯式木船体，是上层带大肋和筒拱的会议室的灵感来源。罗西从意大利中部和北部的中世纪市政厅那里产生了以侧面两座矮塔围合中部建筑的构思，其中还有通向会议室的简朴楼梯。通过调整设计理念，而不改变传统设计的建筑语言，他又创造出一种特征鲜明的现代建筑。

在细节、建筑语言和材料上，罗西借鉴了许多其他因素，比如，将米兰建筑上典型的传统深红色砖用在围合中部建筑的两面墙上。此处入口双柱的灵感来源于 15 世纪菲拉雷特在威尼斯大运河上未建成的宫殿那简洁、无装饰的柱子。每座谷仓建筑尽端的伊斯特拉石（pietra d'Istria）三角形喷泉折射出罗西早期的塞格拉泰喷泉设计。不管怎样，罗西在所有项目上都鼓励施工的工匠提出变化：他乐于同工匠交流，并认为他们的建议会为整个项目锦上添花。[②]

正如设计要从一系列传统中汲取丰润的营养一样，对于罗西，建筑不只是适应新环境的一堆要素，不只是一位建筑师的自我表达，也不只是一堆功能的有效组合。在罗西看来，建筑作为文明的象征，既是其最精妙的表达，也是最崇高的追求。因此，罗西的设计蕴含着他内心深处关于文化与文明以及历史最珍贵的思想。这种理念体现在他将图书馆和博物馆置于建筑群中心的决定上。意大利几乎所有其他的市政厅都有一处接待区、门厅，而其又通向办公室和会议室。不过，在博尔戈里科，当来宾进入一条可由两侧通向办公楼的狭窄门厅后，出现在面前的是图书馆。这座核心建筑里原来是小镇的罗马百户区博物馆（Museum of Roman Centuriation），直到 2002 年新的剧院和博物馆（同为罗西设计）启用。不同于典型的意大利传统市政厅，这里没有通向上层会议室的仪式性台阶，而要走双塔中两个简朴的小楼梯。

我们单从位置上就能看出罗西赋予图书馆的重要地位——它是整个建筑群的正中心。的确，如果说图书馆不是蕴藏着人类文明的一切和所有追求的宝库，那它又是什么呢？作为求知若渴的读书人，罗西除了事务所里的建筑类图书之外，

---

① 近代初期，乡村庄园的谷仓是一座存放器械、种子、牲畜等农业必需品的房屋，并且通常作为侧翼，或是近旁的长条形建筑。

② 私人通信，1985 年 4 月。

还有占满了整个鲁加贝拉大街公寓的私人藏书。罗西单单将图书馆作为他大部分学校设计的核心，并将它放在中心位置（布罗尼、法尼亚诺奥洛纳）绝非偶然；这见证了他心中的信念——图书馆作为人类知识和成就最伟大的宝库，具有永恒的生命力。罗西将图书馆作为上方会议室的基础，也就为这个理念赋予了建筑的形式，即图书馆所蕴含的文化和记忆是居于首要地位的。没有图书馆，未来公共生活的其他方面（包括思考和争辩）都将是不可想象的。对于罗西，图书馆作为一种建筑类型，构成了人类成就的一根支柱；博物馆是另一根。而直到 1988 年，罗西才设计了一座博物馆，并看到它建成。

保存历史

1986 年年底，罗西在他的《蓝色笔记本》中不无感慨地写道，自己的作品中就缺一个博物馆的项目。[①] 1971 年，他开始设计巴黎新的博堡博物馆（Place Beauborg museum，今蓬皮杜中心）的竞赛方案，但最终夺魁的是理查德·罗杰斯和伦佐·皮亚诺。罗西提出的方案与斯坎迪奇市政厅相似，沿着它的主干延伸出一连串体块。[②] 由于竞赛要求有展览空间、图书馆、办公室和库房，设计初稿中就包含了一个复杂的建筑群。相比他斯坎迪奇的方案，这些建筑之间的联系更加紧密。他设计了一座锥台形的塔楼，与他心中的咖啡壶颇为相似；还有一连串堆叠的圆柱体，犹如工厂的烟囱和水泥厂。[③] 此时他已开始完善关于设计作为一种组合性过程的理念，即由部分组成的设计——将建筑分解为各个部分，然后再重新组合起来。[④]

就在刚刚开始深化博堡方案一周后，罗西遭遇了一场严重的车祸，住进了南斯拉夫斯拉沃尼亚布罗德（Slavonski Brod）的一家医院。他在《蓝色笔记本》中写道："除去其他因素，这是导致博堡广场竞赛失利的主要原因。"[⑤] 在车祸后的一

---

① Rossi, *QA*, Book 24, 24 December 1986.

② 同上，Book 6, 19 March 1971.

③ 同上，7 April 1971.

④ Rossi to Ezio Bonfanti, 3 January 1971. AR-Correspondence/18, MAXXI, Rossi.

⑤ Rossi, *QA*, Book 6, 6 May 1971.

段时间里，他甚至无法做设计。于是在后来的几周里，他开始读书，重读乔伊斯（Joyce）的著作和《哈姆雷特》(*Hamlet*)，以及海伦·罗斯诺（Helen Rosenau）关于伦敦和巴黎公共建筑的著作。[①] 其间他反复品味了许多：启蒙运动建筑及其失败，让·伊塔尔（Jean Itard）对野孩子阿韦龙的维克托（Victor of Aveyron）的描述——罗西认为他的书里充满了悲伤，斯拉沃尼亚布罗德的新旧医院建筑，以及凯文·林奇（Keven Lynch）的著作。其中很多地方让他觉得可笑，因为林奇似乎没有理解感受与情绪同审美之间的差别。[②]

罗西再次遇到博物馆的项目是十多年之后、他接受柏林的德国历史博物馆（1988—1989）委托时。在设计期间，柏林墙被推倒，从而改变了审视这座重获统一的城市的角度，并带来了关于博物馆组成内容的新问题。德国（尤其是柏林）的剧变让罗西欣喜不已。看到柏林深深的伤口如今正在愈合，他拍手称快。事实上，德国历史博物馆在他心中尤为珍贵。[③] 即使政治让建筑落成的愿望破灭，罗西也相信他的设计与迎来新天地的德国人分享了其中的喜悦——这座博物馆本可成为他心中在重获统一的德国心脏处表达民主精神的中心。

为讨论建设专门展示德国历史的博物馆一事而成立的委员会于 1985 年开始运作，并很快敲定了德国国会大厦（Reichstag）附近的一块场地，那里在二战轰炸后仍是一片空地。委员会还确立了博物馆设计的基本原则。[④] 这座博物馆将按时间顺序分为展示德国历史上关键时期的不同展区——比如 1200 年［施瓦本的腓特烈二世大帝（Frederick II of Svevia）加冕神圣罗马帝国皇帝］和 1945 年二战结束。其他展区将按主题设置。官员们希望博物馆成为城市的旅游热点。项目由德意志联邦共和国（Federal Republic）及德国各地区和柏林市出资。1987 年 8 月，委员会宣布博物馆竞赛启动，并意识到它将成为整个市区发展的关键要素之一。之前在 1986 年举行过一次关于该地区发展思路的竞赛，其结果是柏林参议院确

---

① Rossi, *QA*, Book 6, 13 May 1971; Helen Rosenau, *The Ideal City in Its Architectural Evolution* (London: Routledge and Paul, 1959).

② Rossi, *QA*, Book 28, 28-29 May 1971.

③ Aldo Rossi, "Prefazione," 载于 Ferlenga, *Deutsches Historisches Museum*, 7.

④ Hans Gerhard Hannesen, "II museo: Luogo d'incontro democratico nel centro di Berlino," 载于 Ferlenga, *Deutsches Historisches Museum*, 19-36.

定了一个基本方案：在施普雷河（Spree River）与国会大厦和蒂尔加滕柏林公园之间开发一个城市项目，并大致延续二战前的建筑形态。博物馆将朝河而立，入口面对蒂尔加滕柏林公园的主十字路口。竞赛面向所有在德国注册从业的建筑师（罗西就是其中之一）和一些知名国际事务所，最终于 1988 年 3 月结束。6 月，评委将一等奖授予罗西（图 4.6）。

罗西的团队在 1989 年 5 月完成了博物馆 1 : 200 的精模，而后在下半年间不断修改和精简。1989 年 11 月，自 1961 年起将柏林和德国一分为二的那堵墙开始倒塌。其间罗西不断调整设计，以满足建设机关的各种要求。虽然罗西设计的基石已经奠定，但 1990 年的重新统一带来了许多变化，包括一个新的决定——将这座新的博物馆放在菩提树下大街（Unter den Linden）有 300 年历史的军械库里。而令罗西大为懊恼的是，政府决定不再建新建筑。罗西逝世后，建筑师贝聿铭接受了建造展厅的委托。2003 年新展厅启用。

当初竞赛的获胜给了罗西一个惊喜；这是他始料未及的，他在自己的《蓝色笔记本》中写道。媒体对一位意大利建筑师设计展示德国历史的博物馆表示质疑，并怀疑其中的动机；而罗西给出了耐人寻味的回答。“我不希望看上去像个游人，”他写道，“可对我而言，越来越难察觉（欧洲）在生活、习俗，甚至语言上的种种差别。”[①] 欧洲各国的历史紧密交织在一起，其中有积极的方面，也有消极的方面，因此发出这种质疑是愚蠢的。当然，此时罗西已经完成了德国（特别是柏林）的许多项目。

失去良机让罗西颇为沮丧，但给德国带来的损失更大，因为罗西优美、雅致且深思熟虑的设计本来很可能在这里成就他最杰出的作品。在深化设计阶段，官员减少了预算，罗西随即进行必要的调整。此时，这位建筑师表现出设计清晰且有说服力的替代方案的能力，轻松地解决了预算和功能的问题。[②] 他的方案将主厅倾斜一个角度，与未来转角处的建筑构成一个直角三角形。展览的各个主题和关键时期分别设在不同的展厅。罗西为入口设计了圆柱形的造型，并让其他部分由此叉出。集中式平面的入口不仅在意大利建筑史上引人瞩目，也是在向申克尔

---

① “Non vorrei sembrare un turista ma sempre meno riesco a discernere le differenze di vita, di costume, persino di lingua.” Rossi, *QA*, Book 34, June 1988.

② 同上。

的柏林旧博物馆的大圆厅致敬。它们都表达出凡世中神圣空间的概念。只不过申克尔的圆厅位于博物馆的中央，而罗西的在入口处。①

罗西是如何构思这个方案的？在竞赛说明中，他列举了世界上最著名的博物馆，并说明了这一地段的重要意义。随后，他表示这一设计“在建筑上具有大教堂的特征，也是一座带有后堂或附属建筑的巨型飞机库”。在施普雷河一侧，建筑形成了一个码头般的连续立面；而在朝向城市一侧，主厅侧面有多座建筑，宛如一座中世纪城市。出于对德国历史的研究，各个空间都有分析和类比的特征。②罗西这样做并不是为了创造一座具有象征意义的建筑，而认为建筑是从地段及其历史所孕育的时代中形成的。例如，19 世纪伦敦从殖民活动中的形成建筑——现代建筑师深恶痛绝的建筑——所表达出来的现代性最终见证了特定时期的英国文化。这种类比性建筑与约翰·拉斯金（John Ruskin）构建的类比性威尼斯如出一辙，而拉斯金笔下的威尼斯与城市本身几乎同样真实。罗西也承认他甚至无法概括出德国历史的全貌，因为在现代进行综合的能力已然丧失；而他仅能给出生活、历史、建筑的碎片。在抛弃浪漫主义和虚无主义之后，这位建筑师如今能以独特的方式将碎片组合成一个整体形象，并让集体和每一位观众用想象力去完善它。

一段时间里，罗西一直在揣摩碎片。在近期的建筑中，罗西看到了越来越多的碎片——与特定地段相关的碎片。他不知这是一种民族主义的象征，还是一种对传统的探求。不同地段之间的条件千差万别，有些是天壤之别——例如巴黎拉维莱特公园（Park de la Villette）项目中的屋顶。那低矮、覆锌板的筒拱屋顶上的老虎窗和烟囱全无生搬硬套的痕迹，又让人联想到巴黎传统的芒萨屋顶。而在其他地方很难找到准确的设计参照。但这恰恰是他想做的，找出引用的东西，并运用可以代表这个地方的古代要素或新要素。他表示在坎图的蒂巴尔迪中学未能做到这一点，“外来”特征的缺失意味着要探寻当地的参照物。③他是什么意思呢？罗西谈到了正在为马堡（Marburg）设计的一座博物馆——在他看来，那个地段比建筑更有影响力。而日本的另一个项目，那里的材料和构造的独特性是又一个范例。都灵的 GFT 大楼从柱子、楣部和转角以及对地形和材料的运用看，具有出自

---

① 要说明的是，申克尔的圆厅也通向博物馆各厅，所以也解决了功能上的问题。

② Rossi, “Il progetto di concorso,” 载于 Ferlenga, *Deutsches Historisches Museum*, 39.

③ Rossi, *QA*, Book 34, 8 May 1987.

相同探索的碎片。他好奇如何在不大可能这样做的地方进行这一尝试，比如迈阿密、佛罗里达或日本南部异域特色极其鲜明的地方。他在此又为语言描述的局限性顿足。在他看来，外人对他项目的各种解读既苛刻又狂乱。在这一点上他与申克尔一脉相承，将巴洛克式的整体城市替换为由碎片组成的城市。罗西深知，申克尔的规划和建筑在柏林是极具代表性的，而这也是他在柏林效仿的典范。[①] 罗西并非在设计中随意采用碎片化的手法，因为这不能与他结合历史的设计方法割裂开，而申克尔也是这样做的。对于卡尔·马克思来说，“过去世世代代的传统犹如阿尔卑斯山一般压在生者的心头”；而在罗西眼中，历史作为在今天不变的存在，赐予了我们一份应予尊重和保护的遗产。[②] 罗西的建筑愈加清晰地表明，他没有将保护这份遗产的挑战理解为对风格和形式的抄袭，而是一种塑造今日建筑的源泉。

我们已经看到，罗西反复强调对意义的关注，并且最突出地体现在纪念建筑和剧场项目上。通过前文考察的作品，我们要如何理解这一点？维托里奥·萨维认为罗西将作为亡者之宅的墓地设计为一种抽去了生命与器物的建筑；“真正的博物馆是这个虚空，故博物馆象征着抽离；而当我们想到博物馆时，其实我们正徘徊在冥想中，在这个虚空中，在污秽中”。[③] 对此罗西并不认同，而且反对将废弃的房屋作为污秽的象征；相反，他认为它的生命超越了时间，“成为建筑的象征，亦如空无一人的剧场代表着戏剧”。[④] 同样，博物馆是文化、文明和我们共同历史的宝库，通过展出文物让所有的人都能接触到这一切。罗西反复强调了图书馆在个体和公共生活中的核心地位，正如他相信博物馆将历史呈现为一种资源，而学校只是让学生了解历史的场所之一。1980 年威尼斯双年展的主题《过去的现存》（*Presence of the Past*）精妙地概括了指导着罗西所有设计的宗旨。

---

① Herman G. Pundt, “Karl Friedrich Schinkel’s Environmental Planning of Central Berlin,” *Journal of the Society of Architectural Historians* 26, no. 2 (May 1967): 114-130；另见 Maria Sheherazade Giudici, “The Last Great Street of Europe: The Rise and Fall of Stalinallee,” *AA Files*, 65 (2012): 130-131.

② Karl Marx, *The Eighteenth Brumaire of Louis Bonaparte*, trans. Daniel de Leon (New York: New York Labor News, 1951), 12.

③ Rossi, *QA*, Book 27, 27 March 1980, 引文出自 Savi, *L’architettura di Aldo Rossi*, 127.

④ “Vivendo fuori dal tempo essa impersonifica l’architettura come i teatri vuoti rappresentano il teatro.” Rossi, *QA*, Book 27, 27 March 1980.

下文将回到历史的问题上；在此我们要探讨罗西如何在他的博物馆建筑中融入历史。他尤其反对将博物馆简化为一种“像诊所似的保存文物或艺术品的空间，里面有洁净的白墙、毫无特色的玻璃窗面；千篇一律的展厅冷冰冰地陈列着这样那样的展品，俨然一座一尘不染、快捷高效的医院建筑”。[①] 相反，材料构成了他德国历史博物馆的核心：一道道黄色和蓝色砖穿插在旧柏林的砖中间，还有申克尔旧博物馆柱廊的白色石材。甚至古罗马人也懂得材料的变换可以改变一座建筑，并实现表达其他含义与截然不同的效果。[②] 圆厅作为项目的枢纽，被设计成一座灯塔和中庭，或许是项目中最重要的元素。天窗让走廊里洒满阳光，仿佛穿透了遮蔽真相的黑暗。

当罗西在次年完成对历史博物馆的调整后，某些要素已经确定，而整体方案基本未变。他调整了展厅的照明，以及走廊的用途和照明，但委员会又决定为额外的活动增添设施。作为罗西方案中最重要的一部分，俯瞰河流的灯塔依然保留，里面是展览和休闲设施，还有一座观景楼可以让人环视河的四周。罗西对材料尤为重视，并且总是在竞赛方案中突出材料，但也会通过认真的研究控制造价。此时，在 1989 年春暮，参议院和罗西就分两阶段进行施工的计划达成了一致。行政楼和教学楼为第一阶段，灯塔和柱廊是第二阶段。尽管如此，罗西相信许多教学活动都可以在主楼里进行，直到大楼建成。这样它最后就不只是一个时代进程中的作品，而可以称为“形式和功能上创作的里程碑、德国时代的产物，以及德国和欧洲时代精神（Zeitgeist）的温度计”（图 4.6）。[③]

然而就在这时，柏林墙倒塌了。

同年（1988），罗西还设计了法国瓦西维耶尔（Vassiviere）的一座当代艺术中心、国际艺术与景观中心（Centre international d’art et du paysage，CIAP）。他后来写道，自己对展览空间和临时展览并不感兴趣，而更喜欢一座拥有多元化藏品的真正博物馆，其中可能收藏着古代铁质王冠、手稿、希腊雕像等文物。[④] 而 CIAP 提供了艺术试验的场地，让艺术家有机会去尝试在传统博物馆中难以实现

---

① Rossi, “Il progetto di concorso,” 40.

② Rossi, *QA*, Book 34, 8 May 1987.

③ Rossi, “Il progetto definitivo,” in Ferlenga, *Deutsches Historisches Museum*, 72.

④ Rossi, *QA*, Book 46, June 1991.

的创意。它坐落在瓦西维耶尔湖中 70 英亩（约 28 公顷）的一座岛上——全岛均供艺术活动使用。雕刻家和景观建筑师在这里的风景中展示他们的作品，画家和其他艺术家则在室内展示。驻地艺术家和研究人员住在岛上的城堡里以及附近的阿巴迪亚庄园（Domaine d'Abbadia）中。罗西认为在岛上设计建筑颇有吸引力，一个特别的原因在于这能让他建造一座真正的灯塔建筑，并有一座观景楼让人能环视湖面和岛上茂密的树林。他选择了岛屿中心的一个陡坡地段，其中有很多原因，但主要是因为它所在的丘陵裂谷高度足以容下灯塔，并让人能眺望远景。在这座塔楼之外，CIAP 还有一座长长的带筒拱和金属屋顶的建筑，里面有用于高侧窗采光的半月形窗。在外墙上，纤细的白柱将标示入口的涂漆工字梁高高擎起。

在入口处，纤细的金属柱围合出深深的门廊，并强调了建筑的姿态——不做这里的主宰，而与风景融为一体。确实，灯塔的砖和混凝土砌块为它赋予了波河平原那种乡村农房的气息。毫无装饰的立面在罗西眼中与他的福冈酒店不无关联，而那又出自他对帕尔马洗礼堂的理解。每一个都是超越了时间的建筑，材料在其中发挥着重要作用。精心选择材料是因为它们最能体现岁月的流逝。罗西认为瓦西维耶尔的艺术中心尤其尊重材料与时间的联系，而树林与湖水凸显着时光的痕迹。[①] 在反复推敲这些时——正如罗西经常在笔记本上做的——他思考着建成与未建成项目之间的各种关系，以及路易吉·吉里为罗西的米兰三年展家庭剧场拍摄的照片（图 5.3）。照片突出了家庭剧场作为真正的亚里士多德式剧场的性质：室内被简化为最基本的空间，但也是某种意义上的博物馆。因为它等待的客人可能永远不会到来，又或者是在追忆早已远去的主人。建筑的材料烙下了深深的岁月之痕，废弃的室内空间静静地等待着不知何日到来的客人：对于罗西，它们是一体的，并且是他长久以来的理念之一——建筑要唤起待人讲述的故事。

次年，纽约古根海姆博物馆的托马斯·克伦斯（Thomas Krens）找到罗西，讨论能否将威尼斯未完成的古根海姆博物馆建成。[②] 但此事一直停留在讨论阶段。这也毫无意外，因为罗西对赖特的纽约古根海姆博物馆全无好感。他认为那是一个彻底失败的项目，观展很不方便。建筑形式的体量差强人意，也很可能是建筑

---

① Rossi, *QA*, Book 39, 12 April 1989.

② 古根海姆助理馆长迈克尔·戈万（Michael Govan）在 1989 年 6 月 14 日写给阿尔多·罗西的信中邀请他月底在威尼斯见面。MAXXI, Rossi, Correspondence, 1989.

师感兴趣的；但无疑在功能层面上并不成功。[①]

1990 年，西班牙加利西亚一个海洋博物馆的委托项目让罗西兴致盎然。他在西班牙待过很长时间，结交了许多朋友。这就让在那里的工作很有吸引力，特别是在加利西亚。圣地亚哥-德孔波斯特拉的大教堂和修道院是他长久以来想象力的源泉。大西洋海岸圣地亚哥以南约 90 千米处的渔村维戈（Vigo），为一座展示该地区与大海之间关系的博物馆提供了完美的环境。地区政府决定将一座环抱海岸的 19 世纪废弃罐头厂（后为屠宰场）改造成博物馆和水族馆。罗西在 1992 年开始创作，却在完工前几年不幸离世。倘若他有机会完成这个建筑群并将罐头厂改造一新，它很可能会和今天海岸边毫不做作的明快体形并无二致。这座博物馆由旧罐头厂环绕着庭院、带三角形屋顶的简洁建筑，新的水族馆，以及通向灯塔的花岗石步道组成。令罗西欣喜的是，那是一座真正的灯塔。他认为，天井构成了建筑的真实形象，部分原因在于那是用该地区典型的花岗石建成的。但对于罗西来说，这个项目的核心是伸入大海的码头和灯塔。花岗石码头展现出大海的动荡之美——大海既是生命和生计的来源，也是大自然可怕的毁灭之力。罗西深感无法摆脱这种不安，便在码头处的博物馆展馆上使用了结实的糙石材，希望借此再现和表达这种不安，而非消解它。

罗西在世时只看到一座自己的博物馆建成，那就是位于荷兰最南部、与比利时接壤的林堡省（Limburg）马斯特里赫特的博纳凡滕博物馆（1990—1994，图 4.7、图 4.8）。或许是因为这个项目在他作品中的独特性——罗西建筑、记忆和思考中的形象、特征和要素在其中比比皆是：仿佛这座博物馆里承载了他毕生的智慧和情感。当他接到这项委托时，博物馆的藏品中已有历史和考古文物，随后又被转移到其他地方；如今藏品里只有欧洲现代初期到当代的艺术品。这座博物馆创立于 19 世纪末，其名称出自它原先设在“好孩子”（bons enfants）孤儿院里的总部。今天它位于城市中一个去工业化的地区、马斯河（Maas River）沿岸。该地区后来被改造为商住区，在一定程度上就是因为这座博物馆的建成。

罗西与博物馆馆长亚历山大·范格雷文施泰因就博物馆的未来进行了轻松而深入的交流。范格雷文施泰因不通过竞赛便选中罗西来做这个项目，因为他理解

① Rossi, “Lezione sui musei,” Venice IUAV, 1994 年 10 月 17 日修订版. MAXXI, Rossi.

了罗西建筑的精髓，而这绝非常人所能。在罗西身上，他发现了“杰出的表达天赋与矜持的视觉语言”。[①] 罗西理解这座城市和地段，并设计出在钢筋混凝土结构上覆砖石和木材等马斯特里赫特传统材料的建筑群。在建筑设计上，罗西借鉴了他几十年前为穆焦市政厅做的方案局部——一座布局呈 E 形的建筑。在这里，建筑有三翼朝向河面，中翼的尽端还有一个带穹顶的大塔楼。他写道，在设计这座塔楼时心中想到的是亚历山德罗·安东内利的都灵穹顶建筑，特别是圣高登齐奥教堂（San Gaudenzio）优雅纤细的穹顶，而那对于博纳凡滕结实的塔楼来说甚至有些夸张。罗西在塔上做了一个覆锌板的穹顶，下面是一个观景平台。在那里可以欣赏城市四周的景色，尤其是河正对岸的历史中心。在这如画的风景中，塔楼作为河岸上的灯塔，成了项目的点睛之笔，也是从河对岸和历史中心唯一能看到的部分。尽管罗西在给范格雷文施泰因的信中提到了安东内利的建筑，他还有一个截然不同的灵感来源——古代的蜂巢墓，比如古迈锡尼的圆顶墓（tholos）和撒丁岛的努拉盖（图 4.9）。在那里，要通过险峻的路才能下到石墙包围的圣井处。[②]

对于博物馆而言不同寻常的是，范格雷文施泰因希望在很多展厅中引入自然光。这种壮观的效果一部分体现在玻璃天窗下高高砖墙之间的楼梯上。在项目说明中，罗西表示这段楼梯具有典型的荷兰特征，与荷兰的航海世界及位于“天涯海角”的殖民地联系在一起。[③] 如上一章所述，罗西在强调楼梯时会提到具体的经历和场所——从登临神圣空间的传统，到他青年时登上圣卡洛内像和圣山（见第 5、6 章）的个人朝圣经历。这种楼梯有木踏步和高高的纹理丰富的连续砖墙，恰恰唤起了童年的经历。爬楼梯（尤其是又高又难爬的楼梯），以及所需的一切努力，强化了在博物馆中行进的神圣色彩。正如申克尔的楼梯营造出与人类文明无数珍宝邂逅的舞台，罗西也创造了能让观众脱离凡世的体验，一如范格雷文施泰因设想在此举办的试验性当代艺术会给人们带来的惊喜——当然罗西也承认这

---

① “The Building,” Bonnefantenmuseum Maastricht. http://www.bonnefanten.nl/en/about_us/building_en_architect, 2017 年 8 月 21 日访问。

② Aldo Rossi and Alexander van Grevenstein, *Brieven/Letters* (Maastricht: Bonnefanten Museum, 1995), 24.

③ Rossi, “Verlust der Mitte,” Bonnefanten-museum, Building and Architect, http:// www.bonnefanten.nl/en/about_us/building_en_architect/verlust_der_mitte, 2017 年 8 月 21 日访问。

可能让年长者气喘吁吁。

在一封给范格雷文施泰因的信中，罗西将楼梯称为圣阶（scala santa，图 3.8、图 4.7、图 4.8）。这就同天主教最重要的两个楼梯直接联系了起来——贝尔尼尼为圣彼得大教堂设计的神圣楼梯，以及拉特朗的圣乔瓦尼教堂的神圣楼梯。后者在整个中世纪都是教皇的主座教堂。[①] 罗西将楼梯作为“一切建筑的特殊组成部分”，并注意到人们既要上楼梯也要下楼梯，而且有跌倒的风险。他提醒范格雷文施泰因，攀登“神圣楼梯”是一个艰辛的过程。他提及蜂巢神庙即在关注那些通过下楼梯追求净化的人——这与基督教和西欧各地将上楼梯作为净化的方向正相反。对于下楼梯，人追求的是怜悯与同情；而对于上楼梯，是正义。他以令人钦佩的口吻轻描淡写：“什么也不如跌倒更能打动人。”事实上，在注意从楼梯跌倒的风险时，罗西同“耶稣下十字架与入殓”（Deposition and Entombment of Jesus）的构图进行了对比。他认为那“总是远胜于‘耶稣升天’（Ascension）的”[②]。他的思绪继而延伸到建筑师职业的悲惨境地上，因为在他看来，建筑师要么在沉睡，要么充当时尚的弄潮儿，为破坏城市描绘蓝图。面对这一切，他提出了一种犹如蜂巢墓那样返璞归真的建筑形式，抛下当代资产阶级建筑的哗众取宠，让博纳凡滕博物馆与至今依然跨越在马斯河上的古罗马大桥及其所象征的历史连接起来，成为屹立在河畔的灯塔和人类文明的地标。

罗西给项目说明定的题目是“中心的丧失”（Verlust der Mitte）——汉斯·泽德尔迈尔（Hans Sedlmayr）1948 年著作的书名，英文版为《艺术的危机：中心的丧失》（*Art in Crisis: the Lost Center*）[③]。罗西针对泽德尔迈尔的一些论述做出了回应，并重点关注艺术的内涵或意义。泽德尔迈尔成为一名艺术史学家是受了 19 世纪末奥地利艺术史学家、奥匈帝国古迹督查阿洛伊斯·里格尔（Alois Riegl）的影响。[④] 由“艺术意志”（Kunstwollen）的概念，里格尔提出艺术风格演化的一种假设，而这种演化的逻辑从各种文化中都能梳理出来。艺术史学家会挖掘与每件

---

① Rossi and Van Grevenstein, *Brieven/Lettere*, 22-24.

② 同上，24.

③ Hans Sedlmayr, *Art in Crisis: The Lost Center* (New York: Routledge, 2017 [1948]).

④ Alois Riegl, “The Modern Cult of Monuments,” trans. Kurt Forster and Diane Ghirardo, *Oppositions* 25 (1982): 21-51.

艺术品的历史渊源有关的资料，但在这些技能之外，泽德尔迈尔选择去追求艺术品最本质的核心——“艺术意志”，并在关于弗朗切斯科·普罗密尼的建筑研究中达到了炉火纯青的境界。二战刚一结束，泽德尔迈尔便失去了他的教职，因为他是一名顽固的纳粹党员。

建筑在泽德尔迈尔关于中心丧失的文章中占有重要篇幅，其中有一整章在论述“对建筑学的攻击”（Attack on Architecture）。他认为，18 世纪末以来这一领域不断遭到攻击。从克劳德-尼古拉斯·勒杜（Claude-Nicholas Ledoux）的设计开始，直到最近的勒·柯布西耶。泽德尔迈尔的基本观点是，从总体上看，现代化的过程在过去的 150 年中让文化陷入了深谷。[1] 不同于里格尔相对温和的声音，泽德尔迈尔不禁发出了与奥斯瓦尔德·斯彭格勒（Oswald Spengler）在两卷《西方的没落》（*Decline of the West*，1918，1922）中相同的叹息。斯彭格勒关于文化兴衰起伏的有机理论抨击了所有艺术、绘画、雕塑和音乐的衰败。对于泽德尔迈尔，所有文化都必然面临相同的衰败命运，而他尤其对宗教文化和普遍意义上精神的丧失感到失望。他抨击用博物馆取代神庙或教堂的做法，认为神圣艺术不断的世俗化剥夺了它的精神内核。他认为《艺术的危机》的使命之一即辨别这一趋势的表现形式和即将到来的衰落的迹象。罗西认同其中的一些分析，并承认大部分当代建筑是空虚的。对于第一个问题，他直接用自己的建筑设计作为回应。这在纪念碑、剧院和墓地上一目了然。

对于第二个问题，他提出的策略是用自己的实践而非口诛笔伐去对抗现代运动的千篇一律和虚伪道德。同泽德尔迈尔一样，他相信没有艺术家或艺术可以独立于世；我们所做的一切都源于更广大的某物。而在罗西看来，这种认识带来的不是绝望而是决心，让他去克服在许多当代实践中看到的空虚，并通过让设计方法立足于一种严谨的、解放人的不同实践来颠覆它。泽德尔迈尔“中心的丧失”没有让罗西坠入一种相同的绝望深渊，因为他坚持远离现代主义带来的种种谜团。在罗西的同代人中少有能够领会他建筑精髓的人，而卡洛·艾莫尼诺是其中之一。在 1977 年的一篇文章中，艾莫尼诺对一种批判罗西建筑的观点进行了回击。他

---

① Alois Riegl, “The Modern Cult of Monuments,” trans. Kurt Forster and Diane Ghirardo, *Oppositions* 25 (1982): 141-144.

指出，罗西的建筑不是寂静的或面临危机的，而是乐观主义的。[①] 诚然，罗西秉承的一个核心理念就是：一切皆可改进，甚至改变。

他将论述博纳凡滕博物馆的文章命名为《中心的丧失》，便引出了关于原因的问题——为何他要在论述一座他引以为豪的博物馆时提到“中心的丧失”？在这篇文章中，他强调这座博物馆和他的建筑是反对启蒙运动的一个理念的，即一切重要之物皆可测量。但这座建筑的确提出了一个问题：博物馆是由一系列生活纪念物组成的，还是其本身即我们生活的一部分？在描述了博物馆的各个空间及其特征之后，他总结道，被视作一个整体的博物馆或许是“一个丧失的整体，而我们只能凭借（其中保存的）无数碎片来识别它，而这也是逝去的艺术和欧洲的碎片”。罗西没有进一步解释他提到的“丧失的整体”。从上下文来看，可以清楚的是，他谈论了历史，特别是欧洲历史。那已不可避免地逝去，也存在于当下——过去的现存。他和圣奥古斯丁一样无法找到当下，却又像圣奥古斯丁一样，能不断提出关于时间、失去和希望的问题，或许是把对失去的理解作为走向超越时间的表达的第一步。[②] 他还认为泽德尔迈尔的题目所指的是幸存者的状况——个人或城市——但并没有流露失去则无可挽回之意。他写道：“（失去）是因为远去，然而失去也表现为创造的一种隐秘条件……所以将威尼斯剧场（Teatro del Mondo，ndr）称作带有玩具般的构件、充满欢乐的建筑……（这）提到的是失去（欢乐童年）的状态，因此是诗意的。”[③]

---

① Carlo Aymonino, “Une architecture de I’optimisme,” *L’Architecture d’Aujourd’hui*, 190 (1977): 46; 另引于 Seixas Lopes, *Melancholy and Architecture*, 196.

② *The Confessions of St. Augustine*, trans. Rex Warner (New York: New American Library, 1963), Book XI, § 10-24, 264-277.

③ “E perduto perche e lontano ma la perdita si presenta anche come una discreta condizione del fare, ... per questo posso riprendere la descrizione del teatro veneziano come un’opera di gioia o anche con componenti infantili...infantile come riferimento ad una condizione perduta e per questo poetica.” Rossi, *QA*, Book 26, 3 November 1979.

5 罗西与剧场

记忆不是考察过去的工具，但它的剧场是。

——瓦尔特·本雅明[①]

威尼斯是一个令人目不暇接的地方，然而在1979年末的威尼斯（La Serenissima），在圣马可潟湖中的拖船上漂浮着的黄蓝两色的锌屋顶木建筑，却吸引了更多疑惑而好奇的目光。[②] 这就是阿尔多·罗西的世界剧场，它最初是为戏剧双年展而建的。这座仿照城市16世纪水上剧场设计的临时建筑大受威尼斯人和游客欢迎，故而被保留下来，成为次年7月开幕的首届建筑双年展的标志物。[③] 这座靠近安康圣母教堂和威尼斯海关大楼的建筑位于大运河流入潟湖的河口旁，拖船可以把它拉到许多地方。上部的金属护挡在阳光下闪闪发亮，并披着安康圣母教堂柔和的色调。温和、简洁的木结构单杆体系（Unistrut）和灰绿色的锌屋顶看似脆弱不堪，却成功地冒着众人熟知的威尼斯狂风（bora）暴雨、酷热严寒，在大雾和波涛中坚持了数月。

---

① Walter Benjamin, "A Berlin Chronicle," 载于 Michael William Jennings, Howard Eiland, Gary Smith, eds., *Walter Benjamin: Selected Writings*, vol. 2, part 2, 1931-1934 (Cambridge, Mass.: Belknap, 2005), 611.

② 威尼斯共和国昵称 La Serenissima，意为"至静之地"。中世纪以来，这一荣誉称号象征着崇高的地位，也可冠于个人名下，包括总督和上层贵族的其他成员。

③ 世界剧场最初为1979年11月的戏剧双年展而建，并保留到1980年初的嘉年华庆典（Carnevale）。随后它被运到杜布罗夫尼克（Dubrovnik）海湾，一直停在那里。因为没有资金可以支撑维护的成本，尤其是租来的拖船，所以无法将它保留在原处。2004年，世界剧场因为热那亚的一次展览而重建。但是，不但所有的原始设计图纸都已佚失，而且罗西在重建过程中进行了调整，让这个项目变得十分复杂。因此第二版只能是原作不完整的复制品。

世界剧场不但禁受住了威尼斯一年恶劣气候的考验，而且在双年展夏末结束后，被一条拖船带过亚得里亚海，于 1980 年 8 月抵达杜布罗夫尼克海湾。在那里，它经受了同样汹涌的大海的考验，成为城市戏剧节引人瞩目的地标。虽然在巡游克罗地亚海滨后便被拆解，世界剧场的标志性形象长存于世——或许是罗西所有设计之中最惹人喜爱的。尽管在某些方面它看上去同罗西的其他项目大异其趣，但实际并非如此。罗西对剧场的痴迷起源于他的青年时代——源自他对电影的兴趣和青年时成为导演的渴望，以及幼年在寄宿学校时的经历。他在职业生涯中不仅设计了许多新的剧场或是进行原尺寸的重建，还将不少小剧场点缀到项目中，比如都灵原来的 GFT 大楼和纽约的学乐大厦，而且他经常将项目的某些局部作为小剧场来处理。世界剧场在很多意义上都是罗西剧场设计的中间点：从他大学论文中的米兰剧场和文化中心方案（1959），到首个剧场竞赛方案、帕尔马的帕格尼尼剧院（1964），再到最后威尼斯的拉费尼切剧院（1997）。

本章将首先回顾罗西主要的剧场设计项目，然后探讨他关于剧场的渊博思想，最后分析他论述和设计剧场时借鉴的各种素材。

作为城市纪念建筑的罗西剧场

20 世纪 70 年代，罗西《城市建筑学》和摩德纳墓地的成功为他赢得了更多的委托项目和竞赛。在米兰马达莱纳街的事务所里，罗西设计并建造了他的“科学小剧场”（Il Teatrino Scientifico，图 5.1）。[①] 小剧场由金属板和木材制成，并配有一座小舞台。它可移动的建筑构件和不同的背景让罗西能在更大的设计中尝试无穷无尽的组合方式——就像钢琴的五指练习，并且不单是将每种新的配置方式理解为一个建筑作品，而是认为其中蕴含着建筑设计的一整套方法。

罗西为何反复将剧场作为灵感的来源，作为挑战，作为探索建筑思考方式的手段？这并没有简单的答案。在他从始至终的项目中，这个主题都激发着他的兴趣：对于罗西，剧场是建筑终结、想象世界起始的关键所在；而在这一微妙的

① 1997 年 4 月 24 日，在威尼斯 IUAV 大学讲述他剧场的一次未公开讲座“I miei teatri”上，罗西表示某一文化机构已经委托了该剧场项目，但他记不清是哪一家。

交叉中，建筑对它们的结合总是不可或缺的。1979 年，罗西论述了三个建成项目——法尼亚诺奥洛纳学校、摩德纳墓地和科学小剧场：“生死与想象，其间的关联既直接又含混……逝者的房屋与儿时的房屋都是剧场的一部分……尽管这所学校不完整，墓地是一个碎片，剧场是一个模本。但建筑的形式有完美的设计，并且在从思想到有形现实的过程中毫无变化。”① 罗西对自古希腊以来的剧场历史了如指掌，不仅是它们的实体形式，还有其起源和在自身文化中的作用。公元前 6 世纪，宗教庆典中就有悲剧，后来又增加了喜剧。② 学者们对希腊戏剧和剧场的发展过程有争议，但早期悲剧出现在宗教仪式中似乎是可能的。点缀在风景中的希腊剧场，比如最早的一座，位于雅典卫城侧面、祭祀狄俄尼索斯·埃莱夫塞柔斯（Dionysius Eleuthereus）的剧场，先是被罗马共和国的独立木建筑取代，而后是帝国时代的砖石纪念建筑，比如罗马的马尔切卢斯剧场（Theater of Marcellus）。在罗西看来，罗马剧场是古希腊杰出的露天剧场与欧洲近代早期剧院之间的桥梁，而他尤其关注更近期的实例。③ 罗西经常提到安德烈亚·帕拉迪奥（Andrea Palladio）的维琴察奥林匹克剧院（Teatro Olimpico，1585），文艺复兴时期建成的意大利最早、最著名的剧场。在帕拉迪奥看来，它就像当时按照维特鲁威《建筑十书》所描述的希腊露天剧场进行的一种重建。④ 建筑因为场地限制而被缩成一个椭圆形，故无法准确体现维特鲁威的方案，但它还是在很短的时间里大获成功，

① “La vita, la morte e l’immaginazione il legame e diretto e ambiguo...La casa della morte e la casa dell’infanzia sono parte del teatro ... la scuola non e completa, il cimitero e un frammento, il teatro e un modello. Ma la forma della costruzione e perfettamente prevista e nulla cambia dal pensiero alla realta fisica delle cose.” Rossi, *QA*, Book 24, 6 June 1979.

② 关于古代剧场的通史，见 Ruth Scodel, ed., *Theatre and Society in the Classical World* (Ann Arbor: University of Michigan Press, 1993)；关于希腊剧场，见 Graham Ley, *A Short Introduction to the Ancient Greek Theatre* (Chicago: University of Chicago Press, 1991); Jennifer Wise, *Dionysus Writes: The Invention of Theatre in Ancient Greece* (Ithaca, N.Y.: Cornell University Press, 1998).

③ 例如，在他为加拿大多伦多附近安大略湖畔的法罗剧场（Teatro Faro）所做的项目说明中，即表明了这一观点。见 Ferlenga, *Aldo Rossi: Tutte le opere* (1999), 188.

④ Marcus Vitruvius Pollio, *Vitruvius: Ten Books on Architecture*, ed. and trans. Ingrid D. Rowland (Cambridge: Cambridge University Press, 1999), Book 5.iii.1-8.

即使它代表的是意大利剧场设计中一种建筑传统的终结，而非开始。[1]

1964 年，罗西入围帕格尼尼剧院修复和帕尔马皮洛塔广场（Piazza della Pilotta）改造的竞赛。在这座广场上曾经屹立着圣彼得殉道者教堂。该教堂于 1818 年拆除，1867 年建成赖纳赫剧院（Teatro Reinach），即后来的帕格尼尼剧院。1944 年剧院又被盟军炸毁，这就是要重建的建筑。在竞赛方案中，罗西不可回避的是附近皮洛塔宫（Palazzo della Pilotta）里乔瓦尼·巴蒂斯塔·阿莱奥蒂（Giovanni Battista Aleotti）的杰作——法尔内塞剧院（Farnese Theater，1618），这是三座意大利文艺复兴时期的剧场中唯一幸免于难者。阿莱奥蒂采用的是一种新的剧院设计方法，它在后来成为主流，并延续到 19 世纪。[2] 帕拉迪奥奥林匹克剧院的椭圆形布局被改成一个长方形结构中的马蹄形观众席。阿莱奥蒂在此引入了一种新要素：围合舞台的幕前（proscenium）大拱券。

帕尔马的竞赛分为三个阶段，并采用邀请的方式。竞赛收到了意大利新一代建筑师的许多方案，包括卡洛·艾莫尼诺、保罗·波尔托盖西、罗伯托·加贝蒂（Roberto Gabetti）与阿伊马罗·伊索拉（Aimaro Isola），以及罗西。路易吉·佩莱格林（Luigi Pellegrin）的方案最终获奖，却一直未能建成。[3] 在这个地段进行设计并改造广场是一项艰巨的任务：皮洛塔宫综合了不同时代建成的各式建筑特色，并以无饰面的砖立面为主体。罗西注意到，阿莱奥蒂的剧院就挤在这座宫殿的遗迹中，而在他心中那或许是意大利最美的。帕尔马较小的历史中心有若干独

---

① 在这一问题上至今仍有帮助的是 Donald C. Mullin, “The Influence of Vitruvius on Theatre Architecture,” *Educational Theatre Journal* 18, no. 1 (March 1966): 27-33; 另见 Vera Mowry Roberts, *On Stage: A History of Theater* (New York: Harper and Row, 1962); Margarete Bieber, *The History of the Greek and Roman Theater*, 2nd ed., rev. and enl. (Princeton: Princeton University Press, 1961); Hugh Hardy, *The Theater of Architecture* (New York: Princeton Architectural Press, 2013).

② 这种方案最早的实例是温琴佐·斯卡莫齐（Vincenzo Scamozzi）的萨比奥内塔（Sabbioneta）剧院（1588—1590）。Tomaso Buzzi, *Il “Teatro all’Antico” di Vincenzo Scamozzi in Sabbioneta* (Rome: Bestetti and Tuminelli, 1928); Kurt Forster, “Stagecraft as Statecraft: The Architectural Integration of Public Life and Theatrical Spectacle in Scamozzi’s Theater at Sabbioneta,” *Oppositions* 9 (1977): 63-87.

③ Gianugo Polesello, *Concorso per la ricostruzione del Teatro Paganini a Parma: Progetti di Aldo Rossi. e Carlo Aymonino* (Venice: Cluva, 1966). 1999 年，伦佐·皮亚诺将帕尔马埃里达尼亚（Eridania）旧糖厂的一座建筑改造成帕格尼尼礼堂，并融入附近的公园。

立建筑，并成为罗西的关注点：皮洛塔宫、洗礼堂、大教堂、主教宫、斯泰卡塔圣母教堂（Santa Maria della Steccata）和皇家剧院（Teatro Regio），都是自成一体的城市纪念建筑。

此时罗西正在埋头写《城市建筑学》，并刚刚完成库内奥反抗军纪念碑的设计，因此首先从城市纪念建筑的角度考察剧场，也就不足为奇了。古希腊剧场是一种城市艺术品，他认为。它将城市纳入自身的范围之内，并且，即便为戏剧演出提供了环境，它也代表着自身的建筑现实，而这在我们登上埃皮达鲁斯（Epidaurus）或德尔斐（Delphi）剧场的石阶时也能体会到。对于处在帕尔马这样的古城中心的当代剧院，罗西最直接的线索并非来自帕格尼尼剧场遗址，而是几个街区之外的一座 13 世纪初的洗礼堂。这是立于 11 世纪的大教堂和主教宫之间的独立建筑，带有白色和玫瑰色交替的维罗纳大理石条带。这座八角形的洗礼堂作为一件城市的建筑和艺术品屹立在那里，是历史上建造和改造它的人共同缔造的集体成就，并在岁月中不断变化——恰如罗西在他次年出版的书中所描述的城市建筑，以及他在 1959 年论文中所做的米兰剧场和文化中心方案。[①]

他为帕尔马这个复杂地段所做的方案是一个圆柱形的剧场，旁边是顶部有三角形通道的柱廊——正体现出他的城市纪念建筑概念。他在《城市建筑学》中指出，城市及其建筑通过不断改造得以传承，而每个建筑作品都是独一无二的组成要素，并且它们不会被简化为纯粹的功能。几百米外，洗礼堂依然矗立在由大教堂和主教宫围出的广场上，一如它最初建成时的状态。而这三座建筑中的活动全都与千年之前一样。罗西的两座建筑还表达出由部分组成设计的理念，犹如城市在历史中不断向已有的肌理插入建筑单体的发展过程。罗西的注意力集中在不同城市的各类建筑上，并将它们视为历经岁月沧桑的古迹，即使是它们的用途发生了变化——比如尼姆和卢卡原先的圆形剧场、维琴察的帕拉迪奥巴西利卡，不一而足。[②] 尽管这些建筑最初的设计是为了满足特定的功能，它们也在数百年间多次改作他用，或者用超现实主义作家雷蒙德·鲁塞尔的话来说，每座建筑都是一个“独特场所”（locus solus），即城市中独一无二的地点或场所。帕尔马纪念性城

---

① Rossi, *Architecture of the City*, 34.

② 同上，47-48.

市建筑林立的历史中心正是如此。[①]

在进行建筑设计之前，罗西嘱咐设计师考虑多方面因素，尤其是建筑类型。他将类型定义为“永恒而复杂之物，是先于形式的逻辑原则”。[②] 并非一种形式代表一种特定的建筑类型，他继续说道，“尽管所有的建筑形式都能简化为类型”。[③] 帕尔马的设计表明他没有囿于自己钟爱的剧场形式——比如阿莱奥蒂的法尔内塞剧院、斯卡莫齐的萨比奥内塔剧院、申克尔的柏林剧院（Schauspielhaus），而承认建筑类型的重要性。当选择圆柱的形式时，罗西刻意回避了先前的建筑，而转向集中式平面。这通常与宗教建筑联系在一起，例如附近的八角形洗礼堂，以及他论文中提出的剧场方案。帕格尼尼剧院的城市环境，在罗西看来，反映了洗礼堂的环境。这里已有突出的建筑作主导，因此场地需要一个独特的形式，创造出一种与众不同的存在。他将剧场的圆形平面称为融合性要素，这也是许多种剧场让他欣赏的地方——从曼托瓦的科学小剧场、帕多瓦的解剖学剧场、希腊的露天剧场，到阿莱奥蒂、斯卡莫齐和申克尔的剧院，以及天文馆和宇宙剧场。他的柱廊和剧场是独立的城市实在（城市艺术品），都是独特的场所。[④] 罗西想从形式上区分开这两座建筑，以强调各自的独特性，而不是像竞赛要求那样将剧场立在礅座上。他把停车场、服务设施和餐厅放到地下，并为其他店铺和餐饮设施提供了一道柱廊。这些与剧院—电影院综合体是分开的，而在地下连通。一如塞格拉泰，罗西提出用小斑岩块重新铺装整个广场，以微妙的手法将不同时代迥异其趣的建筑统一起来。

关于这道柱廊，罗西从弗朗切斯科·斯福尔扎公爵（Duke Francesco Sforza）在威尼斯大运河畔未建成的宫殿片段上找到了理想的灵感：一根厚重、无装饰、无柱础、无柱头的圆柱。这被称为菲拉雷特柱，因为它的建筑师安东尼奥·阿韦利诺自称“菲拉雷特”（希腊语“珍爱美德之人”）。前文已经说明，这种柱子成

---

① Roussel, *Locus solus* (1914) 之所以吸引罗西，一定程度上是因为主人公展示的奇异剧场。在那里，逝者将重回人间，在剧场的布景中重现他们在世时最重要的各个时刻。locus solus 一词成了罗西的标记。

② Rossi, *Architecture of the City*, 40.

③ 同上，41.

④ Fatti urbani 是一个很难译为英语的复杂词；罗西在《城市建筑学》中不仅用该词指建筑等城市艺术品，还有街道网络、事件、记忆，等等。

了罗西设计中最独到且反复出现的特征之一，例如塞格拉泰纪念碑和加拉拉泰塞住宅项目。[①] 菲拉雷特柱（罗西总是指转角的那一根，但事实上有两根）让他尤为感兴趣。在罗西眼中，威尼斯大运河是由哥特和拜占庭立面组成的一幅和谐画面，而这些柱子是其中超然不群的片段。但它们也体现出罗西对形式和片段日渐浓厚的兴趣——它们全无装饰，却表达出具有多重价值的意义和关系。关于这种残留片段的印象，罗西写道："孕育出带圆柱体要素的建筑，并为我带来建筑的全新构思。"[②] 这一构思囊括了各种最基本的要素，它们被理解为片段、在城市建设中要设计和积累的部分、随着时间的推移逐渐组合的部分。

罗西为帕尔马所做的设计未能进入终评。虽然他在后来数年中提出了许多剧院方案，却只是偶尔回到这种类型上——尽管柱廊、三角形、圆柱体等要素已成为其他项目、其他剧院的主要特征。大约 30 年后，它们再次出现在他 1992 年的塞维利亚世博会印度群岛剧场方案上，作为带侧楼和筒拱柱廊的圆锥台建筑的一部分；还有佩鲁贾丰蒂韦格项目的剧场（1982）。罗西在这里还提出了一个锥形体作为三层办公楼的入口，另有一个中央大空间供音乐和戏剧演出或工会和公共集会使用。[③] 在他的科学小剧场里，一道窄窄的幕前拱上方有嵌着钟表的山花，并围合出它的舞台。舞台上是柱廊、无装饰的柱子和台阶，后面是画出的背景。正如纪念碑的设计，罗西从未彻底终止一个方案，甚至是在未建成的作品上。他总会在后续的建筑和图画中不断探索，尝试重新组合、调整，并为一个或多个部分赋予活力。这在一定程度上是因为没有一个设计能穷尽一种建筑元素的所有可能，也是由于他公开表示的对片段的痴迷，并认为那表达着"对我们自身的片段的自信"。[④]

---

① 菲拉雷特于 1461 年接到设计公爵宫殿的委托，但威尼斯的领导人很快中止了建设。因为他们意识到斯福尔扎是一个会随意倒戈的武将，尽管他曾为共和国立下赫赫战功，并被赐予这块土地作为表彰。关于斯福尔扎的生平，见 William Pollard Urquhart, *The Life and Times of Francesco Sforza* (Charleston, S.C.: Nabu Press, 2011).

② "Da questa impressione nascono le mie architetture con elementi cilindrici e per me una visione completamente nuova dell'architettura." Rossi, "Note autobiografiche sulla formazione ecc., 1971," 载于 ARP；见 Ferlenga, *Aldo Rossi: Tutte le opere* (2003), 8-25.

③ Aldo Rossi, "Edifici pubblici, teatro e fontana, zona Fontivegge, Perugia," 载于 Celant, *Aldo Rossi: Teatri*, 72-83.

④ Rossi, *Scientific Autobiography*, 8.

继临时性的世界剧场之后，罗西在热那亚的卡洛－费利切剧院（Carlo Felice Theater，1983，图 5.2）重建竞赛中胜出，赢得了他第一个完整的剧院委托项目。最初的剧院由卡洛·巴拉比诺（Carlo Barabino）设计（1825），二战期间损毁严重——先是遭到轰炸，后被洗劫。二战后立即进行了临时性重建。在建筑师保罗·凯萨（Paolo Chessa）和卡洛·斯卡帕（Carlo Scarpa）两次重建失利后，这座剧院最终成了 1981 年一场两阶段竞赛的主题。罗西［与伊尼亚齐奥·加尔代拉（Ignazio Gardella）和法比奥·赖因哈特合作］于 1984 年在这次竞赛中拔得头筹。在建设经费常常与腐败行为挂钩的意大利，卡洛－费利切剧院在预算内按时建成，对于一个公共项目来说是不同寻常的。而值得称道的是，罗西几乎所有的项目都是如此。

罗西希望重建旧剧院的外部结构，同时全面改造室内空间，并增添当代剧院所需的技术设备和设施。这处遗迹的场景令他着迷还有几个原因："城市的遗迹成为想象的对象，恰恰是因为能够在科学地预设出来的体系中，将它们与清晰的假设联系起来……在这个意义上……我提出了类比城市的理论：即一种以城市现实的某些基本事实为基础的构成性过程。围绕这些城市现实，其他事实在一种类比体系的框架中形成。"[①] 罗西在文章和城市项目中将类比城市的概念作为城市领域中的一种设计方法去探索，他发现这与剧院尤为相关，既包括建筑也有舞台布景。综合来看，他对遗迹的思考和不断发展的类比城市概念能帮助我们看清他在这种设计上的方法。热那亚的竞赛规定了目标：延续旧建筑的基底，替换原剧院的外部构造，尤其是前廊或叫柱廊，并增添一座新的舞台塔（fly tower），以满足新的技术要求。罗西认为这个华丽的柱廊和舞台塔"自成一体，难以调和"。[②] 在现代的室内空间里，他加上了一座锥形的灯塔，使门厅沐浴在流幻交融的室内外顶光中。这座灯塔使中庭里弥漫着一种亲切感和隔绝感，尽管它处在一个宏伟而喧嚣

① "Le rovine di uoa citta sono oggetto di fantasia proprio nel momento che e possibile collegarle in uo sistema previsto costruito scientificamente per ipotesi chiare.... In questo senso ... ho avanzato la teoria della citta analoga: cioe di un procedimeoto compositivo ne e imperniato su alcuoi fatti fondameotali della realta urbana e intorno a cui costituisce altri fatti nel quadro di un sistema analogico." Rossi, *QA*, Book 3, 11 January 1970.

② 出自阿尔多罗西基金会的一份打字稿；今载于 Rossi, "Il Teatro di Carlo Felice," 见 Celant, *Aldo Rossi: Teatri*, 96.

的公共广场中。最突出的是，在卡洛-费利切剧院里，观众席前墙上重现了热那亚的街景；再加上侧墙上的窗户和阳台，打破了室内空间的独立性，使观众在演出开始前便能进入故事的场景。室内向室外敞开，室外又围合室内。这一无穷尽的过程正与罗西对建筑师和剧院的理解相契合："（建筑师）只可预先构建这种固定场景的框架，即让行为发生的要素。"[①]在卡洛-费利切剧院，复原的外部历史构造和绘出的热那亚城市景观交织在一起，以绝妙的手法让人联想到卡尔·弗里德里希·申克尔的柏林剧院首演之夜的场景（柏林，1821），并看到剧院位于附近两座穹顶巴洛克教堂的柱廊之间，远方是一望无际的柏林城。[②]这一手法反复出现在罗西的剧院设计中。他经常把外部立面放到室内，比如都灵的GFT奥罗拉大楼（1984）、福冈皇宫酒店的室内酒吧（1987）、纽约学乐大厦的讲座空间（1997，2001建成）。学乐大厦的舞台背景分三路，并交汇在舞台上，描绘的是苏豪区的街道。这是在向温琴佐·斯卡莫齐为帕拉迪奥的奥林匹克剧院营造的绝妙的深远透视致敬——就像申克尔的柏林剧院幕景，让观众思考他们在城市景观、在城市中的位置，并想到这大千世界之中的小屋里上演的人类幻想处在多么深邃的位置。这种室内舞台"融入了人的行为，并将其在现实中构建出来，从而创造出了现实与幻想之间更多的联系，并加以强化"。[③]同样重要的是，它们让观众意识到剧场里公共与个人的世界是多么柔弱——既温静地凝结在砖石中，又融于泪水与欢笑之中。罗西特意将剧院的愉悦与欢快作为让自由和想象力驰骋的空间。

罗西在剧场中发现或想到的快乐，或许在加拿大多伦多安大略湖畔的灯塔剧场（Lighthouse Theater，1988）这样的建筑上最为明显。他设想的这座剧场延续了维特鲁威描述的古罗马剧场的特征，只是在这里改为木构。观众席接近半圆形，对面的舞台背景由罗西的城市设计片段或某些类似要素组成。在观众席后面，一座熠熠生辉的红白色灯塔高高升起，塔顶有绿色的灯室和观景台。在罗西的想象

① 罗西对出于安全考虑禁止开启窗扇、阳台上人的要求表示后悔。

② Karl Friedrich Schinkel, *Sammlung Architektonischer Entwurfe* (Chicago: Exedra, 1981)。这幅对页图是以1866年版本为底的限量版建筑图。这些图最早出现在持续发行多年的有17幅对页图的版本中；本图最早出现在1821年的对页二中。

③ "Questa scena fissa e partecipe all'azione e la costruisce: essa crea dei nessi ulteriori e Ii rafforza." *QA*, Book 15, 3 October 1973.

中，这座灯塔是此地与巨大的湖面，乃至与世界各地类似海港的灯塔之间的联系。罗西以这种方式布置建筑群，并想象出它在城市环境中的情形——建筑群处在纽约那种典型的砖立面之间，而这在他的图画中屡见不鲜。这个露天灯塔剧场仿佛将水陆空美妙地叠合在一起，形成超越时间、移天缩地的全景；虽屹立于此，却也会让人联想到无数类似的空间。

因此，在罗西眼中，伊比利亚半岛和新世界的巴洛克式祭坛饰板是令人着迷的剧院背景素材。[①] 在塞维利亚，他对高大精美的祭坛饰板赞叹不已，以至于多次将它们用到自己的设计中，使之保留在自己鲜活的记忆中。[②]1978 年末他考察了巴西东南部的米纳斯吉拉斯州（Minas Gerais）以及欧鲁普雷图（Ouro Preto）、贝洛奥里藏特（Belo Horizonte）和孔戈尼亚（Congonha）等城镇。这里的卡尔米内圣母教堂（Our Lady of Carmine），尤其是圣母感孕教堂（Our Lady of the Conception）的祭坛饰板让罗西为之倾倒，以至于写下了自己对建筑和艺术品难以用理性解释的热情重燃的话。在 18 世纪雕塑家阿莱雅迪尼奥（Aleijadinho）的作品中，他发现了与欧洲相似的宗教主题——圣山和剧场。在这些极具震撼力的巴西巴洛克教堂里，他不由自主地在祭坛饰板前徘徊，在凝视与回忆之间驻足，琢磨相同的主题何以在不同的文脉下形成显著的差异。例如，卡尔米内圣母教堂的礼拜堂表现“耶稣受难”故事的方式是系列画——从基督一头乌黑长发之时，到他在装饰着珠宝和黄金的祭坛饰板前“惨死”。

他将整个圣母感孕教堂比作一个剧场，而由祭坛画同中殿（对应唱诗席）之间的隔墙形成的侧廊所面对的包厢与剧场无二。他写道，这些祭坛饰板犹如机器，而项目或建筑就围绕它们布置，构成一个以祭坛饰板为戏剧背景、调动情绪的空间。[③] 很久之后他又设计了米兰三年展的家庭剧场，那在他看来是一个固定的舞台，而非临时的背景，一如他对这些祭坛饰板的回忆。这又让他回想起对这些巴

---

① Alicia R. Zuese, *Baroque Spain and the Writing of Visual and Material Culture* (Cardiff: University of Wales Press, 2015); Gloria Fraser Giffords, *Sanctuaries of Earth, Stone and Light: The Churches of Northern New Spain, 1530-1821* (Tucson: University of Arizona Press, 2007); Damian Bayon and Murillo Marx, *A History of South American Colonial Art and Architecture: Spanish South America and Brazil* (New York: Rizzoli, 1992).

② Rossi, *QA*, Book 31, 2-5 December 1985.

③ 同上，Book 23, 27 November-15 December 1978.

洛克杰作的激情，以及他“想亲自制作一块祭坛饰板的荒谬愿望”。[1]

这里我们再次看到，罗西多姿多彩的记忆不断将他带回到旅途的经历或孩童时代的回忆里。每当记忆随着一次新的邂逅浮现出来，不同的侧重点和语境都会引导他进行新的类比，并发现新的元素，随后融入他的图画和论述之中。正如祭坛饰板一样，它们的美吸引着他，时而又令他反感。沉浸在对新遇到的艺术品或事件的记忆中，会使他的注意力更加集中。在家庭剧场里，高大的祭坛饰板采用了谦逊的姿态和装饰，仿佛自发生长而来，从他的记忆深处蹒跚走出，并以截然不同的建筑语言呈现为一个新的神圣空间。或许这个家庭剧场在一定程度上真的使他未竟的梦想成真——创造一幅自己的祭坛饰板。

剧院也成了罗西在意大利的收官之作。1996 年 9 月，威尼斯市宣布举行邀请赛，对 1996 年 1 月 29 日失火后室内空间被毁的 18 世纪拉费尼切剧院进行重建。[2]威尼斯市在市长马西莫·卡恰里（Massimo Cacciari）的指导下，将邀请范围扩大到建筑师团队和建设公司上。当时流言四起，说竞赛结果已经内定。[3] 评委主席为行政法教授莱奥波尔多·马扎罗利（Leopoldo Mazzarolli），委员有丹尼尔·科米斯（Daniel Commis）、弗朗切斯科·达尔科（Francesco Dal Co）、埃内斯托·贝塔尼尼·费奇亚·迪科萨托（Ernesto Bettanini Fecia di Cossato）和安杰洛·迪托

① “Mi ricordo, guardaodolo, la mia passione per il retablo e la speranza assurda di poter costruire uo retablo.” Rossi, *QA*, Book 31, 16-18 January 1986.

② 最初的拉费尼切剧院建于 1792 年，它的前身圣贝内代托（San Benedetto）剧院毁于火灾。在 1996 年大火之前，它还遭受过一次 1836 年的火灾。见 Ghirardo, *Italy: Modern Architectures*, 200-207; Gianluca Amadori, *Per quattro soldi: Il giallo della Fenice dal rogo alla ricostruzione* (Rome: Editori Riuniti, 2003); Maura Maozelle, *Il Teatro La Fenice a Venezia: Studi per la ricostruzione dov'era ma non necessariamente com'era* (Venice: Quaderni IUAV, 1999). 政府令第 44/96 号（成为 1996 年 7 月 29 日第 401 条法令）为重建拨款 2000 万里拉，并指定威尼斯地方长官主持重建工程。

③ 拉费尼切官网是这样描述该事件的：“1996 年 9 月 7 日，竞标通知发布。十家意大利和外国事务所参赛。1997 年 5 月 30 日进行评选。霍尔茨曼公司（A. T. I. Holzmann）经过一系列申诉后赢得了项目合同，并采用建筑师阿尔多·罗西的方案。” http://www.teatrolafenice.it/site/index.php?pag=73&blocco=176&lingua=ENG，2017 年 6 月 30 日访问。另见 “L'incendio alla Fenice di Venezia, vent'anni fa,” *Il Post*, 29 January 1996; “Il ritorno della Fenice: Mostra sulla ricostruzione artistica del Teatro La Fenice,” 参与重建的建筑师之一公共工程部主任马尔科·科尔西尼（Marco Corsini）关于该展览的访谈，热那亚大学线上发表（https://architettura.unige.it/did/12/architettura），2017 年 6 月 25 日访问。

马索（Angelo Di Tommaso）。[1] 评委分四项给方案打分：美观与设计、竣工时间、造价和长期维护成本。1997 年 5 月 30 日，一等奖被授予加埃·奥伦蒂。市长卡恰里（哲学教授，曾为曼弗雷多·塔富里的学生）对此大加赞赏。由于她有五分之一的建筑未做设计，所以在施工时间和造价上得到了最高分。罗西的方案在美观和长期维护成本上得分更多，可以说比施工时间和造价重要得多。由于拉费尼切剧院在历史上三度毁于火灾，罗西提出了一个设想，即使这会让施工启动延期——在地下做一个大水窖，这样在未来遇到火灾时总会有充足的水。

面对这种竞赛舞弊的丑闻，罗西也绝不会对老朋友奥伦蒂提起诉讼，但德国建设公司霍尔茨曼不愿视而不见，并毫无顾虑地发起了行政诉讼。这家公司在地区法院败诉，但最终在 1998 年 2 月获得了胜利：最高行政法院做出了有利于罗西的判决，卡恰里想必对这一结果无比失望。[2] 罗西于 1997 年 7 月离世，这个项目于 2004 年由他在米兰的前同事完成。虽然城市的公共工程部主任认为罗西只留下了总体构思，事实上他的设计与任何一个竞赛方案的深度都不相上下，只不过进入施工图总是一项艰巨的工作。弗朗切斯科·达莫斯托伯爵在扩初阶段有过合作，而罗西建筑工作室（Arassociati）的同事监督了施工，这一设计无疑仍要归功于罗西。[3]

---

① 所有评委均为大学教授：马扎罗利是帕多瓦大学商业管理教授，科米斯是巴黎-贝尔维尔和南锡大学（University of Paris-Belleville and Nancy）声学助理教授，达尔科是威尼斯大学建筑学院教授，费奇亚·迪科萨托是帕多瓦的建筑系教授，迪托马索是博洛尼亚大学建筑科学教授——均由市长卡恰里选定。

② 霍尔茨曼于 1997 年 6 月 30 日发起行政上诉。地区行政部门以法院 1497/97 号判决驳回了上诉。1998 年 2 月 10 日的最高行政法院（Consiglio di Stato）300/98 号判决明确否定了评委的决定，因为在设计阶段市领导向所有参赛者做出了声明：威尼斯市当时通过征收（eminent domain proceedings）形式收购的区域应纳入设计中，面积约占整体的 20%。奥伦蒂的重建工程在 3 年后被叫停，这一判决迫使卡恰里召回评委，重新核分。这项工作直到 1998 年 3 月 19 日才完成。阿涅利（Agnelli）事务所对该判决提出上诉，但最高行政法院于 1998 年 7 月 1 日驳回了上诉。卡恰里被这一系列判决激怒，并称应当取消发起行政上诉的权利，让项目能够推进。倘若如此，奥伦蒂相形见绌的设计就会建成。Alessandra Carini, “Guerra degli appalti a Venezia e la Fenice ancora non risorge,” *La Repubblica*,22 November 1998.

③ 达莫斯托是最先意识到奥伦蒂方案不完整的人，并导致建设公司提起行政上诉。达莫斯托在劝说威尼斯市上发挥了关键作用，并让他们相信未曾合作过的新伙伴、建筑工作室是有能力完成该项目的。尽管如此，在最初的评奖结果被推翻后，罗西的前员工们决定不列上他的名字，并签订了完成罗西设计方案的合同。

威尼斯人希望拉费尼切剧院重现昔日风采（dov'era，com'era——昔日之地、昔日之风）。这一观点罗西颇为认可，尽管他对能否复原昔日的形象心存疑虑。他坚信自己的方案完全符合竞赛规则，但是拉费尼切剧院的“家庭照”只能由时间和个人的印记实现了。另外，重建的建筑会在岁月的长河中形成自身的历史，比如圣米歇尔山（Mont-Saint-Michel）。[①] 罗西复原了卡洛-费利切剧场大部分的外部构造，却在20世纪80年代初激起了许多争论。这被认为是“抱残守缺”，既不“新颖”也不“现代”。而当重建工程在威尼斯推进的过程中，建筑界也爆发出同样的反应。[②] 早在赢得两个竞赛之前，罗西在《城市建筑学》中便阐明了自己的观点：遗迹和过去的作用在于蕴含着历史上的多种资源，而时间恰恰印证了他方法的合理性。新楼本可采用一种现代语言，甚至是纳入一些他特有的标志性细节——比如圆柱体、三角形、工字钢梁、又高又窄的楼梯，而他却选择了历史，甚至在建筑的新部位上。大楼火灾后增加的新楼里有一个罗西厅（Rossi Room）。在这里，他在一道墙上复原了帕拉迪奥为维琴察巴西利卡设计的帕拉迪奥母题（serliana）立面。他这样做不只是由于帕拉迪奥设计的美，更是为了通过引入这种片段来恢复古威尼斯木构建筑的某些特征。[③] 这种由抛光木材制成的双层高柱与拱券交替的序列，对解决声学问题尤为有效，在这里还用到一处供实践活动、小型音乐会和会议使用的房间上。这是在向帕拉迪奥致敬——他不仅是剧场设计师也是建筑师，设计了威尼斯许多雄伟的教堂。

将早期项目的片段汇集起来进行新的创作，是罗西建筑设计的主要特征，并在1985年达到了炉火纯青的境界。那年他在摩德纳为自己的建筑作品组织了一次展览，并在其中设计了摩德纳机械（Macchina Modenese）——一个耐人寻味而又引人瞩目的作品、一架名副其实的剧场机械。罗西将一个巨大的木构物放在摩德纳市美术馆的穹顶下方。在这里他展出了自己最出名的一系列剧场项目中的关键元素：塞格拉泰的圆柱与三角形通道、摩德纳的立方体骨灰龛（columbarium）

---

① Rossi, "La Fenice," MAXXI, Rossi, *Quaderno*, August 1996 to May 1997.

② 如 Manzelle, *Il Teatro La Fenice*. 关于卡洛-费利切剧院重建的各种争论，见 Daniela Pasti, "Che pasticcio quel teatro: Genova proprio non lo merita," *La Repubblica*, 29/30 April 1984; Franco Vernice, "La maledizione del Carlo Felice," *La Repubblica*, 12 May 1984; 其他的报纸文章则侧重于布鲁诺·泽维与保罗·波尔托盖西之间的交锋。

③ Rossi, "La Fenice," 2.

红色堆叠塔楼。这架机器与罗西的画极为相似，因为它是从许多建筑类型中挑选元素，并将它们叠加在一起的。这种组合多个部分的设计方法，表达出他对城市中纪念性公共建筑的作用和特征的理解。设计中理念和形式上的纯粹性会破坏城市，而不是赋予其活力。现代运动建筑师的顽疾在于他们不能承认，甚至是意识到这一点。罗西则转向一种复杂而丰富的分析考察过程：首先是了解城市及其历史，然后用尊重、理解和想象力去设计——而后者是最重要的。这一过程并不会扼杀创造力，而是一种激励。这在罗西的世界剧场、卡洛-费利切剧院和复原的拉费尼切剧院上最为明显。

《城市建筑学》强调历史在思考建筑中的重要性。建筑的生命与其不可磨灭的过去联系在一起，即使一座新的或重建的建筑也应“融入这个场所的氛围，甚至是强化它”。[①] 罗西关于历史、类比城市和由部分组合的设计等思想，以及他关于剧场和戏剧创作的思考，全部体现在他恢复这座被毁建筑的决定中。

罗西与无可比拟者剧场

在《剧场》(*Il Teatro*，1983）等草图中，一个科学小剧场靠在八角形的洗礼堂型建筑上。背景中，一座堆叠式方锥形塔楼旁有一个穹顶，与菲利波·布鲁内列斯基（Filippo Brunelleschi）的佛罗伦萨百花圣母大教堂（Santa Maria del Fiore，1418—1434）尖穹顶（ogival cupola）不无相似之处。这幅草图几乎是由意大利广场周围典型的建筑类型拼贴而成的画，并插入了在形式上相去甚远的建筑。而在这里它们挤成一团，又保留着各自的特性——正如罗西对类比城市的描述。对于这种画，罗西并没有从艺术家的拼贴画上获得多少灵感，他写道，而更多来自雷蒙·鲁塞尔的著述，尤其是他的第一版《非洲印象》(*Impressions of Africa*，1910)。[②] 这种奇诡又风趣的文字让罗西很是着迷，以至于他希望这本书是自己写

① Ernesto Nathan Rogers, 引自 Oscar Newman, ed., *New Frontiers in Architecture: CIAM 59 in Otterlo* (New York: Universe, 1961), 93.

② Raymond Roussel, *Impressions of Africa*, trans. Mark Polizzotti (McLean, Ill.: Dalkey Archive, 2011); 关于鲁塞尔的生平，见 Mark Ford, *Raymond Roussel and the Republic of Dreams* (Ithaca, N.Y.: Cornell University Press, 2000).

的。[①] 他心中“建筑学的导师”，罗西写道，“很可能是诗人雷蒙德·鲁塞尔”。[②]

鲁塞尔的文字有何奇妙之处，让罗西如痴如醉？鲁塞尔富有而古怪，是一个满怀激情，甚至偏执的作家。他出版的第一部小说一败涂地，并在一大堆同样失败的书籍中位居榜首。他一生中出版的著作无一为他赢来渴求的声誉和尊重。即使有安德烈·纪德（Andre Gide）等超现实主义者，以及后来阿兰·罗布-格里耶（Alain Robbe-Grillet）、米歇尔·比托尔（Michel Butor）、莱奥纳尔多·夏夏（Leonardo Sciascia）和米歇尔·福柯（Michel Foucault）等作家的支持，去买他自己出版书籍的人仍寥寥无几。[③] 鲁塞尔后来将他的小说《非洲印象》改编成戏剧。该书大致讲述了一群旅行者在沉船后的奇遇。在等待用赎金换来的救援时，他们为消磨时光举行了一场盛大的嘉年华式（Carnivalesque）的宴会，并由部分乘客进行表演。这个即兴组合被称为“无可比拟者”（Incomparables）。这就是小说的情节（如果可以算得上）。而罗西对作者细致入微的描述反复品味：鲁塞尔打破了庸俗与奇异之间的距离，将猫弹齐特琴（zither）这样的场景描绘成稀松平常之事，而错乱惊异的“无与伦比者”代表着生活的诡异莫测。

罗西在他的出版物和笔记中反复谈到鲁塞尔的书，而每次都会思考一个略有不同的方面。鲁塞尔赋予文字活力的古怪思维无疑吸引着他，罗西认为鲁塞尔的写作方式与自己的追求不谋而合。罗西渴望阐明自己建筑创作的机理（mechanism），并把描述作为一种洞察触发写作机理的手段。罗西所谓的机理并不是某种自动的技术，而是自发形成、又难以描述的东西——使他在不断寻找描述它的方式。无论怎样细致的阐释、描述，甚至设计，城市建筑中类型、结构和功能的概念在罗西看来都未曾接近他的“城市灵魂”（city’s soul）。[④] 他是什么意思呢？它对设计过程本身的意义何在？这远不止建筑类型的问题；罗西希望建筑

---

① Rossi, *QA*, Book 2, Architettura, 4 December 1968.

② 同上，Book 29, Architettura-Grecia, March 1981.

③ Michel Foucault, *Death and the Labyrinth: The World of Raymond Roussel*, trans. Charles Ruas (London and New York: Continuum, 2004 [1963]); Leonardo Sciascia, *Atti relative alla morte di Raymond Roussel* (Palermo: Esse Sellerio, 1971). 鲁塞尔于 1933 年 7 月 14 日（巴士底日）在巴勒莫（Palermo）自杀。那时罗西两岁。

④ Rossi, *Architecture of the City*, 32. 在意大利原文中，罗西使用了法语 l’ame de la cite 而未译出“城市的灵魂”。

师接受“l’ame de la cite”，并深入研究。它源于一个模糊却又层次丰富、深不可测的地方，又是一个清朗可见、具有二分性的奇迹——尤其是在不可言传的地方，可以意会到它。对于罗西，同大部分艺术家一样，将不可言说之物转译到可见的形式上，是在生成过程本身、在创作的行为中，由内生的“谜”产生的。在这个二分性过程中，具体的形式有至关重要的作用。在圆柱形的剧场中，关于宇宙、行星和无穷的形状（本质上是一个无始无终的几何形）的种种历史关联让这种形式更加丰满。同集中式平面的洗礼堂一样，圆柱形的剧场表明，这个被创造出来的奇妙世界的整体性在毁灭与创造的循环往复中是极其脆弱的。拉费尼切的火灾在其中不过是一个小宇宙（microcosm）。圆形也暗示出一种古老的信仰：世界是由数、重量、长度（numerus, pondus, mensura）——实用性、触觉性、实在性——组织起来的。但《圣经》中描述的另一种信仰更为突出：上帝手持圆规创造了我们的世界，并将地球定为圆形。中世纪一幅将上帝描绘成建筑师的画在文艺复兴时期的建筑实践和理论中大行其道[①]。但丁也有关于造物主（Creator）的类似描述，说他

> 手中巨大的圆规
> 划过世界的边缘
> 将诸多隐匿之物
> 同显现之物分开[②]

因此，在布罗尼学校的第一个扩建方案的画中，从窗口或从柱廊出来的小人；或是在一幅帕尔马剧院项目的画中，在剧院和柱廊前高举双臂欢呼的人，都代表着一种在功能和建筑类型之外的愉快想象——这正是罗西有意引入生活，并通过

① Wisdom of Solomon 11:20: “But thou hast arranged all things by measure and number and weight”; Proverbs 8:27: Wisdom put forth her voice; “When he established the heavens I was there: when he set a compass upon the face of the deep.” 另见 Maria Grazia Lopardi, *Architettura sacra medievale: Mito e geometria degli archetipi* (Rome: Mediterranea, 2009).

② “Colui che volse il sesto allo stremo del mondo, e dentro ad esso distinse tanto occulto e manifesto.” *Paradiso* XIX, 40-42. Dante Alighieri, *The Divine Comedy of Dante Alighieri: The Italian Text with a Translation in English Blank Verse and a Commentary by Courtney Langdon*, vol. 3: *Paradiso* (Cambridge, Mass.: Harvard University Press, 1921).

剧院和柱廊实现的东西。这些画表明，学校和剧院成了市民生活、戏剧演出、现实与想象中的表演的中心，并永久固定在宇宙不可逾越的几何形之上。

但罗西的抱负远不止于此。多年来他一直有意写一部《项目选集》(*Alcuni dei miei progetti*)，并且数次在他的笔记中表达这个设想，却从未如愿。[①] 他追求的是什么？线索来自阿道夫·路斯。他引用了路斯的话“人们可以描述出伟大的建筑”，并借鉴了鲁塞尔的观点：描述可以直指一个项目的核心，即“一种在纯粹机理之中的探索，将物分解后进行重组”。[②] 在此之外，鲁塞尔的书令罗西着迷的原因在于：这位法国人用细腻的笔触把所有东西都描述了两遍。第一遍让读者一头雾水，对其中的含义（如果有的话）毫无头绪；第二遍给出些许启示，却仍让人云里雾里。每处连续的描述都呼唤着下一遍，却绝不会收笔，而是永无休止地延续。鲁塞尔隐晦的概述和对“无可比拟者剧场”的详细描述让罗西印象尤为深刻。他写道：“就严谨的描述而言，除了白色后墙上勃兰登堡选帝侯（Electors of Brandenburg）的肖像，什么也不需要了，也没有哪座剧场比这更真实。”[③] 鲁塞尔在书的首页上关于无可比拟者俱乐部和剧场的隐晦描述，包含了由选帝侯肖像构成的舞台背景，却没有解释为何会出现它们的形象。[④] 探索全面、严谨的描述成了一种使命，甚至是痴迷，而罗西借此可以阐述关于他自己设计的分析。他采用鲁塞尔对写作方式的描述和解释，且并无迂腐的弦外之音，以此“打破想象的未知，揭示游戏的规则，最终使潜意识的外在表现降到最低”。[⑤] 部雷在论述地下建筑及其难以言明的起源时，恰恰采用了这种方式。这在罗西看来是一种注定只能趋近而无法抵达终点的探索。它既是天边的地平线，也是脚下的界限。数年的笔记、发表的文章、竞赛方案的说明、对他建筑图书的书评，最终汇成了与《非洲

---

① 这本酝酿中的书已写出第一部分。其未出版的手稿藏于 MAXXI, Rossi: “Alcuni miei progetti: Avvertenza”；这份档案中一些篇幅较短的打字稿有相似的标题。

② “... una ricerca all’interno di un purismo meccanico che smontava e rimontava gli oggetti.” Rossi, *QA*, Book 22, Architettura e Ospedale di Bergamo, 15 May 1977-21 July 1978.

③ “Nessun teatro e piu reale, niente, attraverso una rigorosa descrizione e piu necessario per noi della applicazioni dei ritratti degli elettori del Brandeburgo sopra la bianca parete di fondo.” 同上。

④ Roussel, *Impressions of Africa*, 3.

⑤ “Spezzare l’ignoto della fantasia, scoprire le regole del gioco, infine dissacrare il gesto dell’inconscio fino alle sue radici.” Rossi, *QA*, Book 23, 30 July 1978-1 January 1979.

印象》上篇无二的散文形式：它们勉强描绘出一种神秘依然的建筑，并且与剧场有特殊的关联。

尽管鲁塞尔的书令罗西着迷，他却无法继续对这位法国作家隐秘而又耐人寻味的晦涩言语永无止境的探索。罗西以不同于鲁塞尔的方式进行了思考和评估，并形成了自己的判断和立场。罗西来到了一个在他眼中充满意义的世界，并在其中不断与之相互作用，并尝试通过每一个项目来表达他设计的含义。

他绝不可能像鲁塞尔那样进行环球旅行——鲁塞尔从不离开酒店客房，而罗西的好奇心会让他游历四方。在没有永久建筑束缚的地方，罗西的歌剧和芭蕾布景设计将这种神秘表现得淋漓尽致。《拉默莫尔的露西娅》（*Lucia di Lammermoor*，Gaetano Donizetti，1835）和《蝴蝶夫人》（*Madama Butterfly*，Giacomo Puccini，1904）都在一个无以复加的罗西式布景中上演——拉韦纳城墙东北段脚下，数百年间多次翻修和改造的 15 世纪布兰卡莱奥内城堡（Rocca Brancaleone）。[①] 威尼斯人在 15 世纪初利用原有的建筑组成了一个防御网，这座城堡是其中的一部分。它包含城堡主体和一座要塞。要塞的围墙内有一个露天大院（bailey）。在这些爱与背叛的故事中，罗西将这座紧邻露天剧场的城堡融入了其中一个歌剧的舞台背景，而在另一个中完全忽视了它。在《拉默莫尔的露西娅》中，罗西利用了城堡现有的部分城墙，并加上了几座房屋和高塔，形成一座主要由高塔和烟囱构成的“想象中的哥特城市”。[②] 在剧场里，几乎一切都是可能的，因此罗西将代尔夫特和布鲁日的高塔和陡峭的屋顶轮廓，同欧塞尔（Auxerre）、第戎（Dijon）和其他北欧城市的房屋形象融合在一起，用到明显属于苏格兰南部的环境上。大部分表演在户外进行，还有一张大理石桌出现在所有的室内场景中。不过在《蝴蝶夫人》中，明亮的纯色突出了朴素日式住宅的简洁性，并让人将注意力集中在室内展开的情节上。大幕在木架上起落，木架上有许多正方形的开口和相互连通的楼梯。这大致就是一个没有其他建筑特征的日式住宅局部。罗西为这两部歌剧所做的设计虽然简洁，却是上演剧目一目了然的背景——他相信建筑在公共空间中也应有这样

---

① Giampaolo Bolzani and Paolo Bolzani, *La rocca Brancaleone a Ravenna: Conoscenza e progetto* (Fusignano: Essegi, 1995).

② Aldo Rossi, “Scenografia di *Lucia di Lammermoor*, Rocca Brancaleone, Ravenna,” 载于 Celant, *Aldo Rossi: Teatri*, 122.

的作用——这就要通过层叠和并置看似不可能、无法调和的多元建筑来设计布景，并且这些建筑依然能通过想象表达出这些作品的意境。

相比之下，苏黎世歌剧院（Zurich Opera House）1993 年芭蕾舞《雷蒙多》（*Raimondo*）的布景以极其肯定的手法将罗西建筑设计的典型要素组合起来，在此表现出疯人院、监狱、工厂、神庙。一个亮红色的圆锥台、一个像摩德纳墓地藏骨堂那样有许多方形开口的红色立方体，以及立在罗马古代切斯蒂乌斯（Cestius）金字塔上的石方锥，与 19 世纪末礼堂建筑的世纪末（fin de siecle）绚烂风格形成了生动的反差。对于撒拉森（Saracen）反面角色的登场，罗西设计了一种异域风格，甚至是带有幻想色彩的东方建筑背景——其中想象的成分多于现实。在这每一个舞台背景上，罗西的部分组合理论都得到了理想的表达。这种用截然不同的片段进行设计的理论，成为构建一种存于此时却又永恒的城市建筑的手段。这种建筑以神秘的方式烘托出一座新古典主义歌剧院的室内空间，以及亚得里亚海滨的中世纪意大利城堡中，一座不大可能存在于现实中的苏格兰宫殿。

从最小的尝试性草图到完整的绘画，罗西一生中绘成的画如山。他在其中尝试以无法在实际建筑中实现的方式来呈现同一种神秘。例如，他曾把米兰大教堂放在佩尔蒂尼纪念碑旁边。还有一次，他将一个空可乐罐和一包香烟以相同的尺度放在他的建筑作品旁；又曾将两座在现实中相隔万里的建筑放在一起。对于某些项目和图画，比如基耶蒂学生宿舍、科学小剧场和厄尔巴小屋，罗西在 1977 年写道，他追求的是鲁塞尔式的清晰描述，并将他的项目放在“他多方面建筑思考的理论框架内”。事实上，他继续写道，“随着时间的推移，这可以扩展到关于生命意义的普遍思考上”。[①] 在摩德纳圣卡塔尔多墓地的一些图画中，罗西插入了基耶蒂项目的片段；而在其他图画中插入了摩德纳墓地藏骨堂（图 6.1、图 6.3）；又在某处加上了圣卡洛内像的片段：就像鲁塞尔的书那样，对建筑创作机理的解释仅仅解释了那种机理。罗西最后沮丧地承认，我们能够解释某物的制作方式，却不能说明其中的原因。[②] 相反，他努力去设计一种外在时间、条件和情感之外

① “... all’interno di un quadro teorico del mio pensiero in architettura. In realta con il passare degli anni questo quadro della architettura mi sembra si possa ampliare a una visione generale del significato della vita.” Rossi, *QA*, Book 22, 17 July 1978.

② 同上，Book 14, 16/17/18 November 1972.

的建筑，尽管对存在于那种机理背后的因素心知肚明——每个作品中都蕴含着一连串的意图、证明、梦想和含义。[①] 他的大部分建筑诗学都环绕在这个二分性的奇迹周围，而它的起源远远超出了建筑。

剧场与圣山中的演出

像集中式平面的帕格尼尼剧院、罗西的论文方案，或者以八角形穹顶立在正方形剧场上的世界剧场等形式，仅仅揭示出罗西在设计剧场中斟酌过的诸多问题的冰山一角。究竟什么是剧场？罗西在 1997 年 4 月未发表的一次公开讲座中提出了这一问题，却在几个月之后便溘然离世。[②] 他表示剧场绝不仅仅是今天人们想到的昔日富丽堂皇的建筑，比如斯卡拉、拉费尼切、环球剧场（Globe Theater），并以 1986 年米兰三年展“家庭剧场”的舞台布景为例来说明。这个名为“家庭剧场”的方案在一个住宅的局部，同《蝴蝶夫人》的舞台布景不无相似之处；还有一系列配有桌椅门窗和巨大咖啡壶的房间——却没有人的踪影。罗西品味着这种空间的舞台背景的私密性——它就像家庭剧场一样，是一个充满等候与静默感受的空间。在他心中挥之不去的，还有对二战后米兰市中心轰炸后断壁残垣的回忆，以及 1951 年 11 月波河平原（Polesine）威尼托南部地区洪灾之后波河沿岸内堤中残留的空房。这场战后最严重的洪灾席卷意大利，洪水泛滥长度超过 250 英里（约 400 千米），直到 8 个月后才慢慢退去。甚至多年后，罗西还会看到被盟军轰炸摧毁的住宅和公寓，房间里还残留着夹克、杯具等日常生活用品，以及波河平原中霉菌层层的房间。人们若是出于好奇向敞开的洞口里看上一眼，便会即刻躲开。对于被人视而不见和处在舞台对面的感受，罗西是接受的。[③] 逝世前不久，罗西正在画一座废弃住宅，原型就是他在刚刚得到学位后去罗维戈省（Rovigo）考察的被洪水冲毁的房屋。2001 年，“废弃之屋”（La casa abbandonata）

---

① “Ho cercato cosi di costruire una architettura libera dal tempo, dalle condizioni, dai sentimenti. Io mi limito a spiegare questo meccanismo anche se dietro ad esso si erge il campo della motivazioni di ogni tipo che circondano ogni opera.” 同上 , Book 13, 1972.

② Rossi, “I miei teatri,” 威尼斯 IUAV 大学讲座，1997 年 4 月 24 日；未发表手稿。

③ Rossi, *Scientific Autobiograpy*, 12.

在皮亚韦河畔圣多纳（San Donà di Piave）雕塑公园中建成。

罗西认为戏剧场景远远超出了建筑类型或舞台演出的范畴；它藏在生活的迷宫里，并深入其内部堂吉诃德般不可预料的层面。对于罗西，家庭剧场的巨大厨具、咖啡机、褪色的壁纸和不亮的灯具也意外地唤起了他儿时夏季湖畔的记忆：坐在奶奶的厨房里画各种厨房用具——他一生中不断重复的绘画题材。罗西并没有沉溺于自己的过去，而是让这些形象成为舞台上、大街上，或是房屋里的场景——那是生活与活动的场所。在罗西心中，这些记忆是驻留在时间中的；但它们并非静物形象，而是在事件发生之前富有诗意的停顿、在行动前一刻那个震颤的瞬间。在那转瞬即逝的一刻中，他以令人难忘的笔触描述了他所预见的事："在最近的一些项目中，或是项目的设想中，我尝试在事件发生前一刻终止它，仿佛建筑师能预见这座住宅里生活的一幕幕——他真的会预见到。"[①]

作为参考，他回想起童年最深刻的一段经历——伦巴第和皮埃蒙特的圣山朝圣之旅。[②]旅行从瓦拉洛开始，这是阿尔卑斯山莱科省附近的一个地区。1486年，方济各会修士贝尔纳迪诺·卡伊米（Bernardino Caimi）建造了圣山，将其作为在世间重现耶路撒冷的功德之地，以满足无法前往圣地的虔诚朝圣者的心愿。圣山上有一连串描绘基督生平的礼拜堂。在瓦拉洛，一组真人大小的彩绘石膏像表现着圣经故事的内容——从亚当与夏娃开始，然后是耶稣受难、耶稣复活、圣灵降临（Pentecost），再到耶稣升天和圣母升天（Assumption）。后来的圣山通常赞美耶稣受难，其他的则表现阿西西的圣弗朗西斯［St. Francis of Assisi，奥尔塔圣山（Sacro Monte of Orta）］、圣杰尔姆·埃米利亚尼［索马斯卡圣山（Sacro Monte of Somasca）］和圣三位一体［吉法圣山（Sacro Monte of Ghiffa）］的故事。礼拜堂的序列构成了一段微型朝圣之路，途中可驻足从格栅、铁丝网或金属屏上的大开口中欣赏一系列场景画，并在它们的引导下进行祈祷和冥想。"对于登上圣山的

---

① Rossi, *Scientific Autobiograpy*, 6.

② 关于圣山：Rudolf Wittkower, "Montagnes sacrees," *L'Oeil* 59 (November 1959): 54-61; William Hood, "The Sacro Monte of Varallo: Renaissance Art and Popular Religion," 载于 Timothy Verdon, ed., *Monasticism and the Arts* (Syracuse, N.Y.: Syracuse University Press, 1984), 291-311; *Atti del I Convegno Internazionale sui Sacri Monti* (Varallo: Centro di Documentazione dei Sacri Monti, Calvari e Complessi Devozionali Europei, 1980); Sergio Geosini, ed., *La Gerusalemme "di San Vivaldo e i sacri monti in Europa* (Ospedaletto: Pacini, 1989).

人，体验的重复与艺术是异曲同工的。”罗西认为。[①] 每个这样的礼拜堂其实都是一个微型剧场。在战争年代莱科省索马斯卡神父们兴办的亚历山德罗・沃尔塔教会学院读书时，罗西曾登上索马斯卡圣山，那里记载了创立索马斯卡教派的圣耶罗姆・埃米利亚尼（1486—1537）的事迹。[②] 在这位圣徒过世两百多年后，礼拜堂街（Via delle Cappelle）在道路两侧建起了一连串独立的礼拜堂。这条街绕着马尼奥代诺山（Mount Magnodeno）蜿蜒而上，最终抵达墓地和这位圣徒的隐修处。这里还有以亚历山德罗・曼佐尼的经典小说《约婚夫妇》而闻名的“无名者”（Innominato）城堡遗迹。[③] 礼拜堂中真人大小的石膏或波特兰水泥人像用鲜亮而自然的色彩绘成，熠熠放光。他们身着织物衣装，面部表情极具表现力，活灵活现，呼之欲出。其中最具代表性的是圣耶罗姆・埃米利亚尼圣山的场景：这位悲痛欲绝的圣徒怀抱着一位即将下葬的疫病死者。还有一处表现的是他在准备为嗷嗷待哺的孤儿们分面包。其他的圣山表现的则是卫兵和在基督受难途中瞠目随行的人群。

即便在成年之后，罗西也曾到这些圣殿来朝觐，并欣然接受那些被他轻描淡写为“朝圣途中近乎神经质般姿态”的造型。[④] 他给波莱塞罗写信说心中酝酿着一个截然不同的、或许是不可能完成的研究类型——关于某种 17 世纪伦巴第自然主义的研究。这种自然主义会让理性建筑止于某个认知性的时刻，而此时石膏模具或铸模会成为研究的对象，而不是塑像或者传统意义上的雕像。他发现瓦拉洛礼拜堂和类似圣殿中表现的场景会激发出无限的思考，使佩莱格里诺・蒂巴尔迪（Pellegrino Tibaldi）等文艺复兴艺术家设计的礼拜堂里的作品本身得以升华。

这些场景和礼拜堂给罗西带来了深刻而持久的印象，贯穿在他的图画和建筑中，且不断出现在他论述的思考中。他经常提到一种对圣山“欲罢不能的爱”

---

① “La ripetizione dell’esperienza per chi percorre il Sacre Monte e simile all’arte.” Rossi, *QA*, Book 6, 21 March 1971.

② 虽然这条朝圣之路源于 16 世纪，但这 11 座礼拜堂是 19 世纪的，每座都有自己的建筑围合空间。

③ 亚历山德罗・曼佐尼（1785—1873）也是米兰人，和罗西一样热爱伦巴第和皮埃蒙特的湖；他也在索马斯卡接受了神父的教育。每个上到高中的意大利孩子都会学到《约婚夫妇》；只要提到无名者，每个意大利人都会知道说的是谁。

④ “Visto in questi tempi (e accetto il gesto quasi nevrotico del pellegrinaggio) i santuari della Lombardia,” 阿尔多・罗西致詹努戈・波莱塞罗信稿片段，1966 年 3 月 20 日，MAXXI, Rossi.

（amore coatto）——抛开自己的痴迷不论。[①] 这究竟是何意？至少有一点，圣山是意大利近代初期大众艺术和建筑中最宏大的表达形式之一，也是其魅力所在；而这恰恰是为何它们通常没有出现在意大利文艺复兴艺术和建筑的宏大历史之中的原因。独具一格、建筑特征鲜明的礼拜堂和祈祷室是该地区圣山的代表，并由建筑围合出一个舞台般的场景，将典故中的关键瞬间凝固下来，供朝圣者观拜。瓦拉洛建筑最具代表性的是第一座礼拜堂，一座带帕拉迪奥母题的四柱门廊式圆柱形建筑，立面顶部的山花里是亚当、夏娃、毒蛇和知识之树构成的场景。瓦拉洛的一些长方形礼拜堂是带拱廊的，有些是八角形的，还有些在封闭的带拱顶走道里。由此来看，罗西设计的威尼斯世界剧场的八角形室内空间承袭旁边巴洛克式的安康圣母教堂（“安康教堂”，1681），就毫无意外了。后者也被普遍认为是一个室内设计具有强烈戏剧效果的宗教空间。集中式的八角形平面呼应着意大利的中世纪洗礼堂建筑，正因为如此，这种形状也经常出现在圣山的礼拜堂上。罗西的漂浮剧场与安康教堂之间更突出、更直接的关联是一个不同寻常的决定：威尼斯共和国任命索马斯卡神父为安康教堂的管理者。这无疑是为了纪念该教派的创始人圣耶罗姆·埃米利亚尼，一个为了信仰放弃功名利禄的威尼斯贵族。[②]

在圣山的礼拜堂中，各式各样的建筑里是惟妙惟肖、真人大小的艺术造型。这种做法与阿莱奥蒂为帕尔马剧院设计的幕前拱券有着异曲同工之妙：一系列剧目将在这里上演。同样具有建筑独特性的礼拜堂在奥苏乔（Ossuccio）、奥尔塔、克雷亚（Crea）和吉法的圣山上比比皆是。罗西曾在吉法这个马焦雷湖畔的小镇买下一座湖滨别墅，并将它改造成周末度假房。“圣山是一种建筑上的创造，”罗西写道，“它创造出一种非实用性的建筑世界……并通过序列和秩序创造意义。”[③] 除去建筑的宗教用途，设计师以超凡的创造力将建筑风格各异的礼拜堂并列在一起，形成罗西后来所称的片段建筑（architecture of fragments）——由多个部分组

① 私人通信，1985 年 2 月；另见 Aldo Rossi, “Villa sul lago Maggiore,” 载于 Margherita Petranzan, ed., *Aldo Rossi: Villa sul Lago Maggiore: Progetto di villa con interno* (Venezia: Il Cardo, 1996), 7.

② Santino Lange and Mario Piana, *Santa Maria della Salute a Venezia* (Milan: Touring Club Italiano, 2006), 59-70.

③ “I Sacri Monti sono una costruzione della architettura: la costruzione di un mondo non utilitaristico dell’architettura. Essi costruiscono un significato dalla loro sequenza e dal loro ordine.” Rossi, *QA*, Book 6, 21 March 1971.

合起来的建筑，而这也是他关于建筑和城市的基本观点。

礼拜堂的建筑耐人寻味，令罗西同样感兴趣的是其中的宗教场景本身。朝觐者闯入其中，几乎是作为偷窥者去感受基督在受难各个阶段的痛苦，以及耶稣诞生（Nativity）时圣母的喜悦。他写到了“有彩色石膏像的礼拜堂与带桌布、玻璃杯和真实不可替代之物的‘最后的晚餐’”。[①] 圣地的遥不可及导致缺少触发记忆的真实场地，这些场景却提供了一种替代性的“记忆场所”。在这里，过去通过想象在当下重新展开。装扮一应俱全的人像——有头发、头盔、武器、食物——定格在愤怒、困惑、悲恸或冷漠的表情上。个个栩栩如生，面容千变万化，凝固在极富动感的鲜活时刻。虽然看似超越了时间，但是它们依然难逃老化的命运。

正如传统的剧场，圣山礼拜堂中的场景意在通过艺术形象本身将观者带入场景之中，并在此唤起关于宗教奥秘和基督苦难的沉思。这些场景成为一种内修的辅助手段。它早在 15 世纪就出现在天主教关于冥想修炼的讲义中，比如圣卡米拉·巴蒂斯塔·达瓦拉诺（St. Camilla Battista da Varano）的《演说苑》（*Zardino de oratione*，1454 年、1493 年印刷）和《吾主受难之思》（*Considerazioni sulla passione di nostro Signore*，早于 1488 年）。[②] 在构建“本地记忆”（memoria locale）的过程中，这些讲义要求信徒在心中构想出一个熟悉的城市形象，并将基督一生和受难过程中的人物、片段置于其中。随后，“本地记忆”的构建就要在想象中还原某个具体时刻的空间、位置和事件，并以此唤起特定的记忆。这种做法可以回溯到西莫尼季斯回忆宗教庆典时宾客宴会坐席的故事上。而对于圣山，这些场景生动的视觉化表现是为了将来能在心中重现。

因此圣山对于罗西就成了真正意义上意大利反宗教改革运动（Counter Reformation）的虔诚剧场（theatrum pietatis）。它们并不只是静态的艺术表现，也是朝圣之路上依次礼拜的站点，在前往圣地缓慢而坚定的路途中一个个地连续不

---

① “...le cappelle dei gessi colorati e l’ultima cena con tovaglie, bicchieri, oggetti, cose autentiche e insostituibili.” 阿尔多·罗西致詹努戈·波莱塞罗信稿片段，1966 年 3 月 20 日，MAXXI, Rossi.

② 这一过程精妙地概括在 Eugenio Battisti, “I presupposti culturali,” 载于 Attilio Agnoletto, Eugenio Battisti, and Franco Cardini, eds., *Gli abitanti immobili di San Vivaldo il Monte Sacro della Toscana* (Florence: Morgana, 1987), 15-18.

断。这些经历和旅途对罗西的建筑意味着什么？他对这些场景做了如下论述："一如往昔，我沉醉于宁静和自然，被建筑的古典主义与人和物的自然主义吸引……我希望越过窗户的格栅，将自己的一样东西放在最后晚餐的桌布上，从此再不是一个过路者。"[①] 正如剧场意在将观众引入戏剧之中，又如圣山之于罗西，他的剧场也为情境的融入提供了同样的条件，引导人们成为参与者而非观众或纯粹的路人。以这种生动的方式融入另一个世界，实现了圣山设计者的愿望——描绘的各个场景同观者之间的距离被消解，使观者更投入地沉浸在场景之中。每个朝觐的礼拜堂都是与所描绘的片段同样重要的，就像朝圣行为本身。每位朝圣者都会缓慢地从一座建筑走向另一座，从一个场景换到另一个："圣山是通过序列和秩序构建意义的。除了表现宗教故事以外，它们也构成了一种场所……而故事是通过置身其中得到解释的。"[②]

在罗西看来，剧场在城市艺术品和人间喜剧的场景之间形成了一种良好的平衡。前者是诸多独具特色的地段中的"独特场所"，后者则是城市街道与房屋中的生活——正如剧场里上演的那些。当罗西反复将大相径庭的建筑并置于他创造的城市景观和图画中时，实际上他重现了圣山丰富的、具有多样化建筑的景观——每个都是一处"独特场所"，而同样独特的事件就在其中发生。罗西写到自己在寻找"一种仅由重新组合的片段构成的统一体或系统"，让人可以体会到"置身其中的可能"。[③] 在这个意义上，热那亚卡洛-费利切剧院的重建表明了罗西是如何开始这些关于建成形式的思考的——通过在侧墙上复现城市街道的场景，将生机勃勃的市井生活融入观众席。在陶尔米纳（Taormina）希腊剧场（Greek Theater）上演的《埃莱克特拉》（*Electra*）采用了与圣山相似的剧场布景，并让建筑讲述它所见证的一幕幕悲剧。

兰扎·托马西（Lanza Tommasi）1992 年 7 月邀请罗西为理查德·施特劳

---

① Rossi, *Scientific Autobiography*, 5.

② "[I Sacri Monti] costruiscono un significato dalla loro sequenza e dal loro ordine...Indipendentemente dal fatto che contengono una storia sacra ... il loro carattere principale e quello di costuire un luogo ... Una storia viene spiegata immetteodoci nella storia." Rossi, *QA*, Book 6, 19 March 1971.

③ Rossi, *Scientific Autobiography*, 8, 11.

斯的歌剧《埃莱克特拉》设计舞台布景和服饰。[①] 在索福克莱斯（Sophocles）编写的剧本中，埃莱克特拉和她的父亲阿伽门农（Agamemnon）、兄长奥雷斯特斯（Orestes）都是阿特柔斯（Atreus）家族的后代、阿特柔斯族人（Atreidae）——古希腊神话中最残暴的家族之一。兄弟相残，杀掉侄儿后给父亲吃；妻子杀夫，儿子又为亡父报仇。在这一版故事中，阿伽门农在特洛伊之战凯旋后被妻子克吕泰涅斯特拉（Clytemnestra）和情夫谋杀，埃莱克特拉则要为父亲讨回公道。[②] 罗西将到处是死者和刺客的宫殿庭院作为背景。墙面上是不规则排列的窗户，而宫殿破败不堪，满目疮痍，处处是暴行留下的伤痕。在罗西的设想中，石头里藏着许多故事，而这些故事一部分由人面来讲述——埃莱克特拉作为一位绝望见证者的苍白面容和巨大的黄金"阿伽门农面具"复制品，一部分由另外两个别出心裁之处来表达。[③] 一个是宫殿墙上的深红色裂口，鲜血侵染着那里破碎的石块。在他的一些早期设计图中，鲜血从一道深深的裂缝中流到舞台上，作为过去与当今大屠杀血淋淋的见证。另一个是门道上复原的狮子门（图 5.5），也在讲述一个故事，但内容截然不同。在迈锡尼的建筑遗址上，两只无头狮立在一个收分三角形的石灰石柱两侧（减压三角），立在迈锡尼要塞正门的巨石过梁上。[④] 尽管其中的古代含义已无从考究，显而易见的是，这些狮子是守卫，就像在大部分地中海文化里一样。然而，这根柱子却没有现成的解释。狮子用后腿立在基座状的祭坛上，拥护着中间的柱子——这是坚实、雄劲的象征？不管怎样，三角形和单柱将这座古代要塞同罗西的建筑联系起来：跨越数千年，使古代与他设想的将在自己建筑塑造的空间中发生的事件联系在一起。罗西对剧场给建筑师带来的"奇异的平静"

---

① 施特劳斯的歌剧（1909）是以胡戈·冯·霍夫曼斯塔尔（Hugo von Hofmannsthal）的悲剧为基础的，而后者又源自索福克莱斯的悲剧；该歌剧的剧本也出自冯·霍夫曼斯塔尔。演出于 1992 年 9 月举行。

② 克吕泰涅斯特拉之所以出离愤怒，是因为阿伽门农为了使海风能让亚该亚（Achaean）船只驶入特洛伊，从而获得战斗的胜利，竟然杀掉了他们的亲生女儿伊菲吉尼娅（Iphigenia）。

③ 有些学者对面具的真实性提出质疑；笔者推荐读者参考下列文章 John G. Younger, Spencer P. M. Harrington, William M. Calder III, Katie Demakapoulou, David Traill, Kenneth D.S. Lapatin, Oliver Dickinson, "Behind the Mask of Agamemnon," *Archaeology Archive* 52, no. 4 (July/August 1999): 51-59.

④ 狮头最初是雕像的一部分，但显然在岁月的流逝中遗失了。最近对迈锡尼及其狮子门耐人寻味的一个讨论是 Athina Cacouri, *Mycenae: From Myth to History* (New York: Abbeville, 2016).

做了这样的评述："室内空间将现实世界与虚构的世界隔开，二者相互融通便成了剧场。"[①] 在这里，他的建筑现实与古城门融为一体，在《埃莱克特拉》舞台背景中凝结成它的本质。

曾停泊在威尼斯潟湖中的世界剧场举办过一场别开生面的开幕式，尽管这座建筑只能容纳 400 名观众。它有 250 个座位，还有 150 个在上层柱廊里。令罗西高兴的是，戏剧双年展的官员决定以豪尔赫·路易斯·博尔赫斯（Jorge Luis Borges）《阿莱夫》（*Aleph*）的短篇故事作为双年展的开幕式。"阿莱夫"在希伯来语、腓尼基语、阿拉姆语（Aramaic）、阿拉伯语和波斯语字母表中代表第一个字母；而在喀巴拉（Kabbalah）中与无穷和神性（godhead）联系在一起，即空间中包含并显露所有其他点的那个点。在这宏伟又独一无二的位置上，观者可以在同一时间纵览宇宙万物，没有任何重叠、褶皱或扭曲，却包含着我们生活中的一切丑与美、神秘与疯狂。[②] 在博尔赫斯看来，这个"阿莱夫"代表着神览万物的视野，而不是凡人可有的视角。罗西对博尔赫斯这个短篇故事中的人物达内里（Daneri）颇为欣赏。这位癫狂诗人毕生都在追逐一个梦想：写出一部细致翔实描述地球上每个地方的史诗——就像鲁塞尔那样。博尔赫斯的叙事者与"阿莱夫"在达内里家中阴暗的地窖里短暂邂逅，体现出生活经历中可怕的美与谜。因为，尽管他对这个场景作出了详尽的描述，但他身为作家最娴熟、最关键的手段，语言最终让他失望。语言的确未能表达出神秘之物，而他却陷入"无尽的惊诧与无尽的遗憾"之中。罗西也认识到，将不可言说之物转译为建筑形式甚至语言本身都是不可能的，但可以在剧场中通过某种方式让人们看到。"每座剧场，作为释放心灵之地，都是令人愉悦之物。"[③]

---

① Rossi, "Il Teatro di Carlo Felice," 载于 *Celant, Aldo Rossi: Teatri*, 96.

② Jorge Luis Borges, "The Aleph," trans. Norman Thomas Di Giovanni, 载于 *The Aleph and Other Stories* (London: Penguin Classics, 2004); Edna Aizenberg, *The Aleph Weaver: Biblical, Kabbalistic and Judaic Elements in Borges* (Potomac, Md.: Scripta Humanistica, 1984).

③ Rossi, "Il Teatro di Carlo Felice," 载于 Celant, *Aldo Rossi: Teatri*, 96.

6 摩德纳和罗扎诺的墓地

对于上帝，看与被看是同一的；
同样，上帝看到自己即被自己看到，
上帝看到万物即被万物看到。

——库萨的尼古拉（Nicholas of Cusa）[①]

1972 年，罗西在摩德纳 19 世纪的圣卡塔尔多墓地的扩建竞赛中胜出（图 6.1）。近 20 年后，1989 年，他收到了第二个墓地项目委托，也是扩建。这次是米兰“后花园”罗扎诺（Rozzano）小镇的蓬泰塞斯托（Ponte Sesto）墓地（图 6.2）。在这两个项目期间，罗西还设计了两个私人陵墓，都在伦巴第大区。第一个墓地举世闻名，而其他的作品在当时乃至后来都无人问津。这四个设计表达手法不尽相同，却都有相同的根源：一种天主教视角下对意大利文化，甚至是西方文化中死亡和墓地的深刻认知。

同摩德纳竞赛的其他参赛者一样，罗西提交了首轮方案的三份表现图以及题为“天之蓝”（*L'azzurro del cielo*）的方案说明。[②] 第一幅图将方案置于现有的切

① Nicholas of Cusa, *De theologicis complementis*, n. 14, 21-22, trans. Johannes Hoff, *The Analogical Turn: Rethinking Modernity with Nicholas of Cusa* (Grand Rapids, Mich.: Eerdmans, 2013), 136.

② Aldo Rossi, “L'azzurro del cielo,” *Controspazio*, no. 10 (1972): 4-9; 重刊于 Comune di Modena, *Aldo Rossi: Opere recenti* (Modena: Panini, 1983), 87-90; 英文修订版作 “The Blue of the Sky,” trans. M. Barsoum and Livio Dimitriu, *Oppositions* 5 (1976): 31-34. 该题目基于色情政治小说 Georges Bataille, *Lebleu du ciel*, 写于 1935—1937 年，但在 20 年后出版（Paris: J. Pauvert, 1957），英译版作 *Blue of Noon*（London: Penguin, 2001）。此次竞赛于 1971 年 5 月 6 日宣布启动，要求同年 11 月 2 日提交方案。罗西在 1972 年 4 月 8 日的初赛中名列第一，与另外两人进入复赛。1972 年 9 月 23 日，罗西在复赛中胜出。他在提交的方案中加上了助手詹尼・布拉吉耶里的名字，其实他并未负责这一设计。这体现出罗西的慷慨，在此加上詹尼的名字是他一如既往的做法。出于便利和准确性的考虑，笔者在讨论该方案时仅提及罗西的名字。

萨雷・科斯塔（Cesare Costa）19 世纪墓地环境中；第二幅表现了方案的细节；第三幅为鸟瞰图。方案是一个带围墙的巨大长方形。里面高大的立方体是退伍军人的藏骨堂，高高的圆锥体是公共墓地和宗教仪式场地。一列列骨灰龛排列成一个三角形。方案以突出的简洁性表达出纪念性和多样化的形式，因此从无数方案中脱颖而出。[①] 在初赛的评选中，评委未能就罗西的方案达成一致。多数表示赞成，但少数一派提出了尖锐的反对。[②] 他们指责罗西的方案对个人漠不关心，而面向一种并不明确的集体，以及同样含混的集体记忆，因此从根本上忽视了神秘、亲密和死亡的意义。[③] 排名前三的方案进入复赛，却没有决出优胜者。不过罗西仍是第一，并在第二轮方案中进行了一些关键性的调整，最终赢得了委托。[④] 时间证明了评委中多数人决定是明智的。

在后来的两年中，多家杂志报道了这个方案，并配上了模型和罗西关于原方案最初的一些说明。[⑤] 虽然最终的设计直到 1976 年仍未完成，但是这一项目（尤其是罗西对最初图纸的调整）很快引发了全球的想象，而竞赛方案本身却鲜有报道。罗

---

① Eugene J. Johnson, “What Remains of Man: Aldo Rossi’s Modena Cemetery.” 包含了对该项目到 1982 年为止各阶段的详细讨论，还有其中各个形式的建筑学谱系。

② 全部评委是 Carlo Aymonino, Athos Baccarini, Umberto Bisi, Ermete Bortolotti, Ugo Cavazzuti, Pier Luigi Cervellati, Mario Ghio, Teodosio Greco, Glauco Gresleri, Pietro Guerzoni, Alessandro Magni, Alfredo Mango, Carlo Melograni, Emilio Montesori, Paolo Portoghesi, Paolo Sorzia, Rubes Triva。评委于 1972 年 4 月 8 日给出了初赛评选结果。会议纪要和与评委意见有关的其他档案见 ARP, Box 12。

③ “Traccia per la mozione di minoranza circa il giudizio di maggioranza della commissione,” (anon., n.d.), 同上。

④ 评委于 1974 年 4 月 20 日发布复赛通告 “Concorso di secondo grado per Ia progettazione del cimitero di San Cataldo. Verbale delle riunioni della commissione giudicatrice”; Aldo Rossi Papers, Centre Canadien d’Architecture, Montreal. 由于最初的方案含有地下墓室，一些陪审员提出了合理的反对意见，因为场地的地下水位是无法实现这种方案的。在修订后的复赛方案中，罗西去掉了地下墓室，增高了一层，拓宽了周边建筑，并添加了新的墓室，使扩建部分与犹太墓地连接起来。

⑤ Rossi, “L’azzurro del cielo,” 载于 *Opere recenti*; “Poesia contro retorica: Il concorso peril nuovo cimitero di Modena,” *Casabella* 36, no. 372 (1972): 20-26; Jose Rafael Moneo, “New Trends in Contemporary Architecture: Formalism, Realism, Contextualism,” *Space Design* (March 1978): 3-86; “Aldo Rossi with Gianni Braghieri: Cemetery in Modena,” *Lotus International* 25 (1979): 62-65. 罗西在初赛后赢得了一等奖奖金。在《莲花国际》中的文章及当时较早的一些描述中，建筑师是“阿尔多・罗西及詹尼・布拉吉耶里”。遗憾的是，近来贝亚特里切・兰帕列洛（Beatrice Lampariello）等学者用了“和”（and）而非正确的“及”（with）；设计师是谁应毫无疑问。

西后来26年间设计的许多版本不断引发世人的兴趣，并维系着它作为20世纪建筑标志的地位。墓地的建筑在数十年间渐渐拔地而起，路易吉·吉里等人拍摄的照片捕捉到了建筑令人难忘的美，并让它声名鹊起。这个项目之所以值得称道，在一定程度上是因为它颠覆了现代主义建筑后期的许多基本原则，并与西欧和美国建筑师眼中建筑设计理所当然的一切针锋相对。评委保罗·波尔托盖西称赞摩德纳的官员勇气可嘉——他们在消费主义和技术主宰一切的时代选择了罗西不合时宜的方案，让意大利建筑师向一个现代运动没有答案的问题发起挑战。[①]

在此笔者要提出几个问题：这个墓地以何种方式体现了罗西的建筑理论？它是否按罗西的愿望表达了公民的良知，又是如何表达的？在这个墓地无数的图画和照片中，是什么带来了如此的吸引力，让它成为延续至今的建筑标志？（另外还有一个情况：后来的承建公司据说是通过在竞标时大幅降低造价，并使用最廉价的材料中标的。）这个墓地揭示出罗西关于时间的哪些思想？事后45年再回看，这一历史时刻的轮廓鲜明地展现出一个理念交锋盛行的时代。在这一时刻，批评家们用这座墓地来证明这样那样的观点，而与建筑师的表现手法，甚至建筑本身毫无关系，或是漠不关心。

这在摩德纳墓地上是如何发生的？让我们首先从与其他参赛者方案的对比来看。他们一成不变地恪守现代主义的设计原则，将若干建筑散布在场地中。罗西则另辟蹊径，沿用了意大利墓地的历史类型，并特别参考了附近那座墓地。他认为，第一项工作是将科斯塔设计的典型的19世纪新古典主义墓地和犹太墓地与新的扩建部分连接起来。罗西从现有的这座墓地中得出线索，用围墙将场地围合起来，并配上简洁、近乎原始的建筑形式。的确，他自己最后的长眠之地恰恰也是这样一个小尺度的19世纪墓地，在那里可以将马焦雷湖尽收眼底。罗西的围墙有一个明显的特征不同于科斯塔原有的墓地：墙上开有方形大窗，既打破了沉闷的围合感，又突出了亡者的墓地与生者的住宅之间的相似性。在最终的方案里，罗西在扩建部分和犹太墓地之间加上了一道带墓龛的高柱廊。不同于科斯塔的设计和大部分类似的墓地，罗西在圣卡塔尔多没有做疏朗的单体建筑；相反，他设计了三种有着重要含义的独特形式（圆锥体、藏骨堂和中间由一排排墓龛构成的

① Paolo Portoghesi, “Concorso per il cimitero San Cataldo di Modena,” *Controspazio* 10 (1972): 3.

三角形主体)，并用数排三层的凹墓龛与墓地围墙将它们围合起来。[①] 一排排墓室在平面上构成一个三角形，从最长最矮的一排(70 米长，不足 5 米高)缓缓升到圆锥台近前的最高处(11 米长，11.5 米高)。围墙紧紧包围着开敞的草地庭院——罗西表示不同于生者的庭院，这个亡者之城的庭院除了三座纪念建筑外空无一物。

在修改摩德纳竞赛方案时，罗西也在着手设计法尼亚诺奥洛纳的小学。此时他开始注意到二者之间的相似性，尤其是它们都是“由一条轴线贯穿的若干建筑组成的单一建筑”。[②] 在思考这一问题时，他开始意识到二者具有与人体相仿的形式，并表明墓地尤其具有一种拟人特征(anthropomorphic)，但他的想象不止于此。罗西将自己的意象比作在地面上展开的静止人体，就像从十字架上下来的基督。[③] 他在著作中多次写到这个基督下十字架的画面，并曾经提到阿道夫·路斯将墓地或森林中的土堆视为一种建筑。罗西将一种把人体视为“对可能性及其否定的简化”的功能主义观点与基督下十字架的构成区分开来。在后者中，“基督的肢体是耶稣会雄伟的巴洛克教堂里最简洁、最突出的东西，而白色裹尸布(sudarium)是其最纯粹的装饰”。罗西继续写道，形状越接近人的尸体，就越是建筑。摩德纳墓地以这种方式成为“某种‘下十字架’，一种地面上、地球上的下十字架”。[④]

罗西没有将这两个设计及其同“基督下十字架”的关系表现为一种比喻；恰恰相反，他的观点与威廉·布莱克(William Blake)笔下的以赛亚(Isaiah)对信仰问题的回答是一致的：他没有见过上帝，但“我的感官在万物中发现了无穷”。[⑤] 在这两个设计中对人体形象的反思，让罗西走出了对具体建筑特征的思考，去面对他的信仰中最深邃的一个谜——基督的死与复生；去发现万物之中的无穷。他喜欢引用诗人弗拉基米尔·马雅科夫斯基(Vladimir Mayakovsky)与鲍里斯·帕斯特纳克(Boris Pasternak)的不同视角——马雅科夫斯基从一道闪电中看到了电

---

① 竞赛方案为地上两层、地下一层；1976 年提交的最终方案里，调整后的部分去掉了地下空间，并将建筑群提高至三层。

② “... una singola architettura degli edifici seriali uniti da un’asse.” Rossi, *QA*, Book 14, 31 December 1972.

③ 同上，Book 17, 21 May 1974.

④ Rossi, “Preface,” 载于 Gravagnuolo, 14.

⑤ William Blake, *The Marriage of Heaven and Hell* (1790), 12.

光，而帕斯特纳克看到了上帝。[1]

罗西论述中关于这些内容的思考，在他的设计中体现得淋漓尽致。例如，在思考法尼亚诺学校的布局时，他想到的是西班牙普拉多博物馆（Prado Museum）里委拉斯盖兹（Velazquez）的《基督钉上十字架》（*Crucifixion*，约 1632 年）"一个被钉在两根木条上的男子"。然而，正如他所指出，这个画面也贯穿于绘画史始终，并让他开始琢磨一个观点：建筑元素的创造正如语言；而建筑师运用它们的方式可以既有创造性，又是一种自传。"这就是（我的）历史和（我的）未来。"[2] 上文已讲到，建筑的自传性和主观性一直是他作品的基础——无论图画、著述，还是建筑。

可以肯定的是，这些思想也将他带入对建筑设计的深入思考中。在建筑设计中，几何实体、砖、板、柱和壁柱将几何形与历史融为一体。罗西认为，设计过程的各种要素虽少且零碎，却总能获得新的含义。在他看来，圣卡塔尔多和法尼亚诺奥洛纳学校都围于一线中，仿佛要让它们与连续或压迫性的平面隔开。这种关于建筑由各部分组成一个整体的概念在这座墓地和法尼亚诺学校上均有体现：它们的朝向都与轴线一致，并沿轴线排布其他建筑，而这种方式与现代运动的设计思路相去甚远。

罗西在三个关键之处避开了主流的风尚：首先，他将建构特征简化为最基本、历史渊源最深的形式，以此与现有的科斯塔建筑区分开；其次，他放弃了现代主义的设计和建筑形式；最后，在同行们拒绝白色之外任何色彩的时代，他使用了亮蓝色和深红色。[3] 例如，在平屋顶成为"现代"建筑时髦（de rigueur）标志的时代，罗西为周围的建筑做了带山墙的蓝色屋顶。若是像他项目说明里写的那样，作为亡者之城的墓地也是生者记忆的空间，那么借鉴城市尺度上的住宅建筑就会

---

① Rossi, "Preface," 载于 Gravagnuolo, 12. 笔者从罗马 MAXXI 档案中罗西的文章里找到了意大利原文。

② "E quando guardo al Prado il Cristo di Velazquez ci penso sempre: e proprio solo il corpo di un uomo inchiodato a due assi con un fondo scuro ... e la tua storia e il tuo futuro." Rossi, *QA*, Book 25, 18 June 1979.

③ 虽然勒·柯布西耶等最早一批现代主义者的确偶尔会使用色彩，但由于现代运动建筑是通过黑白照片来研究和展现的，对于当时及后来的大部分建筑师来说，将历史从当代建筑中剔除出去的做法与摒弃色彩是一致的。

赋予这一基本原则的生命和实体。对于这些建筑体块，最直接的借鉴就是他早先的塞格拉泰游击队纪念碑。他的亡者之城与城市规划和住宅设计的氛围正相反。像摩德纳这样的意大利城市，在一天中的大部分时间里，广场和公共建筑里都是人山人海。城市中轿车、公交车、摩托车和自行车川流不息。喧闹、繁忙、混乱——充满生气。罗西的摩德纳墓地则与城市正相反：寂静无人，只有停在外边的机动车，即使它们也是来去匆匆。开阔的露天空间一成不变：从未有熙熙攘攘的场面，从未有喧嚣的声音。墓地的建筑或许与城市里的建筑并无二致——但也仅限于形式上，庄严甚至雄伟。于是，空寂成了罗西墓地最突出的特征；除去尸骨和建筑，再无他物。

在后现代主义盛行之日，罗西摒弃了后现代主义建筑师和理论家鼓吹的东西——讽刺、戏谑、自以为是的历史隐喻和矫揉造作。因此，在批评家眼中，这座墓地和表现它的作品反而只能被视为悲戚四溢的忧郁。[①] 这怎么可能呢？

首先，这座墓地的建筑形式所蕴含的意义是植根于习俗的，就和语言一样。正如罗西自己所说，“成百上千的人都能看到同一个东西，而每个人都有自己独一无二的视角”。[②] 这一点他意识到了。遗憾的是，很多人有眼无珠：建筑的形式构成了建筑的语言，它们的含义既源于习俗又有偶然性，因此是带有个人色彩的。总的来说，这种认识贯穿在他的画中、在他选择的建筑表现方式上，并构成了他《蓝色笔记本》的核心。

在此一例即可证明。在埃达·路易丝·赫克斯特布尔等英裔美国评论家看来，罗西为摩德纳设计的圆锥形砖建筑让人联想到奥斯维辛的烟囱和火葬场。[③] 而在尤金·约翰逊（Eugene Johnson）等史学家看来，这个烟囱源自罗西痴迷的部雷理论和设计。其实，在意大利人看来，它让人想到的是波河平原乃至意大利北部典型的学校、广场和砖建筑；出于这个目的，罗西在他 20 世纪七八十年代

---

① Ada Louise Huxtable, “Aldo Rossi: Memory and Metaphor,” 载于 *Architecture Anyone?* (New York: Random House, 1986), 44; Mary Louise Lobsinger, “Antinomies of Realism in Postwar Italian Architecture,” PhD diss., Harvard University, 2003; Seixas Lopes, *Melancholy and Architecture*.

② “A Conversation: Aldo Rossi and Bernard Huet,” *Perspecta* 28 (1997): 108. 下段继续写道：“这有点像爱情：人一生中会遇到许多人，却什么也没发生，而后，与命中注定的那个人坠入爱河。”

③ Huxtable, “Aldo Rossi,” 108; 另见 Charles Jencks, *The New Moderns* (New York: Rizzoli, 1990), 119-120.

的许多公共建筑项目中都做了这样的圆锥形烟囱，包括法尼亚诺奥洛纳的学校和博尔戈里科的市政厅(图 6.4)。在竞赛方案中，他称圆锥犹如“废弃工厂的烟囱”，以此映射意大利北部各地正在进行的去工业化过程。[①] 在论述法尼亚诺学校时，他提到了同样的内容。因此，上述所有关联在理论上都是合理的，但罗西心中所想的是米兰周边和腹地极具代表性的去工业化形象，所以显然与这一设计的形式分析的关系更为紧密。

在许多论述中，包括竞赛方案的项目说明，罗西反复称“尸骨”是他设计背后的结构理念——尸骨之所以适合此处，是因为它保存在墓地中。[②] 具体来说，在圆锥和公共墓地与藏骨堂之间，他设计了一条主干，或叫脊椎。旁边是多条肋骨，在接近圆锥和公共墓地的过程中依次升高，并缓缓形成围合之势。罗西在他的项目说明中表示，因为从古代开始，死亡就逐步个人化，而与之关联的仪式被简化为遗憾或悲恸的延续。这就赋予了建筑一个特殊的使命：表达历史，以及死亡的公共或集体因素。在罗西看来，这座墓地的建筑特征和他画中墓地的特征都可以归到一个简单的解释上：“每种表现方式的含义都是预先确定的：每个作品或它的局部都是对一个事件的重复，而这几乎成了一个仪式——因为仪式才有确定的形式，而非事件。”[③] 在护壁上，罗西选择了住宅和工厂灰泥塑技术的古代做法(all maniera antica，以石灰或灰泥为底，上覆砖和砂)，又使生者之宅与亡者之宅结合在一起。[④] 扩初阶段一开始，罗西就将墓地设想成一座亡者之城：1971 年 8 月，他将立方体形的藏骨堂比作一个废弃的住宅，即亡者之宅。[⑤] 利用废弃住宅的概念，罗西试图表现出既缺失又“是每个人心中恐怖之源”的东西。[⑥] 在他的理念中，技术问题的解决同住宅、学校或酒店项目是一样的，然而不同于住宅的是，生活本身会随时间改变，而在墓地里，将会发生的事尽在意料之中；“它的时间有一个

---

① Rossi, “L’azzurro del cielo,” 载于 *Opere recenti*, 87.

② 同上，90.

③ “Il senso di ogni rappresentazione e cosi prefissato: ogni opera o parte e il ripetersi di un avvenimento, quasi un rito poiche e il rito e non l’evento che ha una fonna precisa.” *QA*, Book 4, 30 December 1970.

④ 同上，Book 9, 2 November 1971; Book 23, 7-8 August 1979.

⑤ 同上，Book 9, 5 August 1971.

⑥ 同上，Book 131, 19-22 October 1972.

截然不同的维度”。[①] 这种氛围、这种尺度，是属于死亡的；它的仪式既是集体性的又是个人的，而它们的关系虽难以言表，却在一种意义上是具体的，但与信徒眼中的教堂不同。[②] 在此罗西借鉴了圣奥古斯丁的《忏悔录》。这位圣徒在书中自问：时间的本质为何？而回答却是他虽然知道，但无法解释。继而他区分出三种不同的时间：过去事物的现在、现在事物的现在，以及未来事物的现在。“这三者确实存在于思维之中……过去事物的现在是记忆，现在事物的现在是视像，而未来事物的现在是期望。”[③]

1980 年威尼斯双年展的主题《过去的现在》显然出自这位圣徒感悟时间概念之难的这段名言。这三种时间存在于我们的灵魂之中，奥古斯丁认为，因为他无法在任何其他地方找到它们。奥古斯丁最终承认时间就像上帝——上帝的时间属性是永恒；而后他描述了被称为现在化（presentification）的状态。虽然我们承认在其中既不可能恢复过去，也无法预见未来，但我们不会否定二者：相反，过去和未来一直以流动的状态漂浮着，而维系它们的是现在。在现在化的过程中，我们将过去召至现在，使记忆的行为成为可能，而这一过程是由仪式、典礼和事件的重复促成的。在这个意义上，记忆是附着在场所和生者上的，而这种现象生动地体现在墓地上。此处的主题最终是关于现时与永恒之间的时空延展的。

因此，罗西提出了将墓地作为与“生者之城”相关的“亡者之宅”的概念，并在关于圣卡塔尔多的论述或画中反复提到它。罗西以相同的尺寸设计了小住宅形式的家族墓地，结果引发了一场抗议的风暴，原因恰恰是富裕的摩德纳家族希望用个性鲜明、引人瞩目的陵墓炫耀各家的财富。罗西坚决反对这个在他眼中极不民主的理念：这怎能适合一座公共墓地，他表示诧异。尽管如此，几年后先后两度有人请他在伦巴第大区设计私家殡礼堂。一座是马尔凯西（Marchesi）殡礼堂，未能建成；而后一座建成了。那是为莫尔泰尼家族设计的，位于米兰以北科莫湖附近的圭萨诺（Guissano）。这座殡礼堂是一个立在塞雷娜石（pietra serena）台座上、风格严肃的砖盒子。它深深的檐口源自 16 世纪建筑师雅各布·巴罗齐

① Rossi, “L’azzurro del cielo,” 载于 *Opere recenti*, 89.

② Rossi, *QA*, Book 9, 5 August 1971.

③ *The Confessions of St. Augustine*, trans. Rex Warner (New York: New American Library, 1963), Book Ⅺ, § 14, 20.

[Jacopo Barozzi，人称维尼奥拉（Il Vignola）] 的设计——让檐口绕过转角，并在侧面和背立面断开。装有玻璃窗的带山墙屋顶将阳光洒入室内。室内分为地上地下两部分。地下层是墓龛。在上层，罗西放上了维罗纳博尔萨里大门（Borsari Gate）精雕细刻的木复制品，并以蓝色作背景。他把微微脱开的木墙比作祭坛饰板，与他为马尔凯西殡礼堂所做的方案相似。在入口处，他做了一个金属格栅，以此呼应圣山的开口和格栅，“将神圣和死亡的朦胧与周围世界隔开”。[①] 沉醉于古典柱式的他在设计过程中画了许多柱子、柱式和柱头。室外有台阶将人引入地下墓室，还有一段楼梯通向上层。那里有一条小走道，环绕着将光引到地下深处的大开口。在这一点上，罗西对史前古墓的入口尤为感兴趣。在那种建筑里下行的过程笼罩着一种宗教感，仿佛将生与死连接起来，而这恰恰是罗西想在此表达的。

在赢得摩德纳竞赛之后若干年，罗西收到一封经常拜访圣卡塔尔多墓地的老妇人的信。当信中写到寒冬清晨的冰冷时，她问罗西可否开几扇窗。这让他欣喜若狂，因为他从对窗的需求中看到了对他方案的认可——将墓地理解为一座住宅、亡者之宅。[②]

以“天之蓝”为题，罗西借此表明他的摩德纳圣卡塔尔多墓地扩建方案中蕴含的死亡概念，比那种简单地将它解读为人世间充满忧郁的安葬的看法要丰富、复杂得多。从其他文章中“天国的眺望”来看，这种蓝天体现出他相信注入墓地设计之中的所有希望和乐观。无疑他也借鉴了乔治·巴塔伊（Georges Bataille）在《天之蓝》一书中对特里尔墓地的描写——放荡的主人公最后立在高高的悬崖上向下凝视。在此，仿佛“我们脚下的空间与头顶的星空同样一望无际”。[③] 对于巴塔伊，蓝天早已被法西斯的黑暗和另一场爆发在即的丑恶战争吞噬；而罗西的圣卡塔尔多墓地上没有笼罩着这样的阴云，蓝天还是圣母蓝——她在画中经常披着灰蓝色的斗篷——成为笼罩墓地的象征与庇护。正如他在1971年《蓝色笔记本》

① “[La rete metallica] separava l’indistinto del sacro e della morte dal mondo circostante.” Rossi, “Cappella funeraria a Guissano,” 载于 Ferlenga, *Rossi: Life and Works*, 94.

② 见詹尼·布拉吉耶里访谈 https://www.youtube.com/watch?v=zWrJXY_xoWQ 2017 年 7 月 15 日访问。

③ “Ce vide n’etait pas moins illimite, a nos pieds, qu’un ciel etoile sur nos tetes.” Georges Bataille, *Le bleu du ciel* (1957, repr. Paris: Flammarion, 2004), 174.

中详细描述圣卡塔尔多扩建项目时所写："这种消磨并改变万物的时间，既是死亡的象征，也是永恒之物的标志。你越能从万物之中领会到这种死亡感，它与你的关系就越紧密。"[①]

罗西在数年间画了许多幅摩德纳墓地的画，并将这个墓地的片段融入许多其他画中。他利用竞赛方案的影印件或其他形式的副本作为新版方案的底图。新方案通常是彩色的，并有增改。这种画的一件代表之作藏于罗马的 MAXXI。竞赛的最初方案是直截了当的，而这版方案和后来的画中增添了繁茂的树木以及项目中一些元素的立面。一条深红色的主干从墓地中心穿过——从圆锥形建筑开始，穿过一列列在平面上排成三角形的墓地，到达藏骨堂——全部都用引人瞩目的红色调。在侧面，位于两座主墓室之间的 L 形空间里，罗西插入了解释项目的画。与直白的竞赛方案不同，罗西在这版中让建筑群构成一个金字塔形平面，使它们的立面朝圆锥形烟囱缓缓升高的态势清晰可见。从立面的片段中，我们能够看到蓝色的屋顶、柱廊的局部、有方形窗的藏骨堂，以及再次出现的立方体和圆锥形序列——每个都用淡淡的灰色来表现。在最右边，旁边的犹太墓地几乎看不到，却能将罗西的设计与科斯塔的新古典主义墓地隔开。

这些明快的表现图与后来的画之间的反差揭示出罗西的双重灵性：他既是一位理智专业的建筑师，又是一位天马行空的诗人。作为建筑师，我们看到，他以透彻明晰、近乎科学的理性阐述了他的建筑现实；身为诗人，他又用知识来添枝加叶。而最突出的是在这第二套画中，将诸物的含义及其过去和现在都表达出来。对于罗西，诗意天然地存在于他设计的片段中，源于他身边世界里的形象——包括过去和现在的——并汇集在常被他称为"建筑幻想"的画中和拼贴画里。然而，诗意不只是天然地存在于其中，正如前文所见，因为没有设计，它就无法存在——它们是（而且必须一直是）相互交融的。这第二套画不是为了表达信息，而是传达表现性的含义，恰恰是由于它们的晦涩神秘：它们是想象力的产物，而非出自理性或科学，尽管这些仍是必要的基础。在大多数情况下，罗西都会强调投在建筑上或是建筑留下的阴影：在区分黑暗与光明时，它会以缓慢、庄严，亦

---

① "Anche se questo tempo che consuma e cambia e tanto segno di morte quanto le cose che permangono; di un senso della morte che sempre piu ti appartiene quanto piu la leggi nelle cose." Rossi, *QA*, Book 8, 22 July 1971.

步亦趋、日复一日的移动，让观者的注意力集中在时间及其流逝上。在一幅草图中，罗西描绘了相同的城市背景三次——从明亮的日光下到夜晚的暗影中——从而突出了他一以贯之的理念：建筑并不存在于某一个理想的时刻，而是在光与时间的作用下不断变幻。如果认为罗西的双重灵性是分离的，那便失于草率了；相反，它们相互交融、滋养，表达出罗西对所有建筑师的期望——这一点他总是不断重复。正如前文所见，他从部雷关于同一论题的讨论中找到了灵感，因为对这二人而言，技术和材料都不可能离开诗意。

在实现的设计之外，罗西还用图画表达他的墓地构想，并借此澄清他选择建筑形式的理念基础，而不是让它们更难理解。一位批评家认为罗西在“不断尝试消除建筑中的含义”，①而事实绝非如此。罗西不遗余力地通过视觉和文字来表达他建筑中的“含义”，并且在摩德纳墓地上尤为突出。“我的方案是在探求建筑的含义，”罗西在 1972 年写道，“这种含义胜过功能、使用、组织和形式，但含义是通过形式表达的。”②在早期的图画中，1972 年的一幅被罗西贴上了标签“鹅行棋”（Il Gioco dell’Oca）。③在做复赛方案时，罗西从围墙联想到了迷宫，特别是鹅行棋。玩家在游戏中要一步步抵达位于中央的终点，而途中带有骷髅和镰刀的格子代表死亡。④鹅行棋的起源已不可考，至迟出现在 16 世纪末。1580 年左右，佛罗伦萨大使弗朗切斯科・德・梅迪奇（Franceso de’ Medici）将一副鹅行棋献给西班牙国王腓力二世（King Philip II）。⑤

棋盘通常以螺旋形构成，并排列着 63 个带数字的格子。玩家要掷骰子，然后按点数逆时针行进。途中有时会遇到桥或鹅，给玩家额外前进的机会；遇到井、迷宫或监狱则要停下；而骷髅则代表死亡。圣殿骑士（Knights Templar）发明了一个类似的棋“圣雅各之路”（Way of St. James）。玩家要在朝圣之旅中一步步抵

---

① Lobsinger, “Antinomies of Realism,” 299.

② “Le mie opere cercano il significato dell’architettura. Il significato di un’architettura e piu forte della sua funzione, della sua tecnica, della sua stessa forma. Ma l’architettura si esprime attraverso il mondo delle forme.” Rossi, *QA*, Book 10, 17 January 1972.

③ MAXXI, Rossi, File immagini 00213, 2/134.

④ Rossi, *QA*, Book 14, 31 December 1972.

⑤ Nerino Valentini, *Il molto dilettevole giuoco dell’oca: Storia, simbolismo e tradizione di un celebre gioco* (Mantua: Sometti, 2006).

达西班牙北部的圣地亚哥-德孔波斯特拉的圣雅各教堂。私下里，罗西经常将自己描述为一名朝圣者，一位朝着特定目标行进的流浪者，并在途中遇到各种意外——有些是快乐的，有些则不然。在这条贯穿生命始终的朝圣之路上，以骷髅代表的死亡仅仅是一场不确定旅行中的某个时刻。鹅行棋的思路也由此融入墓地的设计之中。

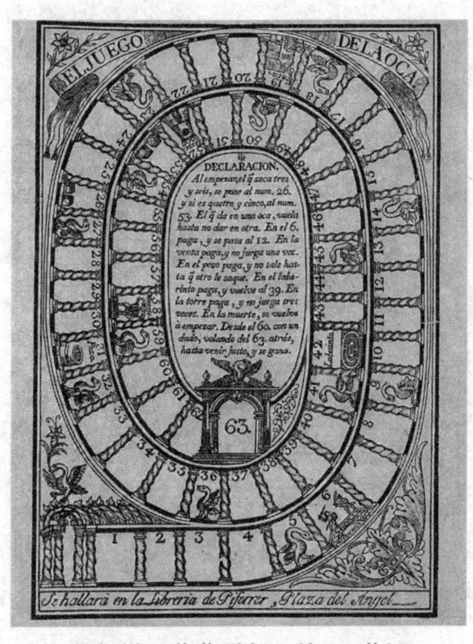

鹅行棋，葡萄牙版，约 19 世纪

在传统版本的鹅行棋中，罗西知道，棋子是逆时针行进的，也就是与我们关于时间前进的概念相反，因此实际上玩家是通过倒退来前进的。事实上这种运动并不是反向的，反而恰恰体现出时间与钟表方向的矛盾关系，以及人们想回到过去的愿望。这正是罗西设计中蕴含的突出特征。“死亡，”他写道，“表达着跨越模糊的边界，从一种状态到达另一种状态的过渡。”[①] 罗西看到了他的墓地项目与鹅行棋之间的相似性，并在 1973 年的另一幅画《死亡游戏》（*Il Gioco della Morte*）中将其突显出来。在他看来，旅途和朝圣犹如天主教重走“十字架之路”（Stations of Cross）的仪式；因为它带来的是“基督受难”故事的圆满、“苦难与幸福同在

① “La morte esprimeva uno stato di passaggio fra due condizioni i cui confini non si erano precisati.” Rossi, “L’azzurro del cielo,” 载于 *Opere recenti*, 87.

的结局”。[①] 关于边界，罗西使用了意大利语 confine。它源自拉丁语 com finis，一条将特定基点与其他隔开的线。生死之间的阈限空间无法预设或预知，但是像鹅行棋那样，可能快速前进或意外中止，倒退的辗转旅行也与生命之旅不无相似之处。罗西将这种旅行的线路放在圣卡塔尔多墓地上，让它长长的走道笼罩在阴影之中，途中又以从单扇窗中透过的光形成节律。不同于埃利奥特（T. S. Eliot）所理解的过去的过去性（pastness），在罗西看来，过去是永在的，就像在鹅行棋中，变幻莫测的命运让朝圣者进进退退、难以左右，却绝非没有目标。

“鹅行棋”等画中的深影代表时间的流逝，正如棋盘上的 63 个格子。阴影和钟表一样，作为罗西最常用的两个意象，以可见的方式记录着当下渐渐成为过去的流逝，并预示着未来。但阴影也表明朝圣者对它的感受，也就是说，不仅时间在无情地流逝，它也一直存在于朝圣者的意识、行动、处境和生活中。这种思考在罗西的笔记中屡见不鲜；旅行与朝圣不断出现在他的《蓝色笔记本》中，包括阴影。事实上，罗西最早的一幅立方体—主干—圆锥方案草图突出了立面图上被他称为阴影前投的问题。显然从一开始这就是他关注的方向。[②] 从这种阴影中，罗西领会到了光——无论何其短暂，光都会驱除黑暗，周而复始，带来光明的希望。[③] 而营造阴影需要明亮的光；二者是相互依存的。不知为何，罗西的大多数评论者眼中只有阴影。

罗扎诺与新耶路撒冷

位于米兰西南的罗扎诺社区由五座独立的小镇组成。20 世纪，这片原来的乡

① “I Wanderjahre sono forse l’inizio e la fine di ogni educazione / essi contengono il racconto del Pellegrino e la stessa Via Crucis. La Via Crucis, come in architettura il Sacro Monte, e un percorso che prevede il dramma, il cattivo fine e il lieto fine contemporaneamente.” Rossi, *QA*, Book 23, 30 July 1978. 在这一段中罗西提到了剧场以及其中上演的戏剧：亚里士多德的《诗学》将以幸福收场的悲剧作为古希腊演出的一类悲剧，比如欧里庇得斯（Euripides）的《伊菲吉尼娅在陶里斯人中》（*Iphigenia among the Taurians*）。见 Christopher S. Morrisey, “Oedipus the Cliche: Aristotle on Tragic Form and Content,” *Anthropoetics* 9, no. 1 (Spring/Summer 2003).

② Rossi, *QA*, Book 9, 30 August 1971.

③ 罗西表示他是从对部雷的研读中领会到阴影的意义的；他将阴影作为一种材料、一种有实体的物，并由此领会到光。Rossi, “Introduzione a Boullee,” 今载于 *Scritti scelti*, 321-338.

村地区慢慢成为米兰的“后花园”。社区有两座墓地，较早的在罗扎诺古镇，较新的（1970—1977）在蓬泰塞斯托地区。1989 年提出的扩建方案通过插入两座一角被削去的五层建筑对原有的墓地进行拓展，并增加了一个架高的半圆形入口通道和三个相互交叉的圆形铺地。罗西称原来的墓地“糟糕透顶”，并为那里没有像摩德纳的犹太墓地或科斯塔壮观的 19 世纪纪念建筑作陪衬感到惋惜。[1] 相反，他跳出原有的建筑，放上了一座与摩德纳相似的凹墓龛，以此作为两组建筑之间的隔挡。一条长长的林荫道两侧为墓地，前方通向高高的八角形礼拜堂。立面上有三层砖柱，并有精美的砖檐口。在墓地里，这条走道让人想起米兰传统住宅中常见的外廊（ballatoi）——这又一次在生者之城与亡者之宅之间形成了地方特有的对比。而火葬场又将新的建筑与远处围墙内的区域隔开，那里是为葬礼和藏骨堂保留的。摩德纳墓地除了建筑形式本身以外没有任何装饰性元素；在这一点上不同于罗扎诺墓地——罗扎诺的常绿植物枝繁叶茂，几乎挡住了通廊和墓地（图 6.2、图 6.5、图 6.6、图 6.7、图 6.8）。

或许是因为罗西日渐衰老，或是由于他几乎同时进行的佩尔蒂尼纪念碑工作，又或是在普遍意义上的建筑（特别是墓地）的经验更加丰富，他在罗扎诺改变了关注点，去营造一个舒适的空间，引导人们驻足停留，陷入沉思。罗扎诺更小、更亲切的尺度也赋予了它更强的私密感，在一定程度上是因为树木。灯杆和长凳等元素是佩尔蒂尼纪念碑的再现。不过，在克罗切罗萨大街，他让长凳朝向露天广场；而在罗扎诺，长凳被放在遮蔽墓室的柱廊下，朝向墓地，局部被树挡住——将干扰降到最低程度。在摩德纳没有长凳或灯杆。在带有八角形小穹顶的礼拜堂内，罗西采用了一种与摩德纳屋面相似的蓝色。他称这种颜色为“圣母蓝”（il celeste della Madonna），而英语中常称“婴儿蓝”（baby blue）。按照帕尔马等地的意大利中世纪洗礼堂传统，罗西为罗扎诺设计了一个与皈依天主教的洗礼仪式（象征新的生命）的传统环境相符的八角形礼拜堂——在墓地中举行生命旅程仪式的环境中，生与死得到统一。集中式平面的八角形再次将二者融为一种圆满的象征。正如鹅行棋，在生死两点之间的旅行充满了不可预料的徘徊，反复无常；然而一旦踏上这个旅程，就只有一个可能的终点。

---

① Rossi, *QA*, Book 38, 18 February 1989.

***

文化造诣深厚的罗西涉猎广泛，哲学、文学、神学、艺术、诗歌和建筑无所不及。他经常会将读到的内容作为引文或思考融入自己的论述，并号召所有的建筑师都来效法，借此再度成为伟大的思想者。① 莱奥纳多·达·芬奇在他关于绘画的著名论述中，肯定了绘画胜于诗歌的地位；而但丁·阿利吉耶里在肯定诗歌的力量时，揭示出用诗歌表现一切形式知识的必要性，以及“哲学与神学知识的诗意基础”。② 罗西并不否认但丁的基本观点，甚至是赞同的。他也旗帜鲜明地反对给文学和艺术划分等级。但丁对技巧的追求只可能出自一个思想，他指出，而这个思想可以通过文字来表达，“那是我们掌握的最珍贵、可塑造、强有力的手段”；或是由图画来表达，“一目了然，无须解释。我最近的画可以说是一种手创作品，让文字与图画融为一体”。③ 在他眼中，二者密不可分、不断碰撞——在罗西心中亦是如此；他正是运用二者来处理所遇到的问题。他无法停止写作，一如他无法停止绘画。由此来看，罗西浩繁的个人藏书中很大一部分是意大利文、英文和西班牙文等各种文字的诗集，便无足为奇了。④ 这并非因为他想作诗。他读诗恰恰是因为那能激发灵感和思考，而不是带来理性的答案或解释——他认为那到底只是皮毛。他最青睐的一位诗人德利奥·泰萨（Delio Tessa）用俄国小说家伊万·屠格涅夫（Ivan Turgenev）的话“生命最有趣的事是死亡”作为一部米兰方言诗集《今儿是死人的日子，高兴点儿！》（*L'e el di di Mort，alegher!*）的

---

① Rossi, “Nuovi problemi,” *Casabella-continuita* 264 (June 1962): 6; 今载于 *Scritti Scelti*, 165-180.

② Leonardo da Vinci, “The Works of the Eye and Ear Compared,” 载于 Martin Kemp, ed., *Leonardo on Painting*, trans. Kemp and Margaret Walker (New Haven: Yale University Press, 1989), 20-34; Giuseppe Mazzotta, *Dante's Vision and the Circle of Knowledge* (Princeton: Princeton University Press, 1993), 13, 尤其是 96-134 页 ; 另见 Mazzotta, *Reading Dante* (New Haven: Yale University Press, 2014). 笔者无意冒充但丁学者（Dantista），故有赖于马佐塔令人信服的见解。这位今天最重要的但丁学者对罗西的天才也大加赞赏。

③ “... lo scrivere-la lingua-il mezzo piu prezioso plastico potente che possediamo ... cosi gli ultimi disegni, gran parte di questi sono una sorta di grafia dove scrittura e disegno si identificano.” Rossi, *QA*, Book 23, 1 January 79.

④ 除诗歌外，罗西家中的藏书主要为文学、哲学和神学方面的；建筑图书在他的工作室。

开篇。[①]

一种对世界及其中的万事万物惊叹不已的感受，激发出罗西诗意的文字和图画。在圣卡塔尔多含义最深刻的图画中，表现手法带有鲜明的个人色彩，具有阐释性和启发性，能够激发人们的想象力，消解个人的悲痛，并用对个体与集体的生命必将延续下去的信念取而代之。即使非专业人士也会清晰地认识到这一点。一位承建商在施工项目竞标中失利，后来在这座墓地施工并开始接受遗体期间，他经常来到此地，并且每次都会感受到这种愉快的希望。他的心中没有悲伤，而是洋溢着喜悦之情，并为那隐含在通廊的半影之中伟大的生命延续性惊叹不已。[②]

在一些批评家眼中，圣卡塔尔多墓地是"寂寞冰冷的"。而与竞赛评委中少数人对这个设计强调集体性的尖刻批评一同来看，这是一个引人发笑的想法。即便是最表面的特征（建筑的形式和色彩）也会表明这种判断是难以理解的。屋顶和大门的蓝色、骨灰龛深深的锈红色、金属窗框的绿色、外墙暖暖的玫瑰橙色，数排凹墓龛里由光线、花朵和色彩构成的丰富斑驳的肌理，以及穿插在数列墓室之间的一道道光，甚至是仿照小住宅建造的各个家族墓地——这些元素都赋予了这座墓地在笔者和其他人眼中一种意外的温馨，而且，这种感受在笔者 20 世纪 70 年代末初见之后的数十年里愈发强烈（图 6.9）。罗西不只是用色彩和形式来表达。在设计中对更深刻、更复杂因素的追求促使我们抛弃表面，并将这座墓地视为一种表达欲望的建筑。这是从何处、以何种方式表现出来的？

罗西对摩德纳墓地的精妙表现折射出他的思想和艺术创作过程多元分支的特征，并在他数年间多次重现这个墓地形象的过程中愈发明显。他很少单独描绘这座墓地，而几乎总是将它放在其他设计的片段或日常生活的器物和艺术品中。与他的许多城市项目一样，罗西在此追求的也是一种由部分组成的建筑。在罗西看来，观察是基础：他相信，对一个环境细致入微的考察需要将科学与想象结合在一起，就像莱奥纳多·达·芬奇神奇的建筑方案那样。[③] 每一次，观察、绘画和

---

① 德利奥·泰萨（1886—1939）是意大利最具才华的用方言创作的诗人。他的诗集 *L'è el dì di Mort, alegher!* 新版本由克劳迪娅·贝雷塔（Claudia Beretta）编辑（Milan: Libreria Milanese, 1993）。

② 与参加项目投标的一位承建商的私人通信，1987 年 7 月。

③ Rossi, *QA*, Book 16, 22 January 1974. 罗西是一个深深植根于文化的人，涉猎广泛，并对精读的内容有深入的思考；在本书中，笔者提到但丁和达·芬奇，是因为他们反复出现在罗西的论述中，但他们只是罗西尊崇的许多重要历史文化人物中的两位。

思考的冲动都与对万物强烈的好奇心联系在一起，继而塑造出一种不断自新的观察能力，并总是伴随着一种在一个无法区分记忆与想象的人身上，近乎孩童般、无法遏止地惊叹于世界的感受。而这又让他回到童年时代的事物上：咖啡壶、餐具、香烟包、瓶子，以及米兰大教堂、圣山和阿罗纳的圣卡洛内像[①]。这座覆青铜板的圣像头部微微垂下，右手伸出作赐福状。少年时代在寄宿学校期间，罗西曾跟着阿姨在周末拜访各地圣殿，包括这尊圣像。于是这便成了他画中反复出现的元素：有时他只描绘手部，有时是右侧直到肩部的地方。他所描绘的姿态表达的是仁慈，是一种赐福的姿势——这在他的画中无数次出现，证明了他不但痴迷于这尊巨像，而且尤为关注那只优雅的手。的确，他很少表现这座巨像的建筑结构——举起、赐福的手是他最常表现圣卡洛内像的部位。甚至在他 1991 年从圣像内部拍摄的照片上，圣徒唯一能看见的部位就是这只手。笔者想说明的不是罗西的个人经历——罗西的心灵之旅并不是此处的话题——而是他的精神对他的画、论述和建筑的影响。

圣卡洛内以及对天主教传统的借鉴，在关于罗西建筑的讨论中常常被人忽视，正如前几章中所看到的，却为他在建筑学之外的思想提供了线索。虽然还没有被充分理解，但是它们是洞悉 20 世纪最重要的一位建筑师思想的窗口。在罗西身上，与信仰的关联并非无足轻重。圣卡洛内的反复出现表明了对他的意义——但并非仅此一物。在提交摩德纳墓地竞赛方案后一个月，他写了一篇关于自己在教育过程中成长的自传式短文。“我一直心存感激，”他写道，“感谢天主教教育让我能在类型迥异的逻辑与美之间进行选择，因为它们所指的是本身以外的东西。”[②] 天主教给他的教育、信仰和仪式、对神性的感知，无不凝结在他的作品中，而蹊跷的是，竟没有一位评论家和学者着墨于此。在《蓝色笔记本》中，他经常提到教会年历中的时节，比如大斋节（Lent）、各圣徒的庆典、复活节。在一本米兰摄影集的序言中，他甚至以日课（Divine Office）或时辰祈祷（Liturgy of the

① 艺术家乔瓦尼·巴蒂斯塔·克雷斯皮在 1614 年圣查尔斯（St. Charles）刚刚封为圣徒时设计了这尊圣卡洛内像。巨像由帕维亚（Pavia）的西罗·扎内拉和卢加诺（Lugano）的贝尔纳多·法尔科尼在 17 世纪期间建造，并于 1698 年完成。

② Aldo Rossi, “Note autobiografiche sulla formazione, ecc., 1971,” 藏于 ARP；见 Ferlenga, *AldoRossi: Tutte le opere* (2003), 8-25; 引文见 8-9。

Hours）来表示时间的流逝，并单独挑出“晚祷”（vespertina）这一刻的城市形象。晚祷者迎接夜幕的降临，那象征着死亡的黑暗——从生到死的过程。而在这一祈祷中咏诵的圣歌也预示着基督的复活，以及我们在破晓时战胜死亡的喜悦。[1]

在罗西出版的个人著作中，比如《一部科学的自传》《蓝色笔记本》的意大利语版和英文版等未发表的文章中，他反复提到圣奥古斯丁、圣亚丰索（Alfonse）和圣哲罗姆等天主教圣徒，天主教庆典和圣徒日的年历，拜访重要天主教朝圣地的经历；以及更普遍的天主教会仪式和功课——这些在他的私人通信中都有所体现。相似的引用内容也出现在他的画中，包括圣卡洛内像，以及圣卡塔尔多和罗扎诺的墓地等项目的说明中。尽管如此，学者们却在长篇大论中对罗西的天主教内涵或他的精神与建筑的关系避而不谈。例如，在《一部科学的自传》中靠近结尾的部分，罗西引用了圣奥古斯丁的一段话：“吾主上帝，赐我们和平吧——因你已赐我们万物——安宁之和平、安息日（Sabbath）之和平，无黑夜之和平。诚然大善之物这无与伦比的优美秩序终将消逝，因为有清晨就有黑夜。”[2]

乔瓦尼·波莱蒂（Giovanni Poletti）在一篇文章中认为罗西的主要目标之一是让时间静止。从这段引文里，他得出结论“这里的主题似乎是万物流变的不变”。[3] 无论其意为何，这都不能成为对罗西引用圣奥古斯丁文字的合理解释，尤其是在看到后面这段话时：“但第七天是没有黑夜的。太阳不会落下，因为你令它永在……愿你之圣书预示我辈，我等在辛作之后（其之所以大善只因你将其赐予我辈）亦可在永生之安息日与你长眠。”[4]

罗西的探索很难理解为在让时间静止；相反，他引用这一段恰恰表明他不是。

---

① Aldo Rossi, “Introduction,” 载于 *In treno verso l’Europa* (Rome: Peliti Associati, 1993)，加布里埃莱尔·巴西利科的摄影集。日课包括晨祷（Matins 和 Lauds）和/或午前祈祷（Terce）、午时经（Sext）、申初经（None），之后是傍晚的晚祷（Vespers 和 Compline）。晚祷的主歌是《圣母颂》（*Magnificat*），颂扬的是出自《路加福音》1:46-55）的圣母信仰和奇迹。Fernand Cabrol, “Vespers,” *The Catholic Encyclopedia*, vol. 13 (New York: Appleton, 1912). http://newadvent.org/cathen/15381a.htm，2018 年 7 月 13 日访问。

② Augustine of Hippo, *The Confessions of St. Augustine*, Book XIII，§ 35, 349, trans. Rex Warner (New York: New American Library, 1963)；罗西的意大利语版《一部科学的自传》（*L’autobiografia scientifica*, 113）引用了全文；英文版仅有最后两句，在 77 页。着重号出自原文。

③ Poletti, *L’autobiografia scientifica di Aldo Rossi*, 91.

④ Augustine, *Confessions*, Book XIII，§ 35, 349. 着重号出自原文。

他所期待的是永恒，是序列之中的片段，是仁慈而持续的创作固有的节奏。不止一位史学家认为罗西是在试图让时间静止，但做出这种评判的人竟拒绝去看贯穿于罗西的论述和图画之中的内涵，以及他引用的文献和读过的文章。[①] 事实上，有些人似乎更愿意反复强调的是罗西与共产党的短暂联系，而不是他的天主教背景。[②] 不过，著名的但丁学者朱塞佩・马佐塔看到了罗西圣卡塔尔多墓地建筑中无比丰富的内涵和宗教特征：

> 那条廊道实际上是一条街，如同公园中的小径，与大地或一条看不见的河干枯的河床相连。那是时间的长河，汇入永恒之海……当目光从廊道的水平线上延伸出去时，仿佛在渴望超越视线的灭点……通过这种手法，阿尔多・罗西改变了对死亡的表现和感受。从海德格尔到萨特，无数的哲学家在他们的知名理论中，将死亡定为人类有限性的终点。而阿尔多・罗西的建筑是一种非有限（non-finite）的科学，深刻地表达着死亡感，并将其带入一个更纯粹的精神秩序中，一个在圣奥古斯丁、但丁、圣嘉禄・鲍荣茂和曼佐尼的设想中的秩序。[③]

关于天主教的内容在罗西的著述中比比皆是。然而令人惊诧的是，许多史学家和评论家对此视而不见——或者是他们看到了，却一言不发。这让我们如何解释？笔者只能提出几点愚见。中世纪的十字军、文艺复兴和巴洛克时期的修道庵和修女、腐败的教廷、加利福尼亚传教的兴起等与天主教会有关的历史问题与今天相去甚远。研究它们一般来说不会有问题。这在一定程度上是因为在大多数情

---

① “Arrested like the hands of a clock-his buildings often carry clocks or other markings of time -Rossi’s buildings increasingly sought refuge from time.” Kurt W. Forster, “Thoughts on the Metamorphoses of Architecture,” *Log*, no. 3 (Fall 2004): 23.

② Lobsinger, “Antinomies of Realism,” 194-196; Pier Vittorio Aureli, *The Project of Autonomy: Politics and Architecture Within and Against Capitalism* (New York: Princeton Architectural Press, 2008). 20 世纪五六十年代最接近罗西的人是他的妻子索尼娅・格斯纳（Sonia Gessner）。她印证了他的至交在当时以及后来的看法：罗西在 17 岁左右时加入过一个与意大利共产党有关联的组织（PCIA），而后很快退出。1958 年他又在朋友们的急促劝说下再次加入。为此，他被美国列入恐怖主义监视名单，因此不得不发起行政诉讼，并最终获胜。

③ Mazzotta, “L’autobiografia scientifica di Aldo Rossi,” 载于 Ghirardo, *Borgoricco: Il municipio e il centro civico*, 40.

况下，学者都无须认真对待精神和宗教因素；即便涉及，往往也是冷漠的质疑。无疑也有例外，但只能证明多数人的情况才是常态。[①] 在此有必要提到艺术史学家维利巴尔德·绍尔兰德（Willibald Sauerlander）最近对 17 世纪初欧洲佛兰德斯画家彼得·保罗·鲁本斯（Peter Paul Rubens）的天主教信仰分析。绍尔兰德批评 19 世纪以来一些自诩“启蒙”（世俗）的史学家把鲁本斯的祭坛画与教堂和他的宗教信仰割裂开，并将其作为“美学上的战利品”（aesthetic trophy），从而剥去了它们的宗教含义。绍尔兰德强调了这种让今天的史学家与鲁本斯的信仰隔开的“认知与伦理上的割裂”，这让他们无法真正理解他的绘画。[②]

同样，批评家将这座墓地中罗西的表现形式与他的精神和天主教信仰的根基割裂开，让它们成为随意漂浮的东西，可以附着在任何地方。这里的问题是“度”：理论阐释的可能性很多，但将墓地最显著的特征从中抽去，就是有意忽视这位建筑师和他的一切构思。意大利的情况更为复杂，因为建筑学术界的大部分人都倾向于用政治关系区分自己和他人，而不是宗教信仰——尽管罗西及许多与他同时代的人都认为自己的天主教徒地位远胜于政治党派成员的身份。

多年来，这种倾向在关于摩德纳墓地这个最引人瞩目的设计的各种分析中非常清晰。从尤金·约翰逊以来，许多学者把罗西的马克思主义思想作为对这个墓地具体特征的解释，并强调了这名建筑师为社区的集体记忆赋予形式的追求。这不仅包含当时的记忆，还有在建筑群日日常新的使用中形成的观点。[③] 例如，约翰逊对罗西在设计中有可能借鉴的先例进行了广泛而深入的美学谱系研究，其中许多都是罗西真实的视觉素材。约翰逊对摩德纳的共产主义政府以及有“红色艾米利亚”（Emilia rossa）之称的其他城市的政治方向做了评述。艾米利亚—罗马涅大区位于博洛尼亚以西，城市议会往往以意大利共产党（Partito Communista Italiano，PCI）成员为主。所以，约翰逊基本上认为这座墓地是世俗性质的，而

---

① 其中一例是加布里埃拉·扎里（Gabriella Zarri）对卢克雷齐娅·博尔贾（Lucrezia Borgia）宗教的悉心研究：*La religione di Lucrezia Borgia: Le lettere inedite del confessore* (Rome: Roma nel Rinascimento, 2006).

② Willibald Sauerlander, *The Catholic Rubens: Saints and Martyrs*, trans. David Dollenmayer (Los Angeles: Getty Research Institute, 2014). 绍尔兰德原为新教徒，后来成为不可知论者。令人赞叹的是，这位艺术史学家在研究鲁本斯时并没有一叶障目。

③ Johnson, “What Remains of Man.”

缺少与宗教相关联的特征。这种解读也涉及罗西青年时与 PCI 的关系，而这在 20 世纪 60 年代末早已画上句号。他对集体、对富有的资产阶级之外群体的关注，很大程度上出自他的天主教背景，而不是与 PCI 的短暂关联。事实上，教皇方济各一世（Pope Francis I）私下半开玩笑地说过：天主教比共产主义更激进。[①]

对于罗西亦是如此。在他的设计中，尤其是像墓地那样重要的设计中，集体并未凌驾于个体之上。在一次令人难忘的对话中，他讲述了一群德国建筑师在 1986 年参观摩德纳墓地的故事，当时还是施工初期。[②] 来到罗西的事务所时，他们对空空如也的一排排骨灰龛的场面赞不绝口，却对放置墓龛的那些非常不满——那里一片混乱，各种灯光让人眼花缭乱，祭品五花八门，遗像各式各样，花束千奇百怪，还有许多杂物。这让他们大失所望，以至于要求罗西对这种混乱加以控制。送客后，罗西表示他们根本没有理解：唯有在个人墓龛的混乱打破了空墓室（赤裸建筑）的秩序之时，它才成为建筑。[③] 当罗西写到需要“忘记建筑”时，他的意图恰恰在此：生活本身应取代并超越建筑。的确，这就是他的期望和理念。

像日课那样的日常冥想和咏诵形式的集体庆典不时出现在罗西笔下，提醒着人们教会的核心教义、罪恶与救赎，以及通过救赎的奇迹战胜死亡的结局。[④] 正如鹅行棋中的连续格子，祈祷和咏诵的仪式象征着时间的流逝与死亡的邻近——无论我们在意与否。而罗西是真的在意。在 1989 年的耶稣受难日（Good Friday），他写到了对他很重要并经常践行的一个仪式——拜访七教堂（原为七圣墓）。[⑤] 在耶稣受难日拜访七圣墓的起源已消逝在中世纪的历史迷雾中，但如今

① 2015 年 1 月，教皇方济各一世指出：对贫苦人的关注并不是共产主义发现的；而是福音书的基本内容。Orlando Sacchelli, “Papa Francesco: ‘Occuparsi dei poveri none comunismo, e Vangelo,’ ” *Il Giornale* (11 January 2015). 约翰逊还误称罗西是欧洲犹太人。

② 私人通信，1986 年夏。

③ 私人通信，1986 年春。

④ 罗伊·拉帕波特（Roy A. Rappaport）对仪式提出了实用性的定义：“并未被执行者完全神秘化、大体不变的一连串形式化动作和言语。” Rappaport, *Ritual and Religion in the Making of Humanity* (Cambridge: Cambridge University Press, 1999), 24. 在大量关于仪式的研究中，在宗教仪式方面最具影响力的有 Branislaw Malinowsky, *Magic, Science and Religion, and Other Essays* (Glencoe, 1948); Clifford Geertz, *The Interpretation of Cultures* (New York: Basic Books, 1973).

⑤ Rossi, *QA*, Book 39, 24 March 1989.

流行的做法与圣菲利普·内里（St. Philip Neri）在16世纪创立的拜访七座教堂的仪式是相同的。在耶稣受难日不举行弥撒，信徒们踏上拜访七座教堂的朝圣之路，瞻仰表现耶稣受难记、基督之死与复活的画，并行圣餐礼（Eucharist）。尽管教会正式规定仪式是拜访七座教堂，在流行话语中（对罗西而言）仍是七座圣墓。在米兰，这一仪式需要拜访七座有耶稣受难记场景画的教堂，包括圣母感恩教堂（Santa Maria delle Grazie，达·芬奇在此画有《最后的晚餐》)、耶稣受难圣母教堂（Santa Maria della Passione）、圣毛里齐奥教堂（San Maurizio al Monastero Maggiore）、圣欧斯托希奥教堂（Sant'Eustorgio）、圣马克教堂（San Marco）、圣萨蒂罗圣母教堂（Santa Maria presso San Satiro），最后是圣费代莱教堂（San Fedele）。罗西将耶稣受难日描述为美好的一天，“就像被爱和领带系住的一切那样美好”。[①] 即使它的文物在缓慢退化［瓦拉洛圣山场景的艺术家和雕塑家高登齐奥·费拉里（Gaudenzio Ferrari）在其中一些教堂里创作了许多场景的湿壁画，如今已在退化］，在罗西看来，它们保留着一种安详的美与恬静，因为它们预示着复活节的到来。在这些画和朝圣之路中，死亡之谜与奇迹贯穿始终，却不会令人毛骨悚然；死亡在这里预示的正是复活——对死后之生的欣悦允诺。

在罗西的画中，这些仪式及其意义浮现在阴影之中，并反复出现在钟表的画面中；而在摩德纳墓地，则存在于个人和集体与死亡相遇的环境中。有些批评家认为罗西的图画是阴郁、悲戚的，事实上它有着更复杂的作用：揭示出生命的丰饶与注定以死亡为终点的轨迹。因此，在有人物的图画中，他们往往都会高举双臂，作欢呼雀跃状，并且常常是孩子与家长团圆的场景。任何在西方文化中成长起来的人都会即刻将这座墓地视为生与死永恒凝结在一起的完美交汇点，并被提炼为原初的本质，就像这些建筑构造的元素那样——亦如罗扎诺的八角形礼拜堂及其与基督教早期洗礼堂相似的关系。罗西的设计特别是他的图画将这些特征突显出来。例如，在他写摩德纳时，“这个墓地方案没有偏离人人共有的理念”。[②] 观者会看到墓地上这个人人共享的理念，还有它所表达的一切关于信仰、死亡、

---

① “E bello tutto cio in cui siamo costretti dall'amore e dal legame.” 同上。圣母感恩教堂也曾藏有提香的《基督戴荆棘冠像》，却在18世纪末被到此的拿破仑部队窃走，一直藏在卢浮宫至今。

② “Questo progetto di cimitero non si discosta dall'idea di cimitero che ognuno possiede.” Rossi, “L'azzurro del cielo,” 载于 *Opere recenti*, 87.

生命之旅的内涵，以及关于住宅、公共空间和城市的更为具体的问题。他相信这即实现了通过他的建筑表达公民价值观的愿望，而这些价值观是集体会认可和分享的。为理解这一点，我们需要探讨另一个问题——罗西对他设计更深层次根源的理解。

圣卡塔尔多墓地的设计起源与罗西对建筑形式的纯粹主义痴迷并无关联。立方体的藏骨堂是一个理想的出发点。在卢卡·梅达的建议下，罗西将库内奥纪念碑设计成一个立方体，并在二十多年后的佩尔蒂尼纪念碑上再次使用。在这两个项目中，立方体都围合着进入纪念历史事件的沉思的台阶。在圣卡塔尔多，这一象征完美的几何形式可以追溯到《启示录》（*Revelation* 21:15-17）中圣约翰描述的天国耶路撒冷幻象上。[①] 在《启示录》这段文字中，圣约翰展示了早期基督教徒蒙受的苦难，以及赐予信徒永生的允诺。在第 1 至第 3 章中，圣约翰向亚洲（在罗马帝国境内）的七座教堂传信，嘱咐他们要在耶稣受难日拜访七座教堂或圣墓，而这对于罗西是至关重要的。在第 21 章，圣约翰描述了他的天国耶路撒冷幻象，即死后之生的形象承诺。这座城市呈正方形，与《列王纪·上》（*1 Kings* 6:19-20）中描述的所罗门圣殿设计相同。所罗门王为至圣之地、内部圣堂（sanctum）做了一个镀金立方体——一如其他的集中式设计，是完美的象征。圣约翰的耶路撒冷幻象出现在天国中，每边外墙上有三道门，尺寸为数字 12 的倍数（代表以色列的 12 支派和 12 使徒），作为神的力量和权威以及主宰地球的象征。

参照所罗门圣殿和《启示录》中圣约翰的描述，罗西提出让一个人间耶路撒冷作为天国之城的前序。与英美不同，意大利的墓地往往会沿用中世纪围墙城市的布局，而罗西也用庇护的围墙将两个墓地的扩建部分围合起来。在摩德纳的最初设计中，罗西把一些骨灰龛放在了地下。这个设计后来因为水文条件不利而做了调整。但作为一个方案，它象征的是所罗门圣殿的地下部分。圣约翰在幻象中看到的城市有 12 道门，每个方向 3 道。而罗西为地面上的立方体藏骨堂做了每边 9 个洞口或通道。[②] 圣卡塔尔多上数字的启示义表明了罗西对它们的关注，因为这

---

① 笔者要感谢神学家安东内拉·梅里吉（Antonella Meriggi）博士，在 2017 年夏一次关于这个墓地的交流中提到了这段话。

② 在第一轮竞赛中，罗西将立方体四边中的一边空出，不设开口。最后在调整设计时，他将四边统一起来，做了规则的正方形开口。

些方案并非随意为之。立方体四边上各有9道门，总共是36个入口。一排9个，共7排窗口，展现出四个立面上的韵律：共63个洞口——也是鹅行棋的格子数。这是罗西在推敲方案时萦绕在脑海中的游戏。六与三的算术和是九，即藏骨堂每边上通道的数量。另外，六和三对应63个窗。三还代表三位一体（Trinity），通常由等边三角形来表现。这种形式在建筑设计中并不常见，却是罗西方案中最普遍、最独特的形式之一。他经常设计三角形的喷泉，用从中流出的水代表生命和圣恩。

数学家将九称为“有魔力”的数字，笔者在儿时学会用“弃九法”（意大利语 la prova del nove）验算时发现了这一点。[①] 除了九在数学中的神奇用法以外，数字九在宗教中也代表祈祷与终结的时刻。在《使徒行传》（*Acts* 3:1）中，圣彼得和圣约翰是第9个小时在神庙祈祷的，而基督在第9个小时死去，即祷告时刻的“申初经”（None），下午3点。如前文所述，罗西在一些论述中提到了日课，即一天之中的连续祈祷，也是天主教会公共祈祷仪式的一部分。祷告时刻都是三的倍数：申正经（Matins）在午夜0点；赞美经（Lauds）在凌晨3点；晨经（Prime）在早晨6点；辰时经（Terce）在上午9点；午时经（Sext）在正午；申初经在第9个小时，即下午3点；晚课经（Vespers）在傍晚6点；夜课经（Compline）在夜里9点，之后就寝。[②] 摩德纳的立方体藏骨堂与内部圣堂一样，以精确的数字和形式呼应着人间的耶路撒冷和所罗门圣殿——我们在离开人世并通向天国耶路撒冷之前的家。正如马佐塔所述：“时间的长河汇入永恒之海。”

还有一点有助于解读罗西为摩德纳墓地赋予的复杂符号和含义。当人走进立方体的藏骨堂时会看到一个露天建筑，上面排列着正方形的小凹墓龛，通过金属楼梯和外部消防疏散梯等露天走道即可到达。[③] 它每边有9个开口，便于从各个方向进入。罗西在通道之间设置了双列凹墓龛，又在窗洞口之间做了双排墓龛。

---

① 笔者上的是天主教学校，并学会了在最初的数学题中使用“弃九法”；笔者的妹妹上的是公立学校，她就没有学到这个方法。其中的缘由笔者一直不理解，因为这是一种求和时验算的诀窍。

② 尽管这些功课可以追溯到基督教会的最初时期，圣本笃（St. Benedict）在他关于修道院生活的书中规定了功课和相应的祈祷；因天气带来的季节性调整会改变其中的一些时刻，但祷告时刻都是间隔3小时的。圣本笃的书有很多版本，见 *The Rule of St. Benedict*, ed. and trans. Timothy Fry, O.S.B. (New York: Vintage, 1998).

③ 室内还有一座玻璃电梯。

人们在最底层可以清楚地看到，这些纵横排列的墓龛构成了一个序列，并在水平和竖直两个方向上贯穿整个立方体，形成无数个拉丁十字——或许是罗马天主教中最神圣的符号。拜访者在地面层从一个个十字架之间穿过，到了上层又可以从它们之间的窗户眺望远方。十字架既是死亡的符号，也是天主教信仰中复活的允诺。这让我们又一次看到罗西期望人们怎样理解这个墓地的设计。这些十字架从室外是看不到的，它们隐藏在圣约翰的天国耶路撒冷的人间构造中。十字架代表着天主教中信仰、死亡和复活的神话。不过，当我们更深入地了解罗西的墓地设计时，就会发现更多的奥秘。

在圣卡塔尔多体现得淋漓尽致的精神性，隐隐浮现于1978年的一幅特别的拼贴画中。罗西仅仅表现了墓地的中心部位、主干、藏骨堂和锥形建筑，并用立面的片段构成了一个三角形——显然在此是比喻三位一体。和罗西其他的设计一样，同时也是人体结构的象征，如前文所述，就像法尼亚诺奥洛纳的学校。他在右边附上了一张维泰博的圣萝丝（St. Rose of Viterbo）的圣卡（santino）。这并非随意为之：罗西收藏了一大堆圣卡，从中可以选出任意的圣徒。[①] 圣萝丝是何人？她是一位出身贫寒的虔诚女性（约1233—1251），十岁时加入圣方济各第三修会（Third Order of St. Francis）。由于修道庵嫌她没有足够的嫁妆以供维系而拒绝接收，圣萝丝在家中独自修行。她的身体有个极其罕见的问题——胸腔前方缺少一块胸椎骨。[②] 罗西将圣卡塔尔多的中间部位描述为带肋骨的脊椎——恰恰和这位年轻的圣徒一样缺少胸椎骨。当她在18岁夭折时，圣萝丝在病榻上给父母留下了遗言，并记在她的圣徒传中："我满怀喜悦地离开人世，因为我渴望与吾主为一。就这样生活吧，不要畏惧死亡。在世间幸福生活的人啊，死亡并不可惧，而

---

① 罗西用一幅小圣卡作为《蓝色笔记本》第39编（1989年2月28日—4月30日）的开篇，并表示每年的记事本首页都会附上一幅，而且会精心保管他的收藏。"Come nelle mie agende pongo ogni anno una di queste immagini, mi piace iniziare questo quaderno di cui non so il contenuto con questa bella figura. Ne ho una collezione che conservo con molta cura."（正如每年我都会在记事本中放上一张这种画一样，我希望在这份笔记中也这样开篇——其中的内容不得而知——并放上这张优美的画。这些收藏我有许多，并在精心保管。）

② 最近有两篇文章讨论了圣萝丝的病情：L. Capasso, S. Caramiello, and R. D'Anastasio, "The Anomaly of Santa Rosa," *Lancet* 353 (February 6, 1999): 504; F. Turturro, C. Calderaro, A. Montanaro, L. Labianca, G. Argento, and A. Ferretti, "Case Report: Isolated Asymptomatic Short Sternum in a Healthy Young Girl," *Case Reports in Radiology* 20 (July 2014): Article ID 761582.

是甜美和珍贵的。”

这感人至深的话道出了罗西多年来用真情实感创作出来的墓地、建筑和图画的精髓。[①] 罗西选择这张圣卡，恰恰是因为这位圣徒留给亲人的临终遗言与圣卡塔尔多墓地的理念相符——死亡并非终点，而是一场轨迹未知的旅途的一部分。人要用欢乐的心态去面对它，而不是恐惧；悲伤和痛苦属于留在世间的人。这正是罗西希望他的墓地建筑能够表达的感知。

在罗马天主教的圣徒日年历上，圣萝丝的纪念日是 9 月 4 日，而罗西于 1997 年 9 月 4 日逝世。

---

① Leonard Foley, O.F.M., *Saint of the Day: Lives, Lessons and Feast*, Pat McCloskey 修订，O.F.M., 5th ed. (Cincinnati: Saint Anthony Messenger, 2003)，“9 月 4 日”条。圣萝丝的遗体虽然下葬时用了单薄的裹尸布，但掘出时是完好的。后来遗体迁到修道庵，却毁于一场火灾。

7 阿尔多·罗西与建筑的精神

建筑师还须成为伟大的思想家，并通过设计、研究和著述清晰地表达其思想的创造力。

——阿尔多·罗西[①]

本书意在探讨促成罗西的建筑、设计和图画的多元思想。笔者没有回顾他的全部建筑作品，而是挑选了某些建筑类型和具体的建筑，不仅深入剖析促成它们的思想，还有被罗西本人称为“超越建筑之外”的东西。罗西的著述和建筑提供了指引，此外还有他提及的文章和建筑——那在罗西看来是他成长为建筑师和理论家不可或缺的。他的理论和设计开拓了建筑的思想道路，而没有封堵它们——这是指所有的建筑，尤其是他本人的建筑。在这最后一章里，笔者将探讨前文中着墨不足之处。

批评家

毫无意外的是，罗西的成功引来了无数非议。这些意见有些直指罗西的设计，有些则是理论家将罗西的作品放在自以为更宽广的批判视野下做出的论述。让我们从第一类开始。批评家一般会针对罗西提出三个不无关联的论点：①他是一位“纸上”建筑师，著述和图画比建筑的地位更重要；②他对建造和材料等方面漠不关心；③在早期“纯粹主义”设计之后，他陷入了一种个人怀旧的

① Aldo Rossi, “Nuovi problemi,” *Casabella-continuita* 264 (June 1962): 6; 今载于 *Scritti Scelti*, 165-180.

诗意。[1]关于第一点，这种批评的基础便是一个错误的假设：一人不可得兼。对此，罗西以历史上多才多艺的大师作为回应——米开朗基罗，集艺术家、雕刻家、建筑师和诗人于一身；安德烈亚·帕拉迪奥，写就名著的建筑师；温琴佐·斯卡莫齐，建筑师和著作家；卡尔·弗里德里希·申克尔，论述颇丰，文化素养极其深厚……如果再考虑建筑创作之外的艺术家，这个名单还会更长。相反，罗西认为建筑师不能只是一个建造者，还应是一位思想家。这便需要某种形式的论述——对创作中的作品进行反思的能力。《蓝色笔记本》中罗西对论述作用的思考比比皆是。笔耕是他认真对待之事，日日不辍。

第二点，所谓他对建造和材料漠不关心的观点，只可能出自从未到过他的工作室，或是没有与他一同下过工地的人之口。[2]他对材料、材质和色彩以及施工工艺的高度关注，丝毫不亚于他对文字表达的清晰性和图画艺术的重视。在考察建筑工地时，他通常会与工人进行长时间的交流。而工人们会在与这位不同寻常地关心施工的建筑师畅谈时提出自己的见解。罗西懂得如何去聆听，并能提出改进的好方法——无论灵感来自何处。的确，在很多方面，建筑工地上的启发在他看来是最珍贵的，因为它们与材料和工地的关系是最紧密的。

第三点，罗西会努力为项目选择符合预算的材料和技术。因此，他从未收到关于建筑超出预算、材料未精挑细选，或是施工技术方面的起诉或投诉。而这些在今天许多的著名建筑师身上屡见不鲜。此外，许多批评家都没有意识到：在意

---

① 此处提到的这类批评家不胜枚举；最近或最重要的一批有：Charles Holland, "It Works-On Paper," *RIBA Journal* 116, no. 5 (May 2009): 28; Joseph Rykwert, review of *L'architettura di Aldo Rossi*, by Vittorio Savi, *Journal of the Society of Architectural Historians* (JSAH) 38, no. 3 (October 1979): 304; Juan Jose Lahuerta, review of Aldo Rossi exhibit, *JSAH* 59, no. 3 (September 2000): 378-379; Pier Vittorio Aureli, *The Project of Autonomy: Politics and Architecture Within and Against Capitalism* (New York: Temple Buell Center and Princeton Architectural Press, 2008); Val K. Warke, "Type-Silence-Genre," *Log* 5 (Spring/Summer 2005): 122-129; Mary Louise Lobsinger, "That Obscure Object of Desire: Autobiography and Repetition in the Work of Aldo Rossi," *Grey Room* 8 (Summer 2002): 38-61; 下面的其他引文出自曼弗雷多·塔富里、弗朗切斯科·达尔科、马西莫·卡恰里等人的论述。

② 关于罗西图画的小集子 Paolo Portoghesi, Michele Tadini, and Massimo Scheurer, *Aldo Rossi: The Sketchbooks 1990-1997*, 包含了在他事务所工作过的一些人的短文。其中描述了他对材料和细节的关注、对工地的考察、对预算限制的考虑，以及不了解他事务所工作方式的批评家所提出的大部分问题。

大利，一旦公共建筑的设计完成，建筑师就彻底失去了对项目的控制。竞标对最低价的追求导致选用的是廉价、耐久性差的材料，即使建筑师在图纸中要求的是更结实的材料。意大利公共建筑的造价通常会远超其他国家的，几乎每项大型公共建筑工程都会高出约40%。这很大一部分原因在于政府部门、政客与有组织的犯罪集团相互勾结。[①] 摩德纳墓地就遇到了低价中标和造价超标的问题，与罗西的一些意大利学校项目一样。而且，摩德纳墓地是不完整的——假如一排排骨灰龛和圆锥体建成的话，大片维护不佳的草坪就会消失。相反，罗西在意大利之外的和几座国内的建筑（比如卡洛-费利切剧院、圭萨诺殡礼堂、博尔戈里科市政厅）表明了罗西在材料和施工质量上投入的心血。尽管有这些体制上的困难，他也仍在寻找最能经受意大利建筑行业变幻风云考验的材料和处理办法。罗西对考察他项目的建筑工地（cantieri）乐此不疲，并满心欢喜地称之为“田园行”（visite pastorali）——取自天主教会主教定期对其主教教区内的教区和教堂进行的走访。迪奥戈·塞沙斯·洛佩斯（Diogo Seixas Lopes）等批评家对罗西在摩德纳墓地、加拉拉泰塞住宅和三个学校项目大获成功之后的“转型”表示遗憾。[②]

尽管有些批评家将罗西的第二部著作《一部科学的自传》和他后来的建筑视为陷入一种个人古怪诗意的标志，但这与事实相去万里，正如本书所指明的。[③] 罗西没有继续创作与他最初项目呼应的作品，这在一些人眼中只能是一种偏离、而非继承发展与再创造的迹象——其中缘由笔者不得而知。前两部著作是一个重要整体的组成部分，正如初期和后期的设计，相互之间必然是贯通的。罗西对基于他“个人诗意”的批评是不会在意的，但他会对批评家无法从他所有的建筑中，而不只是他最后几年里的建筑中看到这一点感到失望。

大言不惭的谎话和浮夸的谬论也不绝于耳。1993年雷姆·库哈斯在哈佛组织的一场探讨国际建筑实践问题的会议上，库哈斯选择用讽刺语来讨论这个话题，

---

① European Commission, *Report from the Commission to the Council and the European Parliament: EU Anti-Corruption Report*, 3 February 2014, Com (2014) 38 Final, Annex 112, Allegato sull'Italia, 4-5.

② Seixas Lopes, *Melancholy and Architecture*, 182ff.

③ Lampariello, *Aldo Rossie le forme del razionalismo esaltato*; Mary Louise Lobsinger, "Antinomies of Realism in Postwar Italian Architecture," PhD diss., Harvard University, 2003.

而不是对问题的实质性评估。[①] 在随后出版的书中，他说罗西从不下工地，并且为福冈皇宫酒店只画了一幅非常简单的草图。这两个说法都荒谬至极，却被用来支撑库哈斯一贯偏颇的总结："这是一座日本人无论如何也想象不出来的建筑，而罗西在其他地方也不可能建成。"[②]

罗西的作品也受到威尼斯学派（Venice School）建筑理论家的诋毁。曼弗雷多・塔富里根据米歇尔・福柯提出的一种理论，将"类比城市"斥为"负面先锋"（negative avant-garde）的例子，并表示"将拼贴画的片段组合在一起是自发的关联行为，而这种关联甚至尚未同自身的条件统一起来"。[③] 在"关联行为与某物统一起来"这个奇怪又毫无意义的概念之外，人们绞尽脑汁才能从拼贴画中找到先锋派的迹象。在塔富里富有启示性的文章"闺房里的建筑"（L'architecture dans le boudoir）中，谈到了"历史的荒漠……物的毁灭、消融与瓦解"，"其中的人被迫弹跳于作为纯粹之物的建筑与冗杂的孤绝信息之间"。罗西的建筑尤其令塔富里感到困惑，因为在他看来那采用了"一种由空洞的符号、有计划的排斥、严格的限制构成的句法，并揭示出武断的刻板性，即自由和语言秩序内在规则之间错误的辩证关系"。塔富里认为，罗西的作品是决定"将建筑话语从一切与真实之物的接触、从一切偶发之事中解放出来"的证明。[④] 它还体现出一种"乖戾的冷漠，并假借一种让人想到迪朗（Durand）桌的几何式要素论（elementarism）"。[⑤] 从前文中看到了罗西的项目和表述的读者会感到塔富里的评价是令人困惑的。他要么没有读过罗西的论著，要么就是没有理解其意。无疑，他也从未到过罗西的工作室或建筑工地，目睹罗西在施工过程中发现意外时的惊喜，或是他与工匠们碰撞的火花。但这些细节并没有阻止塔富里的信徒——马西莫・卡恰里、弗朗切斯科・达尔科、迈克尔・海斯（K. Michael Hays）等人——兴致勃勃地跳上虚无主

---

① 迈克尔・格雷夫斯和笔者在此次会议的一场讨论中分享了关于国际建筑实践的一系列问题。

② Rem Koolhaas, "Architecture and globalization," 载于 William S. Saunders, ed., *Reflections on Architectural Practice in the Nineties* (New York: Princeton Architectural Press, 1996), 235-236.

③ Manfredo Tafuri, "Ceci n'est pas une ville," *Lotus International* 13 (December 1976): 10-13.

④ Manfredo Tafuri, "L'architecture dans le boudoir," 载于 Manfredo Tafuri, *The Sphere and the Labyrinth: Avant-Gardes and Architecture from Piranesi to the 1970s*, trans. Pellegrino d'Acierno and Robert Connolly (Cambridge, Mass.: MIT Press, 1987), 280.

⑤ Manfredo Tafuri, *History of Italian Architecture, 1944-1985*, trans. Jessica Levine (Cambridge, Mass.: MIT Press, 1989), 135.

义的花车。海斯曾表示：在法尼亚诺奥洛纳学校，“如果承认那座建筑是图书馆，就必须否定圆厅建筑作为洗礼堂或剧场的起源”。[①] 但圆厅作为一种建筑类型无须摆脱或否定任何东西就能成为一座图书馆，无论对于罗西还是更早采用这种类型的建筑师，正如第 4 章所述。

塔富里、卡恰里和达尔科等意大利批评家，以及从海斯到彼得・艾森曼等一系列美国评论家都对罗西的建筑作品和论述进行了分析，其中充满了丧失、绝望和颓废的感受。而这往往是以其他领域的各路理论家企图让建筑为之服务而提出的理论为基础的。更糟的是，这些理论家经常相互引用文章，作为各自论点的证明。[②] 在达尔科看来，“类比城市”正是“古迹对其代表的逝去秩序表达哀悼的地方”，这与塔富里对该项目的分析基本相同。[③] 安东尼・维德勒（Anthony Vidler）做了详细的阐释：“在达尔科看来，‘自主’建筑（autonomous architecture）概念并非只是在将功能从形式中剔除后才由此得到的。正如尼采提出的认知空白（epistemological void），它让思维得以运转，却无须充盈自身——罗西的建筑也试图指向自身。”[④] 除了思维“运转”而慷慨地不求充盈（无论其意义为何）的有趣观点之外，这些奇怪的抽象理论根本无法体现罗西的自主建筑概念的内在特征。在这方面同样具有代表性的，是卡恰里对资本主义下的建筑危机令人痛苦的描述，其负面思维（negative thought）的理念以资本主义无可化解的矛盾为焦点。[⑤] 在他看来，正如塔富里，先锋派建筑师继承了早期先锋的一贯做法：推翻各种价值观，

① K. Michael Hays, *Architecture's Desire: Reading the Late Avant-Garde* (Cambridge, Mass.: MIT Press, 2009), 43.

② 在这一思路上，由这群人发表的文章有 Peter Eisenman, “The House of the Dead as the City of Survival,” 载于 Rossi et al., *Aldo Rossi in America*, 4-9; Francesco Dal Co, “Ora questo e perduto: Il Teatro del Mondo di Aldo Rossi alla Biennale di Venezia,” *Lotus* 25 (1979): 66-74; Manfredo Tafuri, “L'Ephemere est eternel: Aldo Rossi a Venezia,” *Domus* 602 (1980): 7-11. 关于塔富里最近的研究，见 Marco Biraghi, *Project of Crisis: Manfredo Tafuri and Contemporary Architecture* (Cambridge, Mass.: MIT Press, 2013), 初版为意大利文 *Progetto di crisi: Manfredo Tafuri e l'architettura contemporanea* (Milan: Christian Marinotti, 2005).

③ Francesco Dal Co, “Criticism and Design,” *Oppositions* 13 (Summer 1978): 10.

④ Anthony Vidler, “Commentary,” *Oppositions* 13 (Summer 1978): 171-175.

⑤ Massimo Cacciari, “The Dialectics of the Negative and the Metropolis,” 载于 Cacciari, *Architecture and Nihilism: On the Philosophy of Modern Architecture* (New Haven: Yale University Press, 1993), 1-96.

并赞颂由此产生的混乱；但他们也在寻求创新。罗西无疑从未将自己视为先锋派的一部分，并且恰恰相反。在塔富里看来，对于困在资本主义动机囹圄中的当代建筑师，赤裸裸且不可饶恕的唯一选择就是与资本主义体制沆瀣一气。甚至特奥多尔·阿多尔诺（Theodor Adorno）关于先锋派是在试图建立一种批判性实践的观点，也只能带来一种边缘化且毫无用途的实践。[①] 在海斯长篇累牍的分析中，一种源于阿多尔诺“批判性”的理论死结成了建筑学精英20年来讨论的主要内容，随之而来的是后批判性，最终是毫无歉意的承认：近 30 年的悲观言论都浪费在这些空谈上了。[②]

这些讨论中扭曲又不时认真的逻辑无须成为此处的问题；我们只应注意到它们都宣称反对资本主义的力量。在塔富里看来，罗西“类比城市”等著述的错误有诸多原因，主要是它们回避了资本主义下建筑状况的现实；但同样重要的是，塔富里认为“类比城市”表达了怀旧的情绪，而这在虚无主义者看来，是一个令人厌恶的概念。我们不应忽视的另一个问题是：用一堆不过是唉声叹气的言论来批评罗西的作品没有直面资本主义是多么可笑。笔者后面还会讨论类比城市、怀旧和重复的问题；在此我们只需注意：尽管罗西无疑肯定塔富里对资本主义的批判在本质上是正确的，但认为资本主义下的建筑在罗西这里走不通则有过之。事实上，当罗西把画《被谋杀的建筑》送给塔富里时，他在暗示塔富里也是其中的杀手之一。[③]

因此，罗西经常引用的一句话与此颇有关系：“那么，我从自己的技艺中能够追求到什么？无疑是许多小东西——伟大之作的可能性已被历史排除，这一点世人已经看到。”[④] 塔富里的批判认为资本主义不可能创作出伟大的项目。罗西对

---

① Manfre do Tafuri, *Architecture and Utopia: Design and Capitalist Development*, trans. Barbara La Penta (Cambridge, Mass.: MIT Press, 1976); Tafuri, *The Sphere and the Labyrinth*.

② K. Michael Hays, “Critical Architecture: Between Culture and Form,” *Perspecta* 21 (1984): 14-29; 另见他在赖斯大学的讲座 “Toward an Ontology of the Post-Contemporary, or, Ruminations on Autonomy, Criticality, and What Do We Do Now?” 23 August 2012, https://www.youtube.com/watch?v=hrse2s-2jNw, 2018 年 7 月 13 日访问。关于批判性和后批判性的发展过程，见 George Baird, “Criticality and Its Discontents,” *Harvard Design Magazine* (Fall 2004/Winter 2005), 16-21.

③ 罗西在塔富里发表《建筑项目与乌托邦》（*Progetto e utopia*）一文后送给了他这幅画。此举并非赞同塔富里的结论，而是形象地表达出塔富里执拗结论对建筑的意义。

④ Rossi, *Scientific Autobiography*, 23.

此是默认的，但这没有否定他的信念：小作品仍是可能的，而且是必要的——如果摩德纳墓地可以视为一件小作品。他的性格是反对任何绝望情绪的，因为罗西总体上是一位乐观主义者，相信世界会美好；他绝不会堕入绝望的深渊，或是对时髦却毫不相干的理论亦步亦趋——就像前文中的批评家那样。正如坎塔福拉所说，“的确，罗西看似愤世嫉俗，实则冰清玉洁”。[①] 同样地，罗西在意识到共产主义政治在意大利绝不可能成为变革之路后放弃了它——它们在意大利扼杀了许多可能，却没有拓宽前进的道路。而他从未抛弃自己的信念。

罗西与类比城市

可以说从最初的研究开始，罗西就在思考 20 世纪主导建筑学科的宏大主题。而他的途径是广泛涉猎——不仅在建筑学领域，还有看似与之相去万里的许多学科。此外，他还研究建筑和城市，从中了解过去的建造方式和成就，以及传承至今的做法。如前文所述，他在首部著作《城市建筑学》中提出了他的理论和方法论，并在第二部著作《一部科学的自传》中全面展现了他建筑设计方法中更为重要的因素——关于想象和类比建筑。在论述“类比建筑”或“类比城市”或由部分组成的建筑时，他反复解释和澄清自己的思想。如果我们仔细品读，就会理解这些内容，以至于文字就足以清晰表达，尽管许多批评家似乎都认为它难以把握。

让我们从类比的概念开始。罗西借鉴卡尔·荣格（Carl Jung）的理论形成了自己的定义：“‘逻辑’思维是通过以话语的形式指向外部世界的词语表达出来的东西。‘类比’思维是被感觉到却不真实的、想象出来且无声的。它不是一种话语，而是一种对过去诸多主题的沉思，是一种内在的独白……类比思维是旧时的、无意识的、实际上无法用语言表达的。”[②] 对于罗西，类比思维的这个定义提

① “Rossi simulava cinismo ma di suo era di una purezza cristallina.” 坎塔福拉同尼科洛·奥尔纳吉（Nicolo Ornaghi）和弗朗切斯科·佐尔齐（Francesco Zorzi）访谈，载于 “Milano 1979-1997: La progettazione negli anni della merce,” *PhD diss.*, Milan Polytechnic, 2015, 237.

② Carl G.Jung to Sigmund Freud, 2 March 1910, 载于 *The Freud/Jung Letters: The Correspondence Between Sigmund Freud and C. G. Jung*, ed. William McGuire, trans. Ralph Manheim and R. F. C. Hull (London: Penguin Twentieth Century Classics, 1991), 160.

供了一种“截然不同的历史感，它并非由单纯的事实构成，而是包含了一系列事物、将为记忆或设计所用的表达情感之物”。[①] 卡纳莱托的《帕拉迪奥式建筑狂想》(*Capriccio con edifici Palladiani*，约 1755）即这一概念的理想表达。这位画家将帕拉迪奥的巴西利卡和维琴察的基耶里卡蒂宫（Palazzo Chiericati）等建筑移到了威尼斯的大运河旁：它们在帕拉迪奥未实现的新里亚托桥方案四周，构成了一个完全虚幻、却也不无可能的环境——罗西甚至认为它与现实中的里亚托桥一样真实。通过想象将建筑迁到大运河沿线，构成一个不无可能的理性化场景，完美地体现出罗西对类比的理解，正如他在自己的设计中反复表现的那样。在罗西看来，类比思维既非简化，也不表现正向的特征或本质，而是提供了“表达起始而非终结”的临时性认识框架。[②] 我们如何从罗西的建筑中看到这一点呢？

首先来看世界剧场。对威尼斯 16 世纪漂浮剧场的借鉴正是罗西想象中的一种类比，但一看对那些剧场的表现我们就会发现，除去漂浮在威尼斯潟湖上的事实之外，在形式或视觉上并无相似之处。他为这座建筑提出了许多有说服力的类比，但特别强调了其中之一：意大利人在 15 世纪建造的莫斯科克里姆林宫塔楼：“钟楼可能是一座光塔（minaret）或是克里姆林宫的一座塔楼……我从克里姆林宫塔楼和矗立在无垠平原上的木构瞭望塔上感到了突如其来的兴奋（frisson）。”[③] 这些红砖塔楼层层收进，塔尖林立，并有华丽的绿顶。在今天看来它们不像是防御性的堡垒，而是迷人的赏景点、俯瞰城郊的瞭望塔。然而，它们是 15 世纪末意大利建筑要塞的典型，包括堞口（machicolation）和放箭口（feritoie）——恰恰是罗西经常置入自己项目中的那种洞口，但无疑不是用来放箭的，而是建筑围合下的赏景点。他表示年轻时曾到苏联见过这些塔楼。很多人写到了他对苏联建筑的称赞，而关于他对见到的其他俄罗斯古建筑的痴迷则鲜有提及。在这一点上，塔楼代表着同意大利的特殊关系，尤其是伦巴第，因为那是由伊凡三世（Ivan

---

① Aldo Rossi, “An Analogical Architecture,” 载于 Kate Nesbitt, ed., *Theorizing a New Agenda. for Architecture* (New York: Princeton Architectural Press, 1996), 345-354, 349; English trans. David Stewart 载于 *Architecture and Urbanism* 56 (May 1976): 74-76.

② Ronald Schleifer, *Analogical Thinking: Post-Enlightenment Understanding in Language, Collaboration and Interpretation* (Ann Arbor: University of Michigan Press, 2000), 15-25; Barbara Maria Stafford, *Visual Analogy: Consciousness as the Art of Connecting* (Cambridge, Mass.: MIT Press, 1999).

③ Rossi, *Scientific Autobiography*, 67.

III）在 1485 年召至莫斯科的意大利建筑师设计并建造的。这很可能是他的第二任皇后、拜占庭君主最后的直系后裔索菲娅·帕列奥洛加（Sofia Paleologa）提出的，她在 1472 年封后之前一直住在罗马。在受邀前往俄罗斯的建筑师和工程师中，四位意大利北方的建筑师——安东尼奥·吉拉尔迪、马尔科·鲁福、彼得罗·索拉里、阿利奥西奥·德卡尔卡诺最为杰出，并全部参与了克里姆林宫新城墙和塔楼的建造。[①]

在追溯 500 年前意大利建筑师在俄罗斯完成的这些建筑的久远记忆时，罗西发现意大利与俄罗斯之间的建筑在地理上的交流，加上他考察这些建筑的亲身记忆，理想地表达出他对类比建筑的理解——尽管他也提醒读者“类比是无穷无尽的”。罗西对申克尔的建筑了如指掌，比如他设计的阿科纳角（Kap Arkona）灯塔——一座有带齿饰的檐口和束带层的正方形退台红砖塔，顶部有圆形的瞭望塔——也出现在罗西的想象中。[②] 更重要的是，罗西“以这种方式来感知物体，而不是把它们当作可以简化为我们所谓的建筑的要素”。[③] 由钢管和木板建成的世界剧场昙花一现，既不是对克里姆林宫塔楼和申克尔灯塔的直接“抄袭”，也非形式上的“模仿”。克里姆林宫外墙特制的坚实砖（加倍重的厚砖）石构成了抵御入侵的坚固堡垒，而这与总督府对面，甚至没有地基的这座临时剧场相去甚远。但这些 15 世纪塔楼的回声萦绕在记忆的边缘——她们被岁月沁润和美化，并与申克尔的灯塔融为一体。她们亭亭玉立地浮在潟湖中的尖顶上，身披世界剧场欢快的黄色和蓝色。这些难以形容的舞者在罗西的图画和建筑中跳跃，穿梭于无数奇妙的组合之间。

同样的类比思维还孕育出罗西在 1986 年米兰三年展上的家庭剧场。在他的方案中，1951 年洪水过后波河沿岸内堤上的废弃房屋、米兰二战狂轰滥炸后的残垣断壁、巴西教堂里的祭坛饰板、他的奶奶的厨房，以及无数其他故事都凝结在

---

① Ekaterina Karpova Fasce, “Gli architetti italani a Mosca nei secoli XV-XVI,” *Quaderni di Scienza della Conservazione* 4 (2004): 157-181. 他们这些建筑师带着意大利建筑师和工程师的经验来到俄罗斯。例如，米兰建筑师索拉里在米兰的大教堂和马焦雷医院（Ospedale Maggiore）等项目上积累了长期经验。

② Horst Auerbach, *The Lighthouses at Cape Arkona* (Berlin: Kai Homilius Verlag, 2002). 关于该设计是否出自申克尔有一些争论，但 1828 年两座灯塔中较小的那座通常被认为出自他手。

③ Rossi, *Scientific Autobiography*, 67.

这个复现的舞台布景般的家庭室内空间里。笔者有意使用"凝结"(congeal)一词，是为了表达罗西关于这种类比思维的开放性——使项目或图画已经有了确定的形式。此外还有更具个人色彩的类比。比如美味的意大利夏季彩冰甜品（granite）的颜色，在罗西眼中与他的福冈皇宫酒店不无关联。在舒岑大街重现法尔内塞宫立面的开间时，罗西对这座宫殿的长门厅和柏林历史租住房的借鉴，则要多于对米开朗基罗设计的参考。罗马的这座建筑向拜访者展示的是壮丽，而柏林的建筑是脏乱。它们在罗西的设计中共同展现出对一座刚刚在废墟上重建起来、百废待兴的城市的乐观类比。

罗西是在以此同设计师对话，而非史学家。后者考察的是各种形式的谱系——建筑师可能见过，并或多或少地植入手中作品的要素的历史——让史学家能够借此将这些影响整理到一个清晰、确定的叙事中。而罗西对这种确定研究的前景心存疑虑，并相信他所称的类比建筑是从精湛的技术、历史的分析和充满创造力的想象那不可预见而又迷人的结合中生成的。这种想象无须追溯到数百年之前——罗西在许多图画和建筑中都将自己的设计进行类比。

他对想象与"现实"之间的关系是如何解释的？陷入对建筑与设计漫长沉思的过程之初，罗西便从多个角度对这一问题进行了深入的思考。但最言简意赅的一次是 1970 年，在他设计加拉拉泰塞住宅区时。"想象与幻想，"他写道，"只能从关于现实的知识中孕育出来，而这种知识需要一种对我们所观察之物的固定性，直到从我们内心萌生出其他的设计方向。"但有观点认为这一过程可以是无意识的，罗西对此表示反对。他认为，在进行研究时，我们并非闯入一个未知的世界，即使每个研究课题都不可避免地遇到未曾预料之事。罗西批评大多数当代研究都是盲目而愚蠢的，是临时拼凑而非步步深入的。在这个过程中，他又利用了类比城市不断发展的概念——以城市实在（类比建筑的框架下）构成其他事实所依赖的城市现实为支撑的构成性过程。[①] 为此，他经常将人物插入方案的画中，甚至早在米兰理工大学就读期间就开始这样做。他从瓦尔特·本雅明所谓的城市及其建筑的多孔性（porosity）中找到了一种稚嫩的快乐，"在建筑与行为于庭院中、

① "L'immaginazione e la fantasia non possono nascere che dalla conoscenza del reale e questa conoscenza richiede una notevole fissita sulle cose che osserviamo finche dallo interno nascono altre direzioni di sviluppo." Rossi, *QA*, Book 3, 11 January 1970.

拱廊下和楼梯上相互交融的地方……确定性的印记全无踪迹”。[1] 本雅明写的是那不勒斯，但他关于建筑与城市多孔性的见解，近乎完美地概括了罗西同样在米兰和其他城市中发现的那种活力。正如本雅明所写：“建筑成了大众的舞台……在同一时间生机勃发的无数剧场。”[2]

自主建筑

在趋势派以后，罗西常常在论述中表示建筑是自主的。遗憾的是，这一概念在与他作品的关系上经常被误解。从最初的学生时代开始，罗西就反对资本主义在建筑和城市上的种种不公。如前文所述，他认为建筑业不能脱离社会或政治，也不能抛开主观和个人的因素。建筑投机是资本主义干预城市的主要手段，此外还有大规模的规划。这些始终是罗西抨击的对象。即使在生命的最后 20 年里，他已基本上退出了各种刊物的唇枪舌剑，也仍会声讨这一切。1973 年米兰三年展已经证明，他的“自主”意在聚焦于建筑内在的工具和方法上，并且是他在《城市建筑学》中提出的方法论和分析方法的组成部分。皮耶尔·维托里奥·奥雷利（Pier Vittorio Aureli）关于自主建筑的详细解释基本把握了罗西论述的精髓，但漏掉一个必不可少的重要方面——在罗西看来与他所支持的理性的社会和政治方法不可分割的设计的主观因素。[3] 在奥雷利看来，场所纯粹是由政治构成的；而罗西所向的是无限丰富、开放的概念——它融合了历史、传统、类比，以及所有在他看来任何重要建筑都不可或缺的、转瞬即逝却并非昙花一现的其他因素。事实上，罗西通过强调一种由独具特色的各个部分组成的建筑，并关注城市中的建筑、集体记忆、类比城市和个体在时间中的行为，质疑的是资产阶级的资本主义方法，以及资产阶级左翼对它的批判。罗西大学时代的一个方案图让我们注意到：居住

---

① Walter Benjamin with Asja Lacis, “Naples,” 载于 Walter Benjarnin, *Reflections: Essays, Aphorisms, Autobiograpical Writings*, trans. Edmund Jephcott (New York: Harcourt Brace Jovanovich, 1978), 165-166.

② 同上，167.

③ Pier Vittorio Aureli, *The Project of Autonomy, Politics and Architecture Within and Against Capitalism* (New York: Princeton Architectural Press, 2008), 53-69.

在城市中并赋予其活力的个体总是处于优先地位的。这也是他提出必须要忘掉建筑的缘由。

有批评家指出罗西 20 世纪 70 年代初在苏黎世 ETH 的教学包含了“自主建筑的思路”，并表示“形式与历史是唯一值得思考的东西……建筑首先是关于形式的，而非社会行为”。但这显然是种误解。[①] 在罗西看来，历史既包括建筑和建筑师的宏大历史，也有个人的记忆——它们不可避免地交织在一起，相辅相成。但他也认为，二者都建立在其时代的社会和政治现实的基础上。在 1976 年威尼斯双年展的拼贴画《类比城市》中，罗西将他建成和想象中的项目，与现实的城市规划和重要的历史建筑叠加在一起，在同一时间将形式、历史和想象表现出来，即支撑着这些拼贴要素，乃至无以计数的其他要素的类比。正如他在 1976 年所说，“倘若我今天必须谈论建筑，无论是我的还是别人的，那我要说揭示出将想象引回现实、再使二者向自由回归的线索具有重要的意义”。[②] 他继而表示自己相信“想象（成为）具体事物的能力”。在《一部科学的自传》中，跟着罗西的论述继续深入的读者将会看到他的描述：他站在 ETH 办公室的窗前，琢磨摩德纳大教堂的石尖塔以及穹顶的金属给白石面留下的铜锈污渍；在中世纪末的石头威尼斯和雅各布·圣索维诺（Jacopo Sansovino）等人的建筑前想象出一个木头威尼斯。显然，他无法从苏黎世昏暗的高楼上看到这些意大利建筑。但在想象和记忆中，他可以看到一切。罗西的脑海里尽是这些形象，还有许多其他的，并通过难以言明的机理表现在他的建筑中。大教堂石头上的污渍并没有让他烦恼，一如他自己建筑中的种种意外：那让他快乐。他知道意外能以一种捉摸不定的美（现实之美）为建筑添彩。正如朱塞佩·马佐塔所说，“阿尔多·罗西毫不在意建筑的完整性，并让我们看到了他与普朗克的科学精神之间的距离”。相反，罗西的自传更接近但丁的《神曲》，并在其中超越了“记忆的结晶”。[③]

---

① Adam Caruso, “Whatever Happened to Analogue Architecture?” *AA Files* 59 (2009): 74-75.

② Aldo Rossi, “La citta analoga: Tavola/The Analogous City: Table,” *Lotus International* 13 (December 1976): 4-7.

③ Mazzotta, “L’autobiografia scientifica di Aldo Rossi,” 38-39.

传统、历史与怀旧

在《一部科学的自传》中，罗西将他这一生中看的东西描述为产品目录中"列出的工具"。它们就在"想象与记忆之间的某处，但不是沉寂的，总会重复出现在许多物体上，并使它们变形——在某种意义上也是演化"。[①] 它们不仅重复出现在各种设计和建筑中，而且相互叠压、叠加在构成"万物关系"之物上，并改变它们。与本雅明一样，罗西表示"同周边万物的关系由此改变了我"。[②] 但与本雅明不同，罗西并没有因为这种改变沮丧，而是颂扬它，因为"万物之间关系的形成，相比万物本身，总会带来新的意义"。[③] 他在此所指的不仅是邻近的或同时代的东西，还超越了时间和距离。对于罗西，不可预见的、怪异的、难以解释的东西通过多种途径直抵真正建筑的核心，因为建筑是"嫁接生活的首要因素"，在本质上是不可预见的——即使是有（设计）预期的。记忆、形式、想象：这三个词精练地概括了罗西对这个世界以及他建筑的感知。他对詹巴蒂斯塔·维科（Giambattista Vico）笔下的诗意智慧欣赏有加——它源自一种"并非今天博学者那种理性、抽象的"形而上学，"而是被一切敏锐的感官和充满活力的想象感受到和想象出来的"。[④] 维科将古希腊的诗人概念（创作者或创造者）作为智慧的根本源泉及其后一切艺术和科学的基石。在强调诗意的想象时，罗西试图在他的设计中探索的恰恰是这种诗意的智慧，并通过文字来表达。

即使漫不经心的观察者也会注意到某些主题、形式和要素贯穿于罗西的建成作品及产品设计和图画中。达尔科评价罗西这是"在转向一种手法主义，用重复

---

① Rossi, *Scientific Autobiography*, 23.

② 罗西这段的引言很可能出自本雅明的《柏林童年》(*A Berlin Childhood*)，尽管他并没有明说。

③ Rossi, *Scientific Autobiography*, 19.

④ Giambattista Vico, *The New Science of Giambattista Vico: Unabridged Translation of the Third Edition (1744) with the Addition of "Practice of the New Science,"* trans. Thomas Goddard Bergin and Max Harold Fisch (Ithaca, N.Y.: Cornell University Press, 1984), Book II, sec. I, ch. 1, 116. 维科作品的意大利语版是 *Opere di Giambattista Vico*, ed. Fausto Nicolini (Bari: Laterza, 1911-1941). 关于维科思想最好的研究是 Giuseppe Mazzotta, *The New Map of the World: The Poetic Philosophy of Giambattista Vico* (Princeton: Princeton University Press, 1999).

取代固执”。[①]塔富里认为这是罗西沮丧的一种症状——无论是谈及形式、咖啡壶等家居用品、圣卡洛内像的手部，还是对圣卡塔尔多墓地等项目的反复推敲——迫使罗西“抛弃空间和时间，堕入虚无”。[②]在20世纪的大部分时间和进入21世纪的阶段中，怀旧和向历史建筑的回归是建筑理论家眼中最不可接受的当代建筑的几种方法。过去、重复和记忆对于罗西意味着截然不同的东西；要把握这一点，我们必须更充分地剖析他的理解。他最欣赏的画家之一，爱德华·霍珀（Edward Hopper）对类似的评价是这样回答的：“在每位艺术家的成长之路上，后期作品的萌芽总能在早期作品中发现。他曾经是什么，就永远是什么，只有些微的变化。变换手法或主题几乎不会让他改变，甚至根本不会。”[③]对自己和他人作品的重复和引用，揭示出罗西的论述和图画同他珍视的宗教文献之间的密切关联。其中以阿维拉的圣特雷莎（St. Teresa of Avila）和圣十字若望的神秘记载为甚，而这二人均未有关于哲学体系的阐述。[④]罗西的论述并没有以一种逻辑论证的序列推进，而是扩展了关于多个主题的思考。晚年时他写到希望生命长久，这样就能有时间去重做他的项目——并非因为仍有些许缺憾，而是想将他数年来的积淀融于其中，使之更加丰富。在这里，他的个人经历与对世界的感受交织在一起。这一概念在前文中已有追溯，但在此值得继续讨论。

关于设计过程，罗西认为，那绝不可能是客观的。他反复向学生和其他人强调，设计只能是一个主观的创造——他此言之意是：没有深刻的主观意识、深入的自我投入与激情，就不可能有建筑。[⑤]他详细论述的诗意智慧出现在他对建筑学科的研究之前，尽管后者对于前者的表达是必不可少的。在关于博物馆的同一

---

① Francesco Dai Co, “1945-1985: Italian Architecture Between Innovation and Tradition,” *A+U: Italian Architecture*, 1945-1985 (March 1988, special ed.), 21.

② Manfredo Tafuri, *Architettura italiana, 1944-1981* (Turin: Einaudi, 1982), 关于罗西的内容见 148-153。

③ Gail Levin, *Edward Hopper: An Intimate Biography* (Berkeley: University of California Press, 1998), 266.

④ St. Teresa of Avila, *The Interior Castle, or The Mansions*, trans. Kieran Kavanaugh, O.C.D., and Otilio Rodriguez, O.C.D. (Mahwah, N.J.: Paulist, 1979); St. Teresa of Avila, *The Way of Perfection*, ed. and trans. E. Allison Peers (New York: Image, 1964); St.John of the Cross, *The Collected Works of Saint John of the Cross*, trans. Kieran Kavanaugh, O.C.D., and Otilio Rodriguez, O.C.D. (Washington, D.C.: ICS, 1991).

⑤ Rossi, “Architettura per i musei,” 载于 *Scritti scelti*, 308.

篇文章里，他号召每位建筑师都写一本题为《我是如何创作建筑的》（*How I Made My Architecture*）的书——也是他自己要写的下一部书。1981年，当《一部科学的自传》出版时，罗西的这个目标实现了——不是回顾设计中关于技术和形式的每个步骤，而是为他的想象力打开一扇窗：通过复现他绘画、观察和记忆中东西，他珍视的器物、场所和形象，那些用美打动他的东西，以及它们在他心中唤起的惊奇感受，来充分展示他诗意智慧中难以把握的因素。他从诗人威廉·华兹华斯（William Wordsworth）的“时间点”（spot of time）概念中汲取了营养。“时间点”即过去的生活经历，在当下回忆起来之后会恢复和充盈想象力和创造力。① 与华兹华斯不同，罗西没有在远离他人、同自然的神秘结合中遇到这种时刻，而是人类活动创造出来的锦绣世界让这些珍宝重现于图画和设计中。正如他所述：“重复的概念在不同的条件下会给主导它的秩序带来巨大的变化，甚至颠覆它。” ② 用马佐塔的话来说，他不断发现的建筑形式“成了一个撒满追求幸福的种子的田野，而那里孕育着对一个尚不可见的未来的希望”。③

在罗西的图画和项目中，他没有对其他早期作品中的元素进行乏味的重复，而是做出了改善。他把这些完全理解为前进的步骤，而非向逝去历史的单纯回归。重新审视一种要素，并再度进行创作，以全新的、不同的方式赋予其生命，其中的喜悦揭示出罗西创作的追求。通过特意恢复和加深各种关联，包括对他自己记忆的反思，罗西请观者同他一起融入一段不仅有个人记忆，还有集体记忆的叙事。他知道认识必然是碎片化的；但罗西没有抨击这一点，也没有进行系统性而徒劳无益的反对。相反，他是认可模糊性和不确定性的，并且接受片段和碎片化的东西难以琢磨，甚至是偶发的意义。罗西的设计和画充满了不完美的片段，这体现在多个方面，并通过丰富的复杂性表现出对位（contrapuntal）多音（polyphonic，译注——在同一时间有两个或更多的不同音调）的特征。他提出的

① 笔者对研究生时赫伯特·林登贝格尔（Herbert Lindenberger）关于华兹华斯的时间点的介绍深表感谢。Lindenberger, *On Wordsworth's Prelude* (Princeton: Princeton University Press, 1963).

② “Ma il concetto della ripetizione in condizioni differenti produce profondi cambiamenti o sovvertimenti dell'ordine stesso che lo presiede.” Rossi, *QA*, Book 23, 1978年11月27日—12月15日；罗西在此特别提到了巴西的教堂内部空间。

③ Mazzotta, “L'autobiografia scientifica di Aldo Rossi,” 39.

各种形式的清晰性，尽管看似汇集在建筑史中一个近乎理想的时刻，却使我们聚焦在它必不可少的视觉中心上。例如，在摩德纳墓地的大量图画中，各种色彩和细腻的表现将观者从忧郁的沉思带到明亮的色调中，犹如20世纪70年代末特意用明快、近乎荧光效果的色彩创作的绘画一般。[①] 在墓地里，罗西给一种看似被死亡支配的氛围，罩上了一种洋溢着信仰和救赎之希望的光环。当罗西深情地将咖啡壶、报纸等日常生活用品，甚至是米兰大教堂放到自己的画中时，他并不是为了将它们裹在一段过去痛苦的孤寂中；而是将它们呈现为充满活力与可能性之物。在这里，它们暗指的循规蹈矩的日常生活将重新构建记忆本身。当他允许蒂斯卡利（Tiscali）电话公司将他在撒丁岛创作的一幅地毯设计图用在电话卡上时，他不仅让自己的设计流行开来，而且将含有不确定意义的古老符号用到了当代技术服务中。从这些角度看，记忆既是一个宝库，也是一种对既往经历和创造力的创生力量，并在当下和过去进行着创造。

罗西经常说自己本来可以追求其他事业。他设计拉费尼切剧院时的合作伙伴弗朗切斯科·达莫斯托伯爵在2014年的一次简短发言中表示："倘若他没有成为一位伟大的建筑师，他也会登上许多个巅峰。一切都是从他孜孜不倦、360度的个人研究，以及丰富的创造力中孕育出来的。"[②] 莱科的亚历山德罗·沃尔塔教会学院对青年学生罗西成绩的年终考评证明了达莫斯托评论的精辟。这份报告的内容远不止成绩单上的分数，牧师为每个学生都精心写出了详细的评语。关于青年罗西的年终评语里有两点是值得关注的。[③] 罗西的一位导师看到了他在文学上的出众天赋，并对他的开放思维、轻松领会和记住各种素材的能力大加赞赏。或许更重要的是，这位导师注意到罗西很容易想入非非以外，又对这个少年会被美瞬

---

① 1979年夏，杰西·赖泽（Jesse Reiser）在罗西的米兰工作室里，利用罗西早先的画，以明快鲜艳的色彩创作了这样的摩德纳墓地画。"Jesse Reiser on Aldo Rossi," *Drawing Matter-Sets-Drawings of the Week*, 30 September 2017, https://www.drawingmatter.org/sets/drawing-week/jesse-reiser-aldo-rossi/, 2017年10月10日访问。感谢雅各布·科斯坦佐（Jacopo Costanzo）让笔者注意到这篇文章；感谢赖泽同我讨论这个问题。

② Francesco da Mosto, "Aldo Rossi," 未公开发言，博尔戈里科，会议名称 *Borgoricco: Ii municipio e il centro civico*, 2014年12月6日。

③ Ministero dell'Educazione Nazionale, Pagella Scholastica, Collegio Alessandro Volta, Anno Scolastico 1943-1944 (Fondazione Aldo Rossi, Milan); 另载于 Lampariello, *Aldo Rossi e le forme del razionalismo esaltato*, 15-16.

间打动的非凡感知力做了评述。[①] 青年罗西对美不同寻常的欣悦、少见的开放和灵活思维、无比强烈的好奇心，常常沉醉于想象中的倾向，都是他孩童时的特征。这些又通过一次次的研究、经历、挫折与成功，在岁月中不断发展完善。他的导师们不仅能看到他与众不同的天赋，而且能帮助他去挖掘和培养。这让笔者钦佩不已。无疑这也是他一生赞赏天主教教育，特别是索马斯卡牧师教导的原因。

寄宿学校的时光与他在家中虔诚的母亲的指导下接受的天主教教育形成了互补。从那时到成年后，他阅读了大量宗教文献，包括圣奥古斯丁和圣哲罗姆等早期基督教人物，以及后来圣十字若望和阿维拉的圣特雷莎等神秘物的著述。他用草图来表达想象中的宗教建筑和场景，比如巴西利卡建筑或“基督下十字架”。罗马天主教的仪式和修行被他标在日历的各个季节和日期上。在笔记里他也经常提到圣徒日、大斋节的开始或复活节的庆典。他还参加了天主教会的一些仪式，比如拜访七圣墓。在他游历世界的旅行中，他经常记下途中最重要的事件和地方。其中大多数都与某种神龛或神圣空间有关，无论在西班牙、葡萄牙，还是阿根廷、日本和意大利。他不仅考察了这些地方，而且对看到的东西进行了思考，并且经常会重访某些地方。它们之所以有吸引力，比如他拜访的塞维利亚和圣地亚哥-德孔波斯特拉的修道庵，不仅是由于建筑，还因为凝结在墙面上的情感，在悲伤或喜悦中度过的岁月，甚至是其中常见的遗弃感。在塞维利亚圣保拉（Santa Paula）带回廊院的修道庵里，罗西见到了女住持，并谈论正在修复的一幅画。在这里，和圣地亚哥-德孔波斯特拉带回廊院的拉斯佩拉亚斯修道庵一样，他找到了一种平和感，一种人与神秘之光的感受，一种亲切的精神愉悦（letizia）——正如他在某些宗教短文体会到的那样。[②] 同在圣地亚哥-德孔波斯特拉的圣克拉拉教堂也令他着迷，尤其是那立面（图 3.5、图 7.1），而且他还多次写到在拉美旅途中看到的一块祭坛饰板。这在他眼中并非毫无生气之物；相反，它们孕育着意义，而且不只是建筑的意义。在米兰，他一把自己的事务所搬到城门圣母教堂前的大楼里，就经常评论这座教堂及其立面和铭文。他常常把圣卡（santini）固定在自

---

① “Allo studio porta una mente aperta che facilmente assimila e conserva ... per la sua squisita sensibilita si commuove facilmente dinnanzi alle cose belle ... qualche volta si lascia portare lontano dalla fantasia e questo nuoce un po’ alla sua riflessivita” (24 May 1944), 同上。

② Rossi, *QA*, Book 22, 17 July 1977; Book 31, 2-5 December 1985.

己的画上，还用圣卡标记每年元旦的日子，作为新一年的开始。这些做法自然不是对他建筑无足轻重之事。1971 年，罗西在为一篇自传所绘的草图也概括出了他自己的观点："将索马斯卡与圣山联系在一起的路径对我而言是一切建筑的基础（包括线性的深化路线）。后来我在希腊神庙中发现了异曲同工之妙。"[①]

除了两个带殡礼堂的墓地之外，罗西只在 1990 年收到过一个教堂的委托——米兰腹地巴罗纳区的圣卡洛内教堂。它的某些特征呼应着传统天主教堂的设计，比如三道入口（中间是主教或王侯的仪式性入口，右边是男士的，左边是女士的），立面上两位米兰圣徒圣安布罗斯（St. Ambrose）和圣嘉禄·鲍荣茂的巨像，支撑砖体的石台基，还有檐口。其他特征则没有那么传统。罗西有意避免使用三角形山花，也没有分出高耸的中殿和低矮的侧廊。这样一来，立面实际上构成了一个大三角。出于对简洁、朴素结构的一贯追求，他设计了带山墙的铜屋顶、钟塔和有柱廊的回廊，而在室内，简洁的金属桁架跨在宽阔的中殿上方。

罗西在写项目说明时感到棘手。他写道，因为他不知道哪座教堂有这种建筑项目说明。事实上，在 1564 年特兰特会议（Council of Trent）结束后，这座教堂的守护圣徒圣嘉禄·鲍荣茂在 1577 年写了关于教堂建筑和装饰的权威之作《教会建筑与陈设示明》（*Instructionum fabricae et supellectilis ecclesiasticae*）。[②] 在这两卷书中，他重申了该会议为反宗教改革提出的训令：信众要通过雄伟的建筑及其装饰感知神圣的存在——肃穆庄严，使人敬畏；这正是罗西为这座教堂设想的特征。令人失望的是，现代主义让宗教建筑的特征走向衰落。而在罗西看来，这也是资产阶级建筑的典型特征，因此他转而选择寻求一种"超越建筑"的设计。他相信，在过去，建筑与教堂的关系更为自然。教堂的无上之美，即便在一位拙劣的建筑师手中，或是另一位建筑师诡异的方案中也不会有所折损。在米兰

① "Il percorso che univa Somasca al Sacro Monte e per me la base di ogni architettura (sviluppo rettilineo, ecc.). Piu tardi ho constatato questi elementi nel tempio Greco." Rossi, "Note autobiografiche sulla formazione, ecc., 1971," 载于 ARP; 见 Ferlenga, *Rossi: Life and Works*, 9.

② Carlo Borromeo, *Instructionum fabricae et supellectilis ecclesiasticae, 1577,* trans. Evelyn Carol Voelker, Book I, 1981; Book II, 2008; http://evelynvoelker.com, 2017 年 8 月 13 日访问。拉丁文 / 意大利文结合版，见 *Instructionum fabricae et supellectilis ecclesiasticae: Libri II. Caroli Borromei* (1577), ed. Stefano della Torre and Massimo Marinelli, trans. Massimo Marinelli (Vatican City: Libreria Editrice Vaticana/Axios Group, 2000).

南部边缘的巴罗纳区，立面通常会体现建筑的神圣特征。而他希望简洁的室内朴实无华，一如劳作和神圣的朴实，依然是富有活力的朴实。罗西希望教堂立面前的草坪也会成为社区的公共空间，并且他希望那里既宽大又优美，而最重要的是成为四下混乱中的一片威严之地。因为他相信圣嘉禄·鲍荣茂本人在一生中也是如此。[①]

罗西个人精神生活的准确特征是我们永远无法把握的，但从对他作品的研究来看，他作为罗马天主教徒的精神特征生动地融汇于他的著述、图画和（最重要的是）建筑中。他不仅将“基督下十字架”与法尼亚诺奥洛纳学校这样的设计进行类比，甚至在笔记中将“基督下十字架”的画与其他建筑设计放在一起。这会给他带来喜悦和快乐，并且他会从图画和自己的建筑中发现美——这些都是显而易见的。

罗西对世界之美甚至体现在对简单之物的惊奇感上，而这也渗透在他自传里所描述的每个设计之中。当我们在《一部科学的自传》中跟随他对这些深刻的个人经历进行探究时，我们只能得到的结论是：这第二部著作并没有否定《城市建筑学》中提出的理论，而是对它的充实。同华兹华斯一样，罗西试图维持身心之间的微妙平衡、生命与自然或是我们可以称为理性与快乐生活的统一，而绝不失于偏颇。[②]毫无意外的是，华兹华斯的点睛之笔“时间点”与罗西在《蓝色笔记本》和《一部科学的自传》中阐述的记忆有着相同的突出感性。这是罗西请读者一同融入的鲜明回忆。他渴望用语言、图画和建筑来表现它们，并展示出其中的力量；通过回溯将他眼中从未彻底逝去之物召回当下，并再度忆起圣奥古斯丁在《忏悔录》中所写的“现在化”（见第 6 章）。

值得注意的是，罗西没有沉迷于他文字和图画之中宁静的田园牧歌里。重复本身意味着运动，即马佐塔笔下朝着无穷、朝着永恒流动的时间之河的那种运动。

---

① Rossi, *QA*, Book 42, 22 September 1990.

② Jonathan Roberts, “Wordsworth on Religious Experience,” 载于 Richard Gravil and Daniel Robinson, eds., *The Oxford Handbook of William Wordsworth* (Oxford: Oxford University Press, 2015); 另见 Patrick Hutton, History as an Art of *Memory* (Hanover, N.H.: University of Vermont Press, 1993); Philip Fisher, *Wonder, the Rainbow, and the Aesthetics of Rare Experiences* (Cambridge, Mass.: Harvard University Press, 1998), 40-42.

引用阿维拉的圣特雷莎的话，罗西表示“你知道，人不长大就会缩小。我相信爱是不可能停留在静止状态上的”。[①] 在束于流动的时刻中将过去、现在和未来现在化的过程中，罗西想到的是不断前进的运动，即使他难免不能把握其准确的特征和次序——我们亦是如此。那些图画、产品设计和建筑在这一切之中位于何处?在许多关键之处，它们都折回到“时间点”的痛苦上，而每次转折都成为视觉上的见证、出现在回忆中并得到丰富，随后反复运用和更新，在永无止境之美的千变万化中点燃创造力的火花。在这里，神性（divinity）无处不在，正如马雅可夫斯基从鲍里斯·帕斯特纳克的作品中看到的。有观点认为，过去将人投射到一条轨迹上：不断拓宽，并将不久和遥远的过去悉数纳入其中。

而那些抨击他们眼中乏味的怀旧之物的人对此表示反对。罗西认为，在无法逃脱时间束缚的情况下，这种观点是至关重要的，没有它就会令人费解。接受“时间之河”的理念必然会反对那种自树风格、草率的“前进性”现代运动或是它今天丑陋的新自由主义变体所固有的停滞。[②] 不受过去的束缚，对当下漠不关心。或者将它比作自由下落更好——没有目标，没有边际，没有意义，没有终点。而虚无主义者会发问：这种“前进”指向何处——在一个全无意义的世界里，能有怎样的“前进”？前文中的批评家关于建筑，甚至关于生命的虚无主义论述没有担起解决这一问题的责任。无论从哪个角度来看，罗西这种论点都是与它们毫不相干的——这一点再清楚不过。而且，他的图画、产品和建筑的超凡魅力显然赢得了社会对他创造性作品更广泛的共鸣。

换言之，罗西认为确定性的缺失并非一个缺点，而是对模糊性作为一种根本现实的认可。在这一点上，他对片段的接受，表明他认可一种永无止境却不令人烦恼的追求。他从不迟疑对图画和建筑的内涵进行丰富、深入的挖掘，并在不同的文脉中抽丝剥茧地将片段或碎片分离出来。他的图画是相反相成的，即使它们处于不断地深化和调整的过程中。他维持着一种有活力的矛盾，使清晰、透彻和单义的要素与多音的要素相互对立。记忆在这里构建起来，随后重构。由此他又

---

① “Sapete gia che chi non cresce decresce. Ritengo impossibile che l’amore si contenti di rimanere in uno stato.” Rossi, *QA*, Book 44, 7. January 1991.

② Douglas Spencer, *The Architecture of Neoliberalism: How Contemporary Architecture Became an Instrument of Control and Compliance* (London: Bloomsbury, 2016).

重新探索灿烂的过去——尽管过去的亲身经历会让人感受到一种朦胧的忧郁。莎翁对人类的处境坦言道："时间之镰，无可抵挡。"[①]那种忧郁既非悲剧又非痛苦，而是对生命的韵律和道路必然的接受。罗西通过他的惊奇感、愉悦甚至嬉戏的状态将它表达出来——那种嬉戏可以动摇时间的力量，或至少是扼制它。所以在他看来，形成阴影的光也打破了黑暗——正如在墓地里，让潜在的压力放松下来，并为我们注入生命的力量。

在《蓝色笔记本》中，罗西反复探讨了这些内容，但或许在他对 18 世纪利果里的圣亚丰索·马里亚（St. Alfonso Maria de' Liguori）的《准备死亡》（*Apparecchio alla morte*）一书的思考最为深刻。[②]罗西对这个书名大加赞赏，因为动词"apparecchiare"在意大利语中也有准备或铺好桌子用餐之意。在罗西看来，这便将他温馨地融入设计中的日常物品同利果里笔下人在一生中静候死亡的准备联系起来。我们从尘土中来，又回到尘土中去——再没有什么比这更悲伤、更凄美，或更束缚我们的了，罗西在 1991 年写道，"这就强调了这一真理的美与悲"。罗西在他笔记中写下的最后几句出自意大利诗人彼得拉克。它们从很多方面概括了他关于死亡的痛苦和喜悦一生不变的信念：

"痛苦的死征服了伟大的美（Vinse molta bellezza acerba morte）。"[③]

在一个平静的日子里，罗西青年时读到的利果里论述跃入心田——思维总是这样。但它绝不是由过去而生的忧郁，他写道，"而是构成了一种对生命的回归、对自我的重新发现和意义的澄清。我不是指生命的意义，而是更普遍的意义，关

---

① William Shakespeare, Sonnet 12, 载于 *Shakespeare's Sonnets: Never Before Imprinted* (London: Thomas Thorpe, 1609), 10.

② Alfonso Maria de' Liguori, *Apparecchio alla morte: Cioe considerazioni sulle massime eterne. Utili a tutti per meditare, ed a' sacerdoti per predicare* (Milan: San Paolo, 2011).

③ Francesco Petrarca, Canzone XLII, *Le rime di M. Francesco Petrarca: Canzoniere (Rerum vulgarium fragmenta), Trionfi e Altre composizioni* (Venice: Presso Giuseppe Bortoli, 1739), 226. 最后一册笔记（未出版）在 1997 年 5 月以对"死亡会传染"（la morte e contagioso）一句的思考收尾。罗西记不得此句是在某处听到的还是自己想到的。他用两句并列的引文结束了自己简短的思考："但死亡怎会传染？""最好的东西全无信念，而最坏的东西充满狂热。" August 1996-December 1997, MAXXI, Rossi.

于我们自己、关于各种关系、关于作品”。[1]罗西从未放弃幻想——相反，任何了解他的人都非常清楚：他从未失去自己的惊奇感和对幻想世界的感知——对他而言，或许问题永远是如何同其他没有幻想的人一起生活。正如安东尼奥·莫内斯蒂罗利所言，在感知世界的奇妙并将其视为一场盛景的角度上，罗西眼中最奇妙的地方是我们于其中的存在。[2]

---

① “E strano ma giusto come in un giorno quieto ci tornano alla mente i primi insegnamenti / eppure questo non appartiene alla malinconia, direi anzi che e un ritorno alla vita, un ritrovare se stessi e una maggiore chiarezza del significato. Non dico il significato della vita, ma il significato in senso generale / di noi stessi, delle relazioni, dello stesso lavoro.” Rossi, *QA*, Book 44, 13 March 1991.

② Antonio Monestiroli, “Forme realiste e popolari,” 载于 Posocco et al., “*Care architetture*,” 63-67; Monestiroli, *Il mondo di Aldo Rossi*, 15.

附录　罗西作品年表

1959

米兰文化中心和剧场方案（米兰理工大学论文方案）

1960

米兰法里尼大街（Via Farini）地区改造竞赛方案，与詹努戈・波莱塞罗和弗朗切斯科・滕托里合作

韦尔西利亚龙基别墅，与莱奥纳尔多・费拉里合作

1961

阿根廷布宜诺斯艾利斯标致公司（Peugeot）摩天大厦竞赛，与维科・马吉斯特雷蒂（Vico Magistretti）和詹努戈・波莱塞罗合作

1962

库内奥反抗军纪念碑竞赛，与卢卡・梅达和詹努戈・波莱塞罗合作

法加尼亚（Fagagna）乡村俱乐部方案，与詹努戈・波莱塞罗合作

米兰当代历史博物馆展览设计，与马蒂尔德・巴法、卢卡・梅达和乌戈・里沃尔塔合作

都灵引导中心方案，与詹努戈・波莱塞罗和卢卡・梅达合作

蒙扎市彼得・潘（Peter Pan）学校方案，与卢卡・梅达合作

米兰纪念喷泉方案，与卢卡・梅达合作

蒙扎市雷亚别墅公园（Villa Reale Park）地区学校方案，与詹彼得罗・加瓦泽尼（Giampietro Gavazzeni）和乔治・格拉西合作

卡莱皮奥（Caleppio）住宅和学校方案

1964

第十二届米兰三年展大桥和园区布局，与卢卡・梅达合作

阿比亚泰格拉索（Abbiategrasso）运动休闲综合体竞赛

帕尔马新帕格尼尼剧院和皮洛塔广场改造竞赛，与卢卡・梅达合作

1965

贝卢诺（Belluno）费尔特雷镇纪念喷泉方案

塞格拉泰游击队纪念碑及广场方案

布罗尼总体规划

那不勒斯居住区方案，与乔治·格拉西合作

1966

威尼托区域规划，朱塞佩·萨莫纳（Giuseppe Samona）指导

帕维亚省切尔托萨（Certosa）总体规划

蒙扎市圣罗科居住区竞赛，与乔治·格拉西合作

1967

圣纳扎罗·德·布尔贡迪（San Nazzaro de'Bergundi）中心区布局竞赛

1968

斯坎迪奇市政厅竞赛，与马西莫·福尔蒂斯和马西莫·斯科拉里合作

的里亚斯特圣萨巴（San Sabba）中学，与伦佐·阿戈斯托（Renzo Agosto）、乔治·格拉西和弗朗切斯科·滕托里合作

1969

布罗尼德阿米西斯学校修复和扩建

米兰加拉拉泰塞阿米亚塔山住宅群

1971

摩德纳墓地（圣卡塔尔多墓地），与詹尼·布拉吉耶里合作

法尼亚诺奥洛纳萨尔瓦托雷奥鲁小学

1972

穆焦市政厅竞赛，与詹尼·布拉吉耶里合作

1973

布罗尼住宅，与詹尼·布拉吉耶里合作

第十五届米兰三年展国际建筑展区展览设计，与詹尼·布拉吉耶里和弗兰科·拉吉（Franco Raggi）合作

法尼亚诺-奥洛纳镇总体规划

1974

瑞士贝林佐纳（Bellinzona）古堡修复与桥设计，与詹尼·布拉吉耶里、布鲁诺·赖希林和法比

奥・赖因哈特合作
的里亚斯特地区行政大楼竞赛，与马克斯・布罗斯哈德（Max Brosshard）和詹尼・布拉吉耶里合作
的里亚斯特学生宿舍竞赛，与马克斯・布罗斯哈德、詹尼・布拉吉耶里和阿尔杜伊诺・坎塔福拉合作
罗比亚泰（Robbiate）单户住宅，与詹尼・布拉吉耶里合作

1975
西班牙塞维利亚科拉尔-德孔德（Corral de Conde）修复
葡萄牙塞图巴尔（Setúbal）住宅竞赛，与詹尼・布拉吉耶里、马克斯・布罗斯哈德、阿尔杜伊诺・坎塔福拉、乔斯・查特斯（Jose Charters）和何塞・达诺夫雷加（Jose Da Nobrega）合作

1976
基耶蒂学生宿舍竞赛方案，与詹尼・布拉吉耶里和阿尔杜伊诺・坎塔福拉合作
布拉基奥（Bracchio）单户住宅，与詹尼・布拉吉耶里合作
柏林运河河畔住宅，与詹尼・布拉吉耶里、布鲁诺・赖希林和法比奥・赖因哈特合作
威尼斯双年展《类比城市》拼贴画，与埃拉尔多・孔索拉肖、布鲁诺・赖希林和法比奥・赖因哈特合作
《破碎罗马》方案，与马克斯・布罗斯哈德、詹尼・布拉吉耶里、阿尔杜伊诺・坎塔福拉和保罗・卡茨贝格（Paul Katzberger）合作

1977
佛罗伦萨引导中心竞赛，与卡洛・艾莫尼诺和詹尼・布拉吉耶里合作
莫佐（Mozzo）住宅，与阿蒂利奥・皮齐戈尼（Attilio Pizzigoni）合作

1978
科学小剧场，与詹尼・布拉吉耶里和罗伯托・弗雷诺（Roberto Freno）合作

1979
赞多比奥（Zandobbio）单户住宅，与阿蒂利奥・皮齐戈尼合作
德国卡尔斯鲁厄州立图书馆（Landesbibliothek）竞赛，与詹尼・布拉吉耶里、赫德尔（C. Herdel）和克里斯托弗・斯特德（Christopher Stead）合作
戈伊托（Goito）单户住宅，与詹尼・布拉吉耶里合作
佩戈尼亚加（Pegognaga）单户住宅，与詹尼・布拉吉耶里合作
佩萨罗新市民中心塔楼
卡皮托洛（Capitolo）沙发设计，与卢卡・梅达合作

威尼斯建筑双年展世界剧场
布罗尼中学，与詹尼·布拉吉耶里合作

1980
威尼斯西坎纳雷焦（Cannaregio），与朱利奥·杜比尼（Giulio Dubbini）、阿尔多·德波利（Aldo De Poli）和马里诺·纳波齐（Marino Narpozzi）
威尼斯建筑双年展入口大门
佩萨罗贫民窟某区，与詹尼·布拉吉耶里合作
阿莱西茶具设计
圭萨诺莫尔泰尼殡礼堂，与克里斯托弗·斯特德合作

1981
瑞士伯尔尼克勒斯特利亚雷亚尔（Klösterliareal）竞赛，与詹尼·布拉吉耶里和克里斯托弗·斯特德合作
罗马近郊别墅，与克里斯托弗·斯特德合作
第十六届米兰三年展“建筑—思想”展览设计，与卢卡·梅达合作
柏林南腓特烈施塔特（Friedrichstadt）住宅区，与詹尼·布拉吉耶里、杰伊·约翰逊（Jay Johnson）和克里斯托弗·斯特德合作；最终方案与赖因霍尔德·埃勒斯（Reinhold Ehlers）、迪特马尔·格勒茨巴赫（Dietmar Grötzebach）、冈特·普勒索（Gunter Plessow）和马西莫·朔伊雷尔（Massimo Scheurer）合作

1982
荷兰鹿特丹南头（Kop van Zuid）港口区竞赛，与詹尼·布拉吉耶里和法比奥·赖因哈特合作
澳大利亚墨尔本塔楼，与詹尼·布拉吉耶里合作
阿尔坎塔拉（Alcantara）“带剧院的室内空间”，与卢卡·梅达合作
曼托瓦菲耶拉-卡泰纳区（Fiera-Catena）方案，与詹尼·布拉吉耶里合作
拉蒂纳（Latina）桑蒂尼与多米尼西（Santini and Dominici）商店，与詹尼·布拉吉耶里合作
博洛尼亚博览会桑蒂尼与多米尼西展位设计，与詹尼·布拉吉耶里合作
威尼斯齐泰莱（Zitelle）建筑群修复，与加布里埃莱·杰龙齐（Gabriele Geronzi）合作
米兰新议会大厦（瓦雷西诺区 Varesino），与莫里斯·阿杰米和加布里埃莱·杰龙齐合作
莫尔泰尼剧场椅（Teatro chair）和沙发设计
布鲁诺·隆戈尼厄尔巴小屋设计
佩鲁贾地区办公室和引导中心、剧院和喷泉，与詹尼·布拉吉耶里、加布里埃莱·杰龙齐、马西莫·朔伊雷尔和乔瓦尼·达波佐合作

1983

维亚达纳（Viadana）住宅和商店，与詹尼・布拉吉耶里合作

摩德纳“摩德纳机械”展览

布鲁诺・隆戈尼餐柜（Credenza）设计

布鲁诺・隆戈尼 AR2 桌椅设计

米兰圣克里斯托弗火车站（San Cristoforo Station）新站，与詹尼・布拉吉耶里、米格尔・奥克斯（Miguel Oks）和马西莫・朔伊雷尔合作

奥地利萨尔茨堡福雷伦环线（Forellenweg）住宅区，与詹尼・布拉吉耶里和马西莫・朔伊雷尔合作

蒂尔加滕柏林公园劳赫大街住宅，与詹尼・布拉吉耶里和克里斯托弗・斯特德合作

博尔戈里科市政厅，与马西莫・朔伊雷尔和马里诺・赞卡内拉（Marino Zancanella）合作

热那亚卡洛－费利切剧院重建，与伊尼亚齐奥・加尔代拉、法比奥・赖因哈特和安杰洛・西比拉（Angelo Sibilla）合作

1984

阿根廷布宜诺斯艾利斯办公楼竞赛，与詹尼・布拉吉耶里、詹马尔科・米格尔・奥克斯（Gianmarco Miguel Oks）和马西莫・朔伊雷尔合作

阿莱西“拉科尼卡”咖啡壶设计

佛罗伦萨“皮蒂－乌莫”（Pitti-uomo）展览设计

皮亚琴察佩普－法尔内西纳（Pep Farnesina）市民中心，与詹尼・布拉吉耶里和马西莫・朔伊雷尔合作

都灵 GFT 办公楼“奥罗拉大楼”，与詹尼・布拉吉耶里、詹马尔科・乔卡（Gianmarco Ciocca）、弗兰科・马尔凯索蒂（Franco Marchesotti）、马西莫・朔伊雷尔、米格尔・奥克斯和路易吉・乌瓦（Luigi Uva）合作

1985

阿福里（Affori）圣朱斯蒂娜广场（Piazza Santa Giustina），与詹尼・布拉吉耶里、马西莫・朔伊雷尔、詹马尔科・乔卡和乔瓦尼・达波佐合作

威尼斯朱代卡（Giudecca）战神广场（Campo di Marte）重建竞赛，与詹尼・布拉吉耶里、詹马尔科・乔卡、马西莫・朔伊雷尔和乔瓦尼・达波佐合作

威尼斯建筑双年展“威尼斯计划”展览设计，与毛罗・莱娜（Mauro Lena）和卢卡・梅达合作

法国尼姆酒店和议会大楼，与克里斯蒂安・祖贝（Christian Züber）合作

Up & Up 里利耶沃桌（Rilievo table）设计

莫尔泰尼帕皮罗桌（Papyro desk）设计

卡拉泰－布里安扎（Carate Brianza）孔法洛涅里（Confalonieri），与詹尼・布拉吉耶里、马西

莫·朔伊雷尔和乔瓦尼·达波佐合作
佛罗伦萨 GFT 展位设计，与詹尼·布拉吉耶里合作
帕尔马“高塔”购物中心，与詹尼·布拉吉耶里、马尔科·巴拉科（Marco Baracco）、保罗·迪朱尼（Paolo Digiuni）和马西莫·朔伊雷尔合作
米兰区维亚尔巴区（Vialba）住宅区，与詹尼·布拉吉耶里和詹马尔科·乔卡合作

1986
第 17 届米兰三年展“家庭方案”家庭剧场，与马西莫·朔伊雷尔合作
米兰比科卡（Bicocca）地区竞赛，与安德烈亚·巴尔扎尼（Andrea Balzani）、卡洛·博诺（Carlo Bono）、COPRAT、斯特凡诺·费拉（Stefano Fera）、弗朗切斯科·加蒂（Francesco Gatti）、詹尼·布拉吉耶里、卢卡·梅达、马西莫·朔伊雷尔、乔瓦尼·达波佐、多纳泰拉·穆拉利亚（Donatella Muraglia）和克里斯蒂安·祖贝合作
拉韦纳布兰卡莱奥内城堡《蝴蝶夫人》和《拉默莫尔的露西娅》舞台布景设计，与克里斯蒂安·祖贝合作
奥尔塔湖阿莱西别墅花园塔楼方案，与乔瓦尼·达波佐合作
佛罗里达迈阿密大学建筑学院方案，与莫里斯·阿杰米合作
那不勒斯港口方案，斯特凡诺·费拉
阿莱西“拉科尼卡”茶壶、糖罐和奶油器设计
阿莱西“卡尔泰焦”家具设计
威尼斯双年展《亨德里克·彼得鲁斯·贝尔拉赫》展览设计，圣马里亚-迪萨拉法尔塞蒂别墅
威尼斯诺阿莱购物居住中心方案，与马里诺·赞卡内拉合作
西班牙塞维利亚列王圣母（Santa Maria de los Reyes）修道庵重建与新建筑方案，与乔瓦尼·达波佐、斯特凡诺·费拉、马西莫·朔伊雷尔和费尔南多·比利亚努埃瓦（Fernando Villanueva）合作
巴黎拉维莱特住宅，与克里斯蒂安·祖贝和贝尔纳·于埃（Bernard Huet）合作
坎图蒂巴尔迪学校，与乔瓦尼·达波佐合作
威尼斯埃斯特建筑改造方案，与莫里斯·阿杰米、马西莫·朔伊雷尔和温琴佐·里佐（Vincenzo Rizzo）合作

1987
德国马堡博物馆方案，与马西莫·朔伊雷尔合作
百花高速路（Autostrada dei Fiori）IP 加油站原型，与弗朗切斯科·萨韦里奥·费拉（Francesco Saverio Fera）和埃莱娜·卡塔内奥（Elena Cattaneo）合作
科莫奥尔吉纳泰（Olginate）体育馆方案，与乔瓦尼·达波佐合作
土耳其伊斯坦布尔于斯屈达尔广场（Piazza Üsküdar）竞赛，与乔瓦尼·达波佐、弗朗切斯

科·萨韦里奥·费拉、伊万娜·因韦尔尼齐（Ivana Invernizzi）、达妮埃莱·纳瓦（Daniele Nava）合作

兰恰诺（Lanciano）原高中、广场和彼得罗萨山谷（Valle della Pietrosa）竞赛，与卡米洛·迪卡洛（Camillo Di Carlo）、罗萨尔多·博尼卡尔齐、詹尼·布拉吉耶里、孔切塔·迪维尔吉利奥（Concetta Di Virgilio）、马泰奥·里奇（Matteo Ricci）、马西莫·朔伊雷尔和菲利波·斯帕伊尼（Filippo Spaini）合作

巴勒莫 ZEN 北扩展区和丰多–帕蒂（Fondo Patti）棒球场运动休闲综合体方案，与萨尔瓦托雷·特林加利（Salvatore Tringali）、罗萨纳·拉罗萨（Rossana La Rosa）、朱塞佩·泰拉纳（Giuseppe Terrana）和马西莫·朔伊雷尔合作

多洛人行桥方案，与马里诺·赞卡内拉合作

日本福冈皇宫酒店和餐厅，与莫里斯·阿杰米、堀口丰太和内田繁合作

得克萨斯加尔维斯顿（Galveston）凯旋门，与莫里斯·阿杰米合作

1988

柏林德国历史博物馆竞赛方案，与乔瓦尼·达波佐、弗朗切斯科·萨韦里奥·费拉、伊万娜·因韦尔尼齐、达妮埃莱·纳瓦和马西莫·朔伊雷尔合作

乌迪内意大利国家铁路公司区域改造，与马尔科·布兰多利西奥（Marco Brandolisio）和斯特凡诺·费拉合作

的里雅斯特意大利国家铁路公司区域改造，与马尔科·布兰多利西奥和斯特凡诺·费拉合作

布雷达湖畔塔楼方案，与翁贝托·巴尔别里合作

荷兰鹿特丹码头临展灯塔，与翁贝托·巴尔别里合作

荷兰海牙屠宰场（Slachthuis）地区居住和办公建筑综合体方案，与翁贝托·巴尔别里、马西莫·朔伊雷尔和罗贝特·许特（Robbert Schütte）合作

威尼斯朱代卡战神广场住宅方案，与乔瓦尼·达波佐和弗朗切斯科·萨韦里奥·费拉合作

国际实验室“地下那不勒斯”竞赛，与斯特凡诺·费拉合作

巴黎沃尔特迪士尼酒店方案，与莫里斯·阿杰米合作

莱科居住、商业和行政建筑综合体方案，与斯特凡诺·费拉、乔瓦尼·贝尔托洛托（Giovanni Bertolotto）和芭芭拉·甘巴罗塔（Barbara Gambarotta）合作

塞蒂莫托里内塞（Settimo Torinese）GFT 办公楼综合体，与卢卡·特拉齐（Luca Trazzi）合作

俄罗斯塞兹兰（Sysran）医疗供应公司方案，与马尔科·布兰多利西奥、乔瓦尼·达波佐和弗朗切斯科·萨韦里奥·费拉合作

米兰运动馆方案，与芭芭拉·阿戈斯蒂尼（Agostini）、乔瓦尼·达波佐、弗朗切斯科·加蒂和卢卡·因贝蒂（Luca Imberti）合作

荷兰海牙啤酒馆方案，与翁贝托·巴尔别里合作

那不勒斯埃基亚山（Monte Echia）地区方案，与弗朗切斯科·萨韦里奥·费拉合作

威尼斯圣马可广场森萨（Sensa）集会方案，与马西莫·朔伊雷尔合作
阿莱西“莫门托”表设计
阿莱西“库波拉”咖啡壶设计
撒丁岛地毯设计
加拿大多伦多灯塔剧场，与莫里斯·阿杰米合作
宾夕法尼亚（Poconos）单户住宅，与莫里斯·阿杰米合作
米兰克罗切罗萨大街桑德罗·佩尔蒂尼纪念碑，与弗朗切斯科·萨韦里奥·费拉和莫里斯·阿杰米合作，1990 年建成
法国克莱蒙-费朗（Clermont Ferrand）瓦西维耶尔当代艺术中心国际艺术与景观中心 CIAP，与斯特凡诺·费拉和哈维尔·法夫雷（Xavier Fabré）合作
荷兰赞丹（Zaandam）城市纪念碑，与翁贝托·巴尔别里合作
米兰公爵酒店改造与扩建，与乔瓦尼·达波佐和马西莫·朔伊雷尔合作
日本名古屋“城市中心”商业中心（亦称 UNY 岐阜商场，今称 Apita 购物中心）方案，与莫里斯·阿杰米、堀口丰太和马泰奥·雷蒙蒂（Matteo Remonti）合作

1989

日本札幌餐厅和啤酒馆，与莫里斯·阿杰米合作
日本福冈美术馆方案，与莫里斯·阿杰米合作
日本名古屋 1989 年日本设计博览会移动建筑“皮诺基奥屋台”（Pinocchio Yatai），与莫里斯·阿杰米合作
米兰利纳泰-蒙特市（Linate Monte-city）办公楼方案，与安德烈亚·巴尔扎尼、加布里埃拉·萨伊尼（Gabriella Saini）、乔瓦尼·达波佐、弗朗切斯科·加蒂和弗朗切斯科·萨韦里奥·费拉合作
塞雷尼奥新公共图书馆方案，与乔瓦尼·达波佐和卢卡·瓦凯利（Luca Vacchelli）合作
蓬泰塞斯托罗扎诺墓地扩建方案，与乔瓦尼·达波佐和弗朗切斯科·萨韦里奥·费拉合作
利勒达博（Isle d’Abeau）谷地方案，与切奇莉亚·博洛涅西（Cecilia Bolognesi）和斯特凡诺·费拉合作
德国法兰克福机场办公楼方案，与斯特凡诺·费拉和卢卡·特拉齐合作
乌尼福尔帕里吉椅（Parigi）设计
巴黎大皇宫柏林博物馆 Sime ’90 展位设计，与马西莫·朔伊雷尔合作
日本东京“氛围”（Ambiente）展厅，与莫里斯·阿杰米合作
马里纳-迪比萨（Marina di Pisa）皮索尔诺（Pisorno）大都市区发展城市规划，与马尔科·布兰多利西奥、马西莫·朔伊雷尔和斯特凡诺·费拉合作
卡斯泰兰扎-卡洛卡塔内奥大学，与安德烈亚·巴尔扎尼、马尔科·布兰多利西奥、卢卡·因贝蒂和弗朗切斯科·加蒂合作

日本名古屋当知购物中心（今称 Port Walk Minato）方案，与莫里斯·阿杰米和堀口丰太合作
苏纳－迪韦尔巴尼亚（Suna di Verbania）阿莱西别墅改造，与切奇莉亚·博洛涅西、斯特凡诺·费拉和马西莫·朔伊雷尔合作；项目实施与监督，马西莫·朔伊雷尔和菲利波·皮亚泰利（Filippo Piattelli）合作

1990

伦敦码头区金丝雀码头办公楼方案，与切奇莉亚·博洛涅西、伊万娜·因韦尔尼齐、斯特凡诺·费拉和索菲娅·梅达（Sofia Meda）合作
米兰卡希纳－比安卡（Cascina Bianca）新教堂方案，与乔瓦尼·达波佐和弗朗切斯科·萨韦里奥·费拉合作
米兰波尔泰洛区（Portello）新议会大楼，与马西莫·朔伊雷尔和卢卡·特拉齐合作
卡斯泰洛城（Città di Castello）原索格马区（Ex-Sogema）新住宅和行政办公楼，与乔瓦尼·达波佐、丹特（C. Dante）和达妮埃莱·纳瓦合作
日本千仓海洋酒店方案，与莫里斯·阿杰米和简·格里本（Jan Greben）合作
瑞士卢加诺 UBS 管理大厦竞赛，与马西莫·朔伊雷尔合作
威尼斯利多电影宫竞赛，与乔瓦尼·达波佐、弗朗切斯科·萨韦里奥·费拉、卢卡·梅达和马西莫·朔伊雷尔合作
都灵恺撒路 GFT 办公楼方案，与马尔科·布兰多利西奥和路易吉·乌瓦合作
柏林波茨坦广场和莱比锡广场，与马西莫·朔伊雷尔合作
法国波尔多“钟塔”办公楼竞赛，与乔瓦尼·达波佐、马克·科赫尔（Marc Kocher）和安德烈亚·莱奥纳尔迪（Andrea Leonardi）合作
米兰洛伦泰焦大街（Via Lorenteggio）住宅综合体，与达妮埃莱·纳瓦和乔瓦尼·达波佐合作
都灵卡瓦列拉（Cavaliera）居住区（第一方案），与切奇莉亚·博洛涅西、斯特凡诺·费拉和卢卡·瓦凯利合作
佛罗伦萨卡诺瓦大街（Via Canova）社会性医疗综合体，与焦万纳·加尔菲奥内（Giovanna Galfione）和斯特凡诺·费拉合作
法国南特中心改造方案，与蒂里·罗兹（Thierry Roze）、阿尔多·德波利（Aldo de Poli）、马里诺·纳波齐（Marino Narpozzi）和安德烈亚·莱奥纳尔迪合作
日本东京设计师浅叶克己工作室，与莫里斯·阿杰米、堀口丰太和埃琳·希利迪（Erin Shilliday）合作
兰恰诺集会区（Fiera di Lanciano）公共空间改造方案，与卡米洛·迪卡洛、迪朱塞佩（Di Giuseppe）、斯特凡诺·费拉、马泰奥·里奇、弗朗切斯科·萨伊尼（Francesco Saini）、马尔科·布兰多利西奥和卡洛·盖齐（Carlo Ghezzi）合作
马里纳－迪比萨蒂雷尼亚（Tirrenia）大都会俱乐部会所，与马尔科·布兰多利西奥和马西莫·朔伊雷尔合作

荷兰马斯特里赫特博纳凡滕博物馆，与翁贝托·巴尔别里、乔瓦尼·达波佐和马克·科赫尔合作

1991

威尼斯双年展入口方案，与路易吉·特拉齐合作

威尼斯区码头区（Sacca della Misericordia）方案，与马里诺·赞卡内拉合作

日本东京千叶市太阳大厦方案，与乔瓦尼·达波佐、堀口丰太、Yashimi Kato 和索菲娅·梅达合作

马来西亚吉隆坡新引导中心竞赛，与莫里斯·阿杰米、路易吉·特拉齐和克里斯托弗·斯特德合作

威尼斯马拉诺–迪米拉（Marano di Mira）马尔基别墅（Villa Marchi）廉价住宅方案，与路易吉·特拉齐合作

苏格兰爱丁堡苏格兰国家博物馆竞赛，与克里斯托弗·斯特德合作

柏林弗里德里希大街建筑竞赛，与马克·科赫尔合作

卡萨诺–马尼亚戈（Cassano Magnago）住宅与商业建筑，与马尔科·布兰多利西奥和米凯莱·塔迪尼（Michele Tadini）合作

巴黎欧洲迪士尼新总部办公楼，与莫里斯·阿杰米和克里斯托弗·斯特德合作

纽约南布朗克斯艺术学院方案，与莫里斯·阿杰米合作

米兰加里巴尔迪共和区（Garibaldi-Repubblica）改造方案，与安德烈亚·巴尔扎尼、卡洛·博诺、乔瓦尼·达波佐、卢卡·因贝蒂、朱塞佩·隆吉（Giuseppe Longhi）、索菲娅·梅达、加布里埃拉·萨伊尼、马西莫·朔伊雷尔和维尔吉利奥·韦尔切洛尼合作

新巴里理工大学（Polytechnic of Bari）方案，与马西莫·朔伊雷尔合作

日本岐阜车站和广场布局，与堀口丰太和马克·科赫尔合作

日本奈良酒店方案，与马尔科·布兰多利西奥和堀口丰太合作

都灵韦尔切利路（Corso Vercelli）住宅方案，与路易吉·特拉齐合作

阿莱西立方体（La Cubica）平底锅设计

乌尼福尔孔西利奥（Consiglio）桌设计

莫尔泰尼普罗维登斯（Providence）沙发设计

莫尔泰尼诺曼底（Normandie）橱柜设计

第 18 届米兰三年展设计，与卢卡·梅达和马西莫·朔伊雷尔合作

米兰利纳泰国际机场扩建，与马尔科·布兰多利西奥、乔瓦尼·达波佐、马克·科赫尔和维尔吉利奥·韦尔切洛尼合作

巴里巴里亚尔托（Barialto）住宅中心方案，与马尔科·布兰多利西奥和米凯莱·塔迪尼合作

佛罗里达奥兰多沃尔特·迪士尼办公综合体，与莫里斯·阿杰米合作

1992

特尔尼（Terni）居住和商业项目，与马尔科・布兰多利西奥合作

罗马行政综合体方案，与乔瓦尼・达波佐和米凯莱・塔迪尼合作

陶尔米纳（Taormina）《埃莱克特拉》舞台和服装设计，与马克・科赫尔合作

热那亚-坎皮（Genova Campi）技术产业园服务中心和办公楼，与马西莫・朔伊雷尔、斯特凡诺・西比拉（Stefano Sibilla）和马尔科・布罗利亚（Marco Broglia）合作

比利时哈瑟尔特（Hasselt）行政综合体与旧医院布局，与德格雷戈里奥（A. De Gregorio）、安德烈亚・莱奥纳尔迪和塞尔焦・贾诺利（Sergio Gianoli）合作

华盛顿特区新意大利大使馆竞赛，与乔瓦尼・达波佐、马尔科・布兰多利西奥、米凯莱・塔迪尼和索菲娅・梅达合作

纽约怀特霍尔渡轮码头方案，与莫里斯・阿杰米、米凯莱・塔迪尼和韦斯・沃尔夫（Wes Wolfe）合作

佩斯卡拉（Pescara）泰拉莫（Teramo）酒店综合体，与路易吉・特拉齐合作

加里巴尔迪路办公和居住综合体，与比安基技术工作室（Studio tecnico Bianchi）、乔瓦尼・达波佐、米凯莱・塔迪尼和索菲娅・梅达合作

阿尔特（Arte）梅特里卡（Metrica）椅设计，与乔瓦尼・达波佐合作

阿莱西卢克斯（Lux）灯设计

柏林兰茨贝格尔（Landsberger）大街办公楼方案，与乔瓦尼・达波佐、马克・科赫尔、菲利波・皮亚泰利和米凯莱・塔迪尼合作

西班牙加利西亚维戈海洋博物馆，与塞萨尔・波特拉（César Portela）和马尔科・布兰多利西奥合作

柏林舒岑大街住宅区居住和办公综合体，与马西莫・朔伊雷尔、马克・科赫尔、马尔科・布罗利亚、塞尔焦・贾诺利和伊丽莎白・平凯莱（Elisabetta Pincherle）合作

1993

巴里奥林匹亚（Olimpia）地中海竞技设施竞赛，与马尔科・布兰多利西奥和米凯莱・塔迪尼合作

巴里巴里中心（Baricentro）办公楼，与马尔科・布兰多利西奥合作

塔兰托（Taranto）卡斯泰拉内塔海（Castellaneta Mare）旅游村，与马尔科・布兰多利西奥和米凯莱・塔迪尼合作

佛罗里达迈阿密（Asso）陶瓷展览设计，与莫里斯・阿杰米、莉萨・马哈尔（Lisa Mahar）和乔舒亚・戴维斯（Joshua Davis）合作

罗森塔尔“灯塔”餐具

巴里巴里亚尔托广场方案，与卡洛・艾莫尼诺、圭多・卡内拉和马尔科・布兰多利西奥合作

墨西哥城可口可乐公司办公楼，与莫里斯・阿杰米、米凯莱・塔迪尼、韦斯・沃尔夫和乔舒

亚·戴维斯合作

博洛尼亚原烟草加工厂展览和办公空间改造，与乔瓦尼·达波佐、索菲娅·梅达和米凯莱·塔迪尼合作

苏黎世歌剧院《雷蒙多》舞台布景，与马克·科赫尔合作

韩国庆州旅游综合体方案，与莫里斯·阿杰米、米凯莱·塔迪尼、戴维·康（David Kang）和乔舒亚·戴维斯合作

巴里巴里亚尔托联排住宅，与马尔科·布兰多利西奥合作

巴里巴里亚尔托高尔夫球俱乐部会所方案，与马尔科·布兰多利西奥合作

法国马赛码头方案，与哈维尔·法夫雷、乔瓦尼·达波佐、马西莫·朔伊雷尔、阿基姆·巴拉（Akim Bara）和塞尔焦·贾诺利合作

柏林兰茨贝格尔大街竞赛，与马克·科赫尔和乔瓦尼·达波佐合作

日本门司港酒店和商业综合体，与莫里斯·阿杰米、堀口丰太、韦斯·沃尔夫和乔舒亚·戴维斯、菲利波·皮亚泰利和米凯莱·塔迪尼合作

韦尔巴尼亚帕兰扎区集市广场方案，与乔瓦尼·达波佐和米凯莱·塔迪尼合作

布鲁诺·隆戈尼“菲奥伦蒂诺”移动橱柜设计

丰多-托切（Fondo Toce）马焦雷湖科技园，与乔瓦尼·达波佐和米凯莱·塔迪尼合作；项目监督：爱德华多·古恩扎尼（Edoardo Guenzani）

1994

德国奥得河（Oder）法兰克福剧场竞赛，与乔瓦尼·达波佐、皮萨诺（M. Pisano）、米凯莱·塔迪尼、马克·科赫尔和瓦莱工程公司（M. Valle Engineering）合作

黎巴嫩贝鲁特集市改造竞赛，与马尔科·布兰多利西奥、马西莫·朔伊雷尔和三号线工程公司（Linea 3 Engineering）合作

法国斯特拉斯堡媒体技术公司竞赛，与马尔科·布兰多利西奥和斯特凡诺·西比拉合作

西班牙赫罗纳住宅综合体，与马尔科·布兰多利西奥、乔瓦尼·达波佐和华纳·博韦尔（Joana Bover）合作

加州洛杉矶沃尔特·迪士尼办公室，与莫里斯·阿杰米合作

比利时哈瑟尔特（Hasselt）比利时电信公司（Belgacom）办公楼竞赛，与乔瓦尼·达波佐、马尔科·布兰多利西奥和德格雷戈里奥合作

墨西哥城办公楼，与莫里斯·阿杰米、米凯莱·塔迪尼和乔舒亚·戴维斯合作

八角形咖啡壶设计

纽约百老汇大街学乐大厦办公楼，与莫里斯·阿杰米、韦斯·沃尔夫和帕特里克·韩（Patrick Han）合作

加州纽波特比奇纽波特海滨度假区，与莫里斯·阿杰米、韦斯·沃尔夫和乔舒亚·戴维斯合作

1995

瑞典斯德哥尔摩机场控制塔，与乔瓦尼·达波佐和米凯莱·塔迪尼合作

圣乔瓦尼-瓦尔达诺新市政厅方案，与马西莫·朔伊雷尔和菲利波·皮亚泰利合作

柏林莱比锡广场和莱比锡大街商业办公楼，与乔瓦尼·达波佐、马西莫·朔伊雷尔、米凯莱·塔迪尼、马克·科赫尔和马尔科·布兰多利西奥合作

米兰加尔巴尼亚泰米拉内塞（Garbagnate Milanese）“钉院”（Corte del Chiodo）方案（第二阶段），与马尔科·布兰多利西奥和乔瓦尼·达波佐合作

拉斯佩齐亚医院方案，与马西莫·朔伊雷尔和菲利波·皮亚泰利合作

米兰波维萨（Bovisa）新米兰理工大学方案，与马尔科·布兰多利西奥、乔瓦尼·达波佐和米凯莱·塔迪尼合作

米兰意大利电话公司（Italtel）圣锡罗（San Siro）大楼改造方案，与马尔科·布兰多利西奥、乔瓦尼·达波佐和米凯莱·塔迪尼合作

波焦鲁斯科（Poggio Rusco）酒店、学校和剧院方案，与马尔科·布兰多利西奥和米凯莱·塔迪尼合作

蒙特卡蒂尼（Montecatini）原康养宫（Kursaal）改造方案，与路易吉·特拉齐和马尔科·布兰多利西奥合作

苏黎世 Leitzipolis 购物中心方案，与乔瓦尼·达波佐、马克·科赫尔和米凯莱·塔迪尼合作

乌尼福尔“笛卡尔”（Cartesio）家具设计

米拉（Mira）IACP 区方案，与路易吉·特拉齐和乔瓦尼·达波佐合作

丹麦哥本哈根花园屋（Kolonihavehus），与米凯莱·塔迪尼合作

柏林巴黎广场竞赛，与马西莫·朔伊雷尔、伊丽莎白·平凯莱、马尔科·布罗利亚和帕特里齐亚·龙基（Patrizia Ronchi）合作

佛罗里达锡赛德独户住宅，与莫里斯·阿杰米、基思·斯科特（Keith Scott）和哈里·古特弗罗因德（Harry Gutfreund）合作

1996

俄罗斯加里宁格勒（Kaliningrad）机场方案，与米凯莱·塔迪尼和爱德华多·古恩扎尼合作

乌尔尼亚诺（Urgnano）住宅综合体方案，与米凯莱·塔迪尼合作

维罗纳克伦卡诺桥区科齐宫住宅区综合体方案，与路易吉·特拉齐合作

维罗纳博览会新展馆和广场改造，与乔瓦尼·达波佐、马尔科·布兰多利西奥和米凯莱·塔迪尼合作

布鲁诺·隆戈尼（Lario）双人床设计，与米凯莱·塔迪尼合作

阿尔泰米德（Artemide）“普罗米修斯”（Prometheus）灯设计，与米凯莱·塔迪尼合作

莫尔泰尼“塞格雷托”（Segreto）橱柜设计，与米凯莱·塔迪尼合作

马东纳-迪坎皮利奥（Madonna di Campiglio）格罗斯特关（Passo Groste）避难所，与米凯莱·塔

迪尼和爱德华多·古恩扎尼合作

德国新鲁平旅游广场总体规划，与法比奥·赖因哈特、马克·科赫尔和马西莫·朔伊雷尔合作

柏林施普雷河畔火车站（Hauptbahnhof Spree Ufer）办公楼竞赛，与马西莫·朔伊雷尔、马克·科赫尔和菲利波·皮亚泰利合作

罗马“意大利广场”（Foro Italico）竞赛，与乔瓦尼·达波佐、米凯莱·塔迪尼和马克·科赫尔合作

奥尔比亚（Olbia）泰拉诺瓦（Terranova）购物中心，与米凯莱·塔迪尼和 ARP（Aldo Rossi Papers，加州洛杉矶盖蒂研究所“阿尔多·罗西论文”）奥里斯塔诺（Oristano）工作室合作

1997

威尼斯拉费尼切剧院重建竞赛，与乔瓦尼·达波佐、马西莫·朔伊雷尔、爱德华多·古恩扎尼、弗朗切斯科·达莫斯托和马尔科·布兰多利西奥合作

奥洛纳堡（Castiglione Olona）图书馆和新市民中心，与马尔科·布兰多利西奥和乔瓦尼·达波佐合作

丰多-托切科技园第三部分，与乔瓦尼·达波佐和米凯莱·塔迪尼合作

佛罗伦萨百花圣母大教堂竞赛，与马克·科赫尔、菲利波·皮亚泰利和雕刻家弗雷苏（B. Fresu）合作

卢森堡国家历史与艺术博物馆扩建竞赛，与赫尔（J. Herr）、马西莫·朔伊雷尔和菲利波·皮亚泰利合作

德国杜塞尔多夫预制房（Kleines Haus），与马西莫·朔伊雷尔和克里斯蒂安·乌尔班（Christian Urban）合作

柏林舒岑大街公寓 3 至 8 号室内实施方案，与马西莫·朔伊雷尔、切奇莉娅·安塞尔米（Cecilia Anselmi）和伊丽莎白·平凯莱合作

德国莱比锡市博物馆竞赛，与马尔科·布兰多利西奥、乔瓦尼·达波佐和米凯莱·塔迪尼合作

参考文献

阿尔多·罗西著作选

The Architecture of the City. Trans. Diane Ghirardo and Joan Ockman. Cambridge, Mass.: MIT Press, 1982.

L'architettura della cittia. Padua: Marsilio, 1966.

Architetture padane. Modena: Panini, 1984.

"Introduzione a Boullee." 载于 Etienne-Louis Boullee, *Architettura: Saggio sull'arte,* trans. Aldo Rossi. Padua: Marsilio, 1967; Turin: Einaudi, 2005, 321-337, 7-24.

"Invisible Distances." Trans. Diane Ghirardo. *Via* (1990): 84-89.

Il libro azzurro i *miei progetti- My Projects- Meine Entwurfe- Mes Pro jets.* Zurich: Jamileh Weber Galerie, 1983.

"Preface: The Architecture of Adolf Loos." 载于 Benedetto Gravagnuolo, *Adolf Loos.* London: Art Data, 1995 [1982], 11-15.

I Quaderni Azzurri. Ed. Francesco Dal Co. Los Angeles and Milan:J. Paul Getty Museum and Electa, 2000.

A Scientific Autobiography. Trans. Lawrence Venuti. Cambridge, Mass.: MIT Press, 1981.

Scritti scelti sull'architettura e la citta, 1956—1972. Ed. Rosaldo Bonicalzi. Milan: CLUP, 1975; Macerata: Quodlibet, 2012.

Tre citta / Three Cities: Perugia, Milano, Mantova. Bernard Huet and Patrizia Lombardi 撰文. Quaderni di Lotus. Milan: Electa, 1984.

With Francesco Moschini. *Aldo Rossi, progetti e disegni, 1962—1979 / Aldo Rossi, Projects and Drawings, 1962—1979.* Milan: Rizzoli, 1979.

With Peter Eisenman and Kenneth Frampton. *Aldo Rossi in America, 1976—1979: March 25 to April 14, 1976, September 10 to October 30, 1979.* Trans. Diane Ghirardo. New York: Institute for Architecture and Urban Studies, 1979.

With Ezio Bonfanti. *Architettura razionale: XV Triennale di Milano.* Milan: Franco Angeli and Triennale di Milano, 1973.

参考书目

Adjmi, Morris, ed. *Aldo Rossi: Architecture, 1981—1991.* New York: Princeton Architectural Press, 1992.

Adjmi, Morris. *Aldo Rossi: Autobiografia poetica.* Milan: Antonia Jannone, 2014.

Adjmi, Morris, ed. *Aldo Rossi: Drawings and Paintings.* New York: Princeton Architectural Press, 1993.

Aldo Rossi par Aldo Rossi, architecte: 26 juin-30 septembre 1991. Centre de creation industrielle, Centre Georges Pompidou. Paris: Editions du Centre Pompidou, 1991.

Arnell, Peter, and Ted Bickford, eds. *Aldo Rossi: Buildings and Projects.* New York: Rizzoli, 1991.

Aymonino, Carlo, and Aldo Rossi. *1977: Un progetto per Firenze.* Rome: Officina, 1978.

Bandini, Micha. "Aldo Rossi." *AA Files* 1 (December 1981): 105-111.

Belloni, Francesco, and Rosaldo Bonicalzi, eds. *Aldo Rossi: La scuola di Fagnano Olona e altre storie. Atti della Giornata di Studi* (Fagnano Olona, 28 November 2015). Turin: Accademia University Press, 2017.

Bolognesi, Cecilia. *Aldo Rossi: Luoghi urbani.* Milan: Unicopli, 1999.

Celant, Germano, ed. *Aldo Rossi: Teatri.* Milan: Skira, 2012.

Celant, Germano, and Diane Ghirardo, eds. *Aldo Rossi: Drawings.* Milan: Skira, 2008.

Colonna-Preti, Stefania. *Aldo Rossi.* I protagonisti del design 11. Milan: Hachette, 2011.

Conforti, Claudia. *II Gallaratese diAymomino e Rossi, 1969—1972.* Rome: Officina, 1981.

Costantini, Paolo. *Luigi Glairri-Aldo Rossi: Cose che sono solo se stesse.* Milan: Mondadori Electa, 1996.

De Maio, Fernanda, Alberto Ferlenga, and Patrizia Montini Zimolo, eds. *Aldo Rossi, La storia di un libro: "L'arcltitettura della citta'"dal 1966 ad oggi.* Padua: Il Poligrafo, 2014.

Dotti, Fernando, *ed.Aldo Rossi: Il municipio di Borgoricco.* Padua: Cleup, 2006.

Ferleoga, Alberto, ed. *Aldo Rossi: Deutsches Historisches Museum, Berlino.* Milan: Mondadori Electa, 1990.

Ferleoga,Alberto, *ed. Aldo Rossi, Opera completa (1959—1987).* Milan: Electa, 1989.

Ferlenga, Alberto, ed. *Aldo Rossi: Opera completa (1988—1992).* Milan: Electa, 1997

Ferlenga, Alberto, *ed. Aldo Rossi: Opera completa III, 1993—1996.* Milan: Mondadori Electa, 1997.

Ferleoga, Alberto, *ed. Aldo Rossi: The Life and Works of an Architect.* Trans. Laura Davey. Cologne: Konemann, 2001. Original ed.: Ferlenga, ed., *Aldo Rossi. Tutte le opere.* Milan: Electa, 1999.

Ferlenga, Alberto, Massimo Ferrari, and Claudia Tinazzi, *eds. Aldo Rossie Milano.* Milan: Solferino, 2013.

Ghirardo, Diane. "The Blue of Aldo Rossi's Sky." *AA Files,* 70 (May 2015): 159-172.

Ghirardo, Diane, ed. *Borgoricco: II municipio e il centro civico. Aldo Rossi.* Borgoricco: Comune di

Borgoricco, 2014.

Ghirardo, Diane. *Italy: Modern Architectures in History.* London: Reaktion, 2013.

Giora, Marilena, and Loris Tasso, eds. *Dal municipio di Aldo Rossi a citta rifondata: Borgoricco Analoga.* Borgoricco: Comune di Borgoricco, 2009.

Grasso, Maddalena. "Definizione di 'Autentico Razionalismo' in Aldo Rossi: Dal dibattito sulla tradizione al confronto con Etienne-Louis Boullee." Laurea thesis, Turin Polytechnic, 2012.

Huijts, Stijn, and Germano Celant, eds. *Aldo Rossi: Opera grafica. lncisioni, litografie, serigrafie.* Milan: Silvana, 2015.

Johnson, Eugene J. "What Remains of Man: Aldo Rossi's Modena Cemetery." *Journal of the Society of Architectural Historians* 41, no. 1 (March 1982): 38-54.

La Marche, Jean. *The Familiar and Unfamiliar in Twentieth-Century Architecture.* Urbana: University of Illinois Press, 2003.

Lampariello, Beatrice. *Aldo Rossi e le forme del razionalismo esaltato: Dai progetti scolastici alla "citta analoga," 1950—1973.* Macerata: Quodlibet, 2017.

Malacarne, Gino, and Patrizia Montini Zimolo, eds. *Aldo Rossi e Venezia: Il teatro e la citta*. Milan: Unicopli, 2002.

Mazzotta, Giuseppe. "L'autobiografia scientifica di Aldo Rossi/The Scientific Autobiography of Aldo Rossi." 载于 Ghirardo, *Borgoricco: Il municipio e il centro civico,* 29-41.

Moneo, Rafael. "Aldo Rossi: The Idea of Architecture and the Modena Cemetery." *Oppositions* 5 (Summer 1976) [*Oppositions Reader,* K. M. Hays, ed., 105-134].

Moneo, Rafael. *Theoretical Anxiety and Design Strategies in the Work of Eight Contemporary Architects.* Cambridge, Mass.: MIT Press, 2004.

Monestiroli, Antonio. *Ernesto Nathan Rogers: L'architettura. come esperienza.* Bologna: Ogni uomo e tutti gli uomini, 2009.

Monestiroli, Antonio. *II mondo di Aldo Rossi.* Bologna: Ogni uomo e tutti gli uomini, 2015.

Monestiroli, Antonio. *Il razionalismo esaltato di Aldo Rossi.* Bologna: Ogni uomo e tutti gli uomini, 2012.

Poletti, Giovanni. *L'autobiografia scientifica di Aldo Rossi: Un'indagine tra scrittura e progetto di architettura.* Milan: Mondadori, 2011.

Portogbesi, Paolo, Michele Tadini, and Massimo Scheurer, eds. *Aldo Rossi: The Sketchbooks 1990—1997.* London: Thames and Hudson, 2000. 最初出版为 *Aldo Rossi Disegni, 1990—1997.* Milan: Federico Motta, *1999.*

Posocco, Pisana, Gemma Radicchio, and Gundula Rakowitz, eds. *"Care Architetture": Scritti su Aldo Rossi.* Turin: Umberto Allemandi, 1999.

Savi, Vittorio. *L'architettura di Aldo Rossi.* Milan: Franco Angeli, 1977.

Savi, Vittorio, ed. *Casa Aurora: Un'opera di Aldo Rossi.* Turin: Gruppo GFT, 1987.

Schmidt, Hans. *Contributi all'architettura, 1924—1964.* Milan: Franco Angeli, 1974.

Sedlmayr, Hans. *Art in Crisis: The Lost Center.* Trans. Brian Battershaw. Abingdon, U.K.: Routledge, 2017. 最初出版为 *Verlust der Mitte.* Salzburg: O. Miller, 1951.

Seixas Lopes, Diego.*Melancholy and Architecture: On Aldo Rossi.* Zurich: Park, 2015.

Tinazzi, Claudia, ed. *Aldo Rossi e l'idea di abitare.* Novate Milanese: Casa Testori, 2013.

Trentin, Annaluisa, ed. *La lezione di Aldo Rossi.* Bologna: Bononia University Press, 2008.

Vasumi Roveri, Elisabetta. *Aldo Rossi e "L'architettura della citta": Genesi e fortuna di un testo.* Turin: Umberto Allemandi, 2010.

Vleck, Treena Marie. "Aldo Rossi: From Modern to Post-Modern Architecture, 1960—1990." PhD diss., University of North Texas, 1990.

Zimolo, Patrizia Montini. *L'architettura del museo: Con scritti di Aldo Rossi.* Turin: CittaStudi, 1995.

索引

罗西的建筑作品按地理位置索引，有交叉引用时将另作说明。

译者手记——大师、大量

记忆、形式、想象：这三个词精练地概括了罗西对这个世界和他建筑的感受——他始终用一种对这个奇妙世界惊叹不已的目光观察着身边的一切。或许没人能知道罗西眼中的世界是怎样的，但他用一颗纯真的童心创造出的建筑是世人有目共睹的。这本书即展示了罗西一生中的代表性作品——与建筑同一的“城市”、联结古今的“纪念碑”、超越现实的“剧场”、引人深思的“墓地”，并揭示出这位建筑大师的成就。

理想主义建筑师的共鸣

罗西形而下的设计背后，是他形而上的哲学探索。作为一位具有开拓精神、不懈追求的建筑师，罗西一方面从历史上的建筑师那里汲取精神的力量——18 世纪的法国建筑理论家洛吉耶和部雷、19 世纪的奥地利建筑师路斯等人。事实上，他们都有相近的理想主义幻想家的气质，故能在建筑理论上产生超越时空的共鸣。而罗西同他所敬重的革命性建筑理论先锋部雷一样，看到了建筑设计中非理性因素的根本性作用。罗西爱读诗，恰恰是因为那能激发灵感和思考，而不是带来理性的答案或解释[①]。

或许不无巧合的是，罗西翻译了部雷的《建筑艺术论》，本书的作者——作为亲眼见证过罗西其人其事，并翻译过他《城市建筑学》的学者——引用了

① 译注：正如在梦境中创作出《魔鬼的颤音》的塔蒂尼一样，在脱离现实的思维中寻找灵感，是创造出超凡作品的一个重要途径。毕竟，总限于现实的桎梏中，永远也不可能获得超越一般的成就。

菲拉雷特、部雷和海伦等人的理论。而译者有幸也翻译了这些建筑理论著作的章节或全文，并从中深切地体会到一种超越时空的惺惺相惜。这些建筑理论家在不同的时代和地域，思考了近乎相同的建筑理论问题，或许在一定意义上代表了对建筑思考的必经阶段。

坚忍的性格与包容的为人

罗西对建筑理论和理想的不懈追求是他最予人启迪的品质。尽管早年许多设计方案都未建成，他仍保持着孩童般的天真——天真地相信在一次威尼斯设计竞赛“内定”后自己仍能靠努力获胜。地道酬善，最终项目交到了他手中。或许名垂青史之人，多多少少都有几分这种“幼稚”；但正因为如此，他们才会有最真实的付出，也得到了最真实的回报。

罗西还是一位慷慨之人。在摩德纳墓地的设计竞赛上，他加入了助手詹尼的名字——尽管他并未参与设计。而这是罗西一贯的做法。这种开放、包容的心态其实在设计中也有体现——他从没有旗帜鲜明地站在当时大行其道的现代主义一边，而是在自己的设计中融入一切“好东西”，无论是在哪里发现的。诚然，大师有大量，有容乃大。

哲匠的广博与时间的创造

作为一名成就非凡的建筑理论家和建筑师，罗西从多个艺术领域中汲取营养，正所谓“君子博学”。或许大师都有超凡的感知力，这位哲匠拥有探知万物的好奇心，从音乐、诗歌到电影，再到包罗万象的文化艺术品，还有鲁塞尔的荒诞小说，无不令他着迷。他甚至从 16 世纪逆时针前进的鹅行棋中感悟了生死的步伐。罗西从各种艺术形式中意识到，世间存在着超越建筑，甚至语言这些具有结构性的表达方式无法“言传”的东西，却可以从戏剧这样的艺术形式中去“意会”，并在费利切剧场的建筑设计中尝试去体现。

又如，罗西设计的纪念碑不仅是为了纪念具体的英烈，更是启发人们对自然、时间、生命而思考的大门。罗西相信时间的创造力，并写道：“那日积月累的集体记忆会让大理石和青铜熠熠放光。平凡与无穷，注定要合二为一。”他对时间的哲学思考指引着设计的方向，也决定了他建筑的深度。为此，罗西精心挑选自己建筑的材料，用它们去体现岁月的流逝。

民主与人本主义的大师

罗西身上带有一种浓厚的民主和人本主义色彩。在米兰的中心，罗西设计的总统纪念碑没有以万众瞻仰为目标，而是用“虚”的立方体营造出百姓可用的公共空间——与高端商业街排斥低端人群的做法正相反。在罗西的心中，城市的公共空间是属于人的——而不是国家的总统，或者阿玛尼这样的商业品牌。在摩德纳公共墓地上，他设计了大小均一的陵墓，即使遭到当地意欲炫耀财富的大家族反对，也没有屈从。

在他的设计中，功能退居其次，首要的是人及其在空间中的活动——甚至是种种意外的情况。罗西认识到建筑师设计的是人的生活，而他能预见到建筑里生活的一幕幕，并深切地期待着自己设计的咖啡壶等家居用品走入人们温馨的生活。他甚至写道：我们必须忘记建筑，而让居住在城市中的人置于优先地位。在他看来，建筑本身源于其内部生活的组织，甚至，设计本身是独立于建筑师的意志发展的——一种强大而神秘、几乎超出人控制的力量推动着建筑设计。对于建筑设计是否成功，他还提到以大众的辨识作为最终检验的标准——让人联想到千年之前的白居易——创作与人相通才有生命力。这一切将他“以人为中心”的设计思想体现得淋漓尽致。

建筑与城市、碎片与整体

罗西尊重城市的历史，并指出了文化遗产保护的重要价值——建筑和城市是人们宝贵记忆的见证。他认为：建筑设计理论的基本点“首先是对历史古迹的解读，其次是对建筑形式和有形世界的探究，最后是对城市的解读”。他相信城市是有灵魂的。失去了有形的载体，人们便会淡忘过去，甚至民族也会面临消亡的危险。他在威尼斯卡洛-费利切剧院的重建中，选择了对建筑外表进行复原，这是与市民相同的观点——却与求新、追求现代的建筑师大异其趣，并引起了 20 世纪 80 年代的无数争议。而这即使在 21 世纪的今天也是遗产保护面临的重要问题。

在理论追求上，就像提出“吾爱吾师，吾更爱真理”的亚里士多德一样，罗西也提出了不同于自己的第一位导师罗杰斯的观点。他不认同导师“从汤勺到大教堂”的设计具有同一性的观点，而提出建筑和城市都是由各种片段组合而成的，设计并不以某种秩序为前提。比如，在剧场的设计中，他特别借鉴了城市肌理在经年累月的过程中逐渐由建筑单体拼合而成的过程，并在《城市建筑学》中与之形成理论上的呼应。而在广场的设计中，他继承了意大利的传统，甚至将阴影作为建筑的一部分，在设计中预见到它的效果，并以此作为岁月流逝、四季变换的标示。他对碎片的追求，在一定程度上是对超越人的局限性的渴望，驱使着他在建筑设计的道路上进行不懈的卓绝探索。

罗西同时也意识到了现代性的碎片化效果。在德国历史博物馆的设计上，他给出的是建筑的碎片，而非对德国历史的整体呈现。另外，这也体现出人类发展到了 21 世纪的阶段，历史上积累下来、并可在今天快速传播的知识，已然超出了晚至文艺复兴时期、达·芬奇式全才的人的能力，并呼唤着新的技术——与新的建筑师问世。

同鲁塞尔的文学描述一样，罗西永远走在无限接近而无法抵达终点的探索之路上——它既是天边的地平线，也是脚下的路。诚然，罗西喜欢探索新大陆，正如中国古代贤人所说——天子，四海为家。而无论身在何方，处在这位建筑师心底的，是孩童时的记忆。这也是建筑师设计乃至人一生不变的根。

交稿之时，恰是不惑之年初为人父。月圆之际，对新的生命、新的建筑、新的建筑师的思考，有如满天星斗，无穷无尽——仿佛遥不可及，却又历历在目。衷心感谢建筑理论和翻译的领路人王贵祥教授。回想首部在他指导下的译作在清华大学出版社付梓，已有 10 年。在此要向清华大学出版社的孙元元老师表示最诚挚的谢意，没有她的鼎力支持，这本书是不可能问世的。我还要感谢父母和妻子，为夜以继日的翻译创造了条件。愿爱女的诞生给世界带来新的希望。

尚晋

壬寅年中秋

致谢

若不是有一些非常特别之人的支持和友谊，本书是不可能完成的。首先是阿尔多的子女，笔者在数十年间同他们一起探讨了他们的父亲及其作品。我要特别感谢贝拉（Vera）和福斯托（Fausto）以及孙女特雷莎（Teresa）——她的爷爷若是依然在世会为这位但丁研究者（dantista）感到无比骄傲。我还想感谢耶鲁大学出版社的凯瑟琳·博勒（Katherine Boller），是她鼓励我写完这本书，并在艰难的时刻一直为它提供关怀。本书选题的两位匿名读者给出了大有裨益的评价，而且我同样要感谢成稿的两位匿名读者，他们理解了我写此书的初衷。罗马的国立 21 世纪美术馆（Museo Nazionale delle Arti del XXI Secolo，MAXXI）建筑档案部（Collezione Architettura）的员工，洛杉矶的盖蒂研究所（Getty Research Institute）以及米兰的阿尔多·罗西基金会（Fondazione Aldo Rossi）都为本人的研究提供了慷慨的援助。

此外，格雷厄姆美术高等研究基金会（Graham Foundation for Advanced Studies in the Fine Arts）提供了出版资助，使我能将课题完成。我要感谢这个重要的组织在资助我的其他课题近 20 年后的再次支持。南加州大学的研究资助对我完成本书的研究是至关重要的，并且我必须对始终耐心支持我的拉克尔·亚伯（Raquel Yarber）和利兹·罗梅罗（Liz Romero）表示特别感谢。

在个人层面上，我首先要向蕾切尔·范克利夫（Rachel Van Cleave）致以谢意。这位可爱的女儿既是我灵感的源泉，也是工作中的伙伴。在对本书至关重要的很多旅行中都是她陪伴着我。还有我已故的亲爱的妈妈，她充满耐心和爱心，迫切地希望看到此书。我的妹妹乔·安（Jo Ann）和休（Sue）给了我坚如磐石的支持（她们自己甚至都未曾意识到），卡尔·鲍克（Carl Balke）和拉里·加莱蒂（Larry Galetti）也是。本书的大部分内容都是在我舒适的小公寓中写出来的，是贾科莫（Giacomo）、达夫内（Dafne）、菲利波（Filippo）和费代里科·卡洛·卡尔杜奇（Federico Calo Carducci）的艺术、技术和友谊让它蓬荜生辉——他们是我罗马的守护天使。在费拉拉，马里诺·博尔托洛蒂（Marino Bortolotti）和卢卡·格雷塞林（Luca Greselin）陪我进行了不少关于罗西的考察，他们是出色的向导与合作者。还要特别提到的两个罗马朋友是塞尔焦·斯托伊斯曼（Sergio Stoisman）和詹尼·皮科莱拉（Gianni Piccolella）——前一位同笔者有三十余年的友情，后一位则是新朋友。在知识方面，我要对朱塞佩·马佐塔表示最诚挚的感谢——这个程度是他无法想象的，与他的友情是极其特别的。语言无法表达我对莫里斯·阿杰米、维多利亚·迪·帕尔马（Vittoria Di Palma）、马克·亚容贝克、卡路斯·希门尼斯（Carlos Jimenez）和詹姆斯·斯蒂尔（James Steele）的感谢。他们耐心地阅读了本书的几版初稿，并给出了意见。

其他很多人为本课题做出了重要贡献，包括但不仅限于分享资料、照片、想法，并维持了多年的友情：万纳·阿戈斯蒂尼（Vanna Agostini）、亚历山德罗·巴拉科（Alessandro Baracco）、雷娜塔·比尼奥齐（Renata Bignozzi）、阿曼达·博纳古里奥（Amanda Bonagurio）、安娜·布拉奇（Anna Bracci）、米凯兰杰洛·卡贝莱蒂（Michelangelo Caberletti）和温琴佐·卡贝莱蒂（Vincenzo Caberletti）、马尔科·卡瓦列里（Marco Cavalieri）和弗朗切斯科·卡瓦列里（Francesco Cavalieri）、弗朗切斯科·达莫斯托、瓦伦蒂娜·德阿米西斯（Valentina De Amicis）、维多利亚·迪·帕尔马、阿兰·菲耶夫尔（Alain Fievre）、肯尼思·弗兰普顿（Kenneth Frampton）、塞雷娜·弗兰切斯基（Serena Franceschi）、索尼娅·格斯纳、马达莱纳·格拉索（Maddalena Grasso）、维克托·琼斯（Victor Jones）、阿德尔莫·拉扎里（Adelmo Lazzari）、马尔塔·拉利卡塔（Marta Lalicata）、利亚斯·马哈尔（Lias Mahar）、安东内拉·梅里吉、戈弗雷多·纳尔多（Goffredo Nardo）、毛里齐奥·奥多（Maurizio Oddo）、埃斯特尔·普罗斯多奇米（Ester Prosdocimi）、斯特凡尼娅·罗西（Stefania Rossi）、费多拉·萨索（Fedora Sasso）、迈克尔·索金（Michael Sorkin）、丹特·斯皮诺蒂（Dante Spinotti）、玛塞拉·斯皮诺蒂（Marcella Spinotti）和里卡尔多·斯皮诺蒂（Riccardo Spinotti）、费鲁乔·特拉巴尔齐（Ferruccio Trabalzi）及基娅拉·维森廷（Chiara Visentin）。

作者简介

黛安·吉拉尔多（Diane Y. F. Ghirardo），洛杉矶南加州大学建筑历史与理论方向教授。主要教学和研究方向为20世纪建筑、文艺复兴建筑、女性空间以及20世纪意大利建筑。曾将罗西的《城市建筑学》及大量论文译成英文。

译者简介

尚晋，清华大学建筑学院建筑历史与理论硕士，师从王贵祥教授，主要研究方向为建筑历史与理论。译著包括《从包豪斯到生态建筑》《理想城市：及其在欧洲建筑学中的演变》《西方建筑理论经典文库：洛吉耶论建筑》《卡洛·斯卡帕：超越物质》《20世纪世界建筑》等。

▲ 图 4.1　萨尔瓦托雷奥鲁小学（阿尔多・罗西），法尼亚诺奥洛纳，1975 年建成，藤架

◄图 4.2　萨尔瓦托雷奥鲁小学，图书馆

▲ 图 4.3　费里尼中学（阿尔多・罗西），图书馆天花细部

◀ 图 4.4　博尔戈里科市政厅（阿尔多·罗西），会议室天花

▼ 图 4.5　博尔戈里科市政厅，外观

▲ 图 4.6　德国历史博物馆（阿尔多・罗西），柏林，1988 年，模型（木、玻璃、塑料、金属、铜和黄铜）

◀ 图 4.7　博纳凡滕博物
马斯特里赫特，荷

▲ 图 4.8　博纳凡滕博物馆，楼梯

4.9　圣穴，圣克里斯蒂娜的努拉盖，保利拉蒂诺镇（Paulilatino），奥里斯塔诺市（Oristano）

◀ 图 5.1　科学小剧场（阿尔多·罗西），1978 年

▲ 图 5.2　卡洛–费利切剧院（阿尔多·罗西），费拉里广场，热那亚，1983 年

◀图 5.3　家庭剧场（阿尔多·罗西），米兰三年展，1986 年

▲图 5.4　29 号礼拜堂（乔瓦尼·德恩里科），“耶稣再次出现在彼拉多（Pontius Pilate）面前”，瓦拉洛圣山，约 1639 年，罗马士兵细节，彩绘塑像

◀图 5.5　狮子门，迈锡尼，希腊，约公元前 1400 年

◀图 6.1　摩德纳墓地（阿尔多·罗西），圣卡塔尔多，1971 年，入口

▲ 图 6.2　罗扎诺墓地（阿尔多·罗西），蓬泰塞斯托，礼拜堂的柱廊和柱子，1989 年

▲ 图 6.3　摩德纳墓地，藏骨堂和骨灰龛楼

▲ 图 6.4　博尔戈里科市政厅，1983 年，烟囱

▲ 图 6.5　罗扎诺墓地，1989 年，骨灰龛

▲ 图 6.6　罗扎诺墓地，礼拜堂

◀ 图 6.7　罗扎诺墓地，柱廊与骨灰龛

▲ 图 6.8　罗扎诺墓地，礼拜堂天花

▲ 图 6.9　摩德纳墓地，骨灰龛

▲ 图 7.1　圣克拉拉教堂，圣地亚哥-德孔波斯特拉，立面由西蒙 · 罗德里格斯设计，17 世纪